Prioform-Handbuch

Herausgegeben
von den

DEUTSCHEN PRIOFORM WERKEN
BOHLANDER & Co. G.m.b.H., KÖLN

Zweite,
vollkommen neu bearbeitete
und erheblich erweiterte Auflage

1 9 3 0

Springer-Verlag Berlin Heidelberg GmbH

ISBN 978-3-662-42728-6 ISBN 978-3-662-43005-7 (eBook)
DOI 10.1007/978-3-662-43005-7

Ursprünglich erschienen bei Julius Springer, Berlin 1930.

M. DuMont Schauberg, Köln. 15566.

Die
Neuauflage
des Prioform-Hand-
buches enthält eine um-
fassende Darstellung der praktischen und theoretischen Grundlagen
der Wärme- und Kälteschutztechnik sowie eine erschöpfende Zusammenstellung von
Forschungsergebnissen in zahlreichen Berechnungen,
Übersichten, Tabellen und Diagrammen.

Deutsche Prioform Werke
Bohlander & Co.
G. m. b. H.
Köln.

Vorwort zur ersten Auflage.

Wir freuen uns, den Freunden unseres Hauses eine neue Arbeit überreichen zu dürfen; sie soll unser Bestreben, die angeknüpften Beziehungen weiter zu pflegen, zum Ausdruck bringen. Indem wir für die Zukunft das

Prioform-Handbuch

in den Dienst unserer Kunden stellen, gewähren wir gleichzeitig einen Einblick in die Methoden, die für uns bei der Lösung unserer Aufgaben maßgebend sind.

In unserm Wärmeschutztechnischen Handbuch bringen wir außer einem Überblick über die schwebenden Probleme auch insofern eine Neuerung, als zum ersten Male die auf dem Gebiete des Wärmeschutzes gezeitigten Ergebnisse in einer für die Betriebspraxis verwendbaren Form zusammengestellt werden. Unser Jahrbuch verdankt sein Entstehen der Beobachtung wärmewissenschaftlicher Vorgänge, eigener Forschungs- und Versuchstätigkeit und langjährigen industriellen Erfahrungen.

Die Darstellung der Wärmeschutzfrage, deren ungeheure Wichtigkeit von Tag zu Tag mehr in den Vordergrund gerückt wird, konnte in diesem Rahmen naturgemäß nicht erschöpfend sein. Unsere Absicht geht indessen dahin, die vorliegende Arbeit systematisch auszubauen.

Unsern Kunden hoffen wir hiermit sichere Unterlagen wärmewissenschaftlicher Art anhand gegeben zu haben; zugleich möchten wir Wege zur Beurteilung und Vervollkommnung ihrer Wärmewirtschaft weisen.

Das Jahrbuch erscheint von Jahr zu Jahr — nach Bedarf auch öfters — und wird stets über den neuesten Stand der Forschung berichten. In dem Bestreben, möglichst vielseitige Erfahrungen aus der Praxis darin zu verwerten, sind wir für jede Anregung dankbar.

Köln, im Dezember 1924.

Deutsche Prioform Werke
Bohlander & Co. G. m. b. H.

Vorwort zur zweiten Auflage.

Die uns durch hunderte von Anerkennungen bezeugte, überaus freundliche Aufnahme, die die erste Auflage unseres Prioform-Handbuches gefunden hat, veranlaßte uns, es zunächst für längere Zeit unverändert zu lassen. Dies war um so eher berechtigt, als sein Inhalt nach wie vor Gültigkeit behielt und neuere Fortschritte inzwischen durch eine Reihe weiterer Veröffentlichungen aus unserem Arbeitsgebiet — vor allem des umfassenden Werkes „Wärme- und Kälteschutz in Wissenschaft und Praxis“ — berücksichtigt wurden.

Trotzdem machte der schnelle Fortschritt, den die unentwegten Forschungen auf dem Gebiete des Wärme- und Kälteschutzes brachten, eine den neueren Bedürfnissen und Erkenntnissen entsprechende laufend vorgenommene Erweiterung der ersten Auflage unseres Prioform-Handbuches notwendig, deren Umfang und systematische Einarbeitung schließlich zu einer völligen Neugestaltung des Werkes führten. Im theoretischen Teil sowie in den betriebstechnischen Berechnungen wurden alle Themen mit größerer Ausführlichkeit behandelt und durch zahlreiche Rechnungsbeispiele erläutert; die Anzahl der mitgeteilten Gleichungen wurde unter besonderer Beachtung ihrer praktischen Anwendbarkeit nahezu verdreifacht. Auch eine Anzahl Figuren sind zur Erhöhung der Anschaulichkeit eingefügt worden. Neu hinzugenommen haben wir vor allem Kapitel über die Wärmeübertragung in Luftschichten, Wärmespeicherung, wirtschaftlichste Isolierstärke und Wärmepreis sowie kälteschutztechnische Berechnungen und Schutz gegen Einfrieren.

Wesentlich vervollständigt wurden auch die Tabellen im zweiten Teil. Außer ihrer Vermehrung und Erweiterung haben wir eine Reihe von Diagrammen zur Erleichterung schwieriger Berechnungen geschaffen und in die Folge der Tabellen aufgenommen. Die früheren Wärmeverlusttabellen für isolierte Rohrleitungen (Tab. 31 und Hilfstab. 30 der ersten Auflage) sind durch Hilfstabellen zu einem neuen vereinfachten Verfahren für die gleichzeitige Ermittlung des Wärmeverlustes und der Oberflächentemperatur ersetzt worden, da eine abgekürzte direkte Berechnung unbedingt sowohl der ungekürzten Methode als auch einer umständlichen Interpolation zwischen gegebenen Werten vorzuziehen ist.

Mit dem Wunsche, daß diese neue erweiterte Auflage unseres Prioform-Handbuches den Freunden unserer Arbeit in der weitverzweigten Praxis willkommen ist und sich recht zahlreiche neue Anhänger erwerben wird, verbinden wir die Hoffnung, auch in der Wissenschaft für unsere neue Arbeit das gleiche Wohlwollen und die gleiche Anerkennung zu finden, wie sie unseren bisherigen Veröffentlichungen zuteil wurden.

Für die gewissenhafte Sichtung und Prüfung sowie die sorgfältige Zusammenstellung und zweckdienliche Vervollständidung des überreichen Materials zu der jetzt vorliegenden Neubearbeitung des Werkes, das nach den Gedankengängen und Richtlinien des Begründers und Inhabers der Deutschen Prioform Werke, Herrn Dr. h. c. Heinrich Bohlander, entstanden ist, danken wir insbesondere Herrn Oberingenieur A. Großmann, dem Leiter unserer technisch-wissenschaftlichen Abteilung. Die übrigen Herren dieser Abteilung haben sich gleichfalls der Fertigstellung einzelner Teile der Arbeit (Ausrechnung und Nachprüfung der Tabellen, Diagramme und Übersichten), vornehmlich während des letzten Jahres, mit Hingabe gewidmet.

Köln, im Dezember 1929.

Deutsche Prioform Werke
Bohlander & Co. G. m. b. H.

Inhaltsverzeichnis.

Vorwort zur ersten und zweiten Auflage 4

ERSTER TEIL.

Die theoretischen Grundlagen der Wärmeschutztechnik und ihre praktische Auswertung.

I. Grundgesetze der Wärmeübertragung.

A) Die Wärmeleitung 14
B) Der Wärmeübergang durch Strömung 24
C) Die Wärmestrahlung. 31

II. Betriebstechnische Berechnungen.

A) Der Wärmeverlust einer ebenen Wand 44
B) Der Wärmeverlust eines Rohres 48
C) Die Wärmeübertragung in Luftschichten . . . 59
D) Die Wärmespeicherung 65
E) Der Temperaturabfall in einer Rohrleitung . . 71
F) Der Druckabfall in einer Rohrleitung 76
G) Der Kondensatanfall in einer Rohrleitung . . 80
H) Die Wärmeersparniszahl und Wärmeverlustziffer 81
J) Die wirtschaftlichste Stärke einer Isolierung . . 83
K) Die Bewertung der Wärmeverluste 90
L) Kälteschutztechnische Berechnungen (Vgl. auch die vorangehenden Kapitel) . . 95
M) Schutz gegen Einfrieren 99

III. Die Bestimmung der Wärmeleitfähigkeit von Isolierstoffen.

A) Im Laboratorium 106
B) Im Betriebe 110

IV. Allgemeine Eigenschaften von Wärmeschutzmaterialien und Vergleichsgrundlagen.

A) Allgemeine Eigenschaften 113
B) Vergleichsgrundlagen 119

V. Garantien und Garantieverträge 123

VI. Die Prioform-Isolierung.

A) Das Konstruktionsprinzip 126
B) Die Prioform-Füllung 130
C) Die Prioform-Flanschenisolierung 131
D) Mittlere Wärmeleitzahlen der Prioform-Isolierung 132
E) Raumgewicht der Prioform-Isolierung 133
F) Meßergebnisse an ausgeführten Prioform-Isolierungen und Garantievergleich 133

ZWEITER TEIL.

Zusammenstellungen, Tabellen und Diagramme.

1. Die Maßsysteme 137
2. Wärmeleitzahlen von Metallen und Legierungen . . 146
3. „ von nichtmetallischen Stoffen . . 153
4. „ von Flüssigkeiten 194
5. „ von Gasen und Dämpfen 195
6. „ und spezifische Wärme der Luft . 196
7. Spezifische Wärme von Metallen und Legierungen . . 197
8. „ „ von nichtmetallischen Stoffen . . 199
9. „ „ von Flüssigkeiten 200
10. „ „ von Gasen und Dämpfen . . . 202
11. „ „ des Wassers 203
12. „ „ des überhitzten Wasserdampfes . 204
13. Spezifisches Gewicht von Metallen und Legierungen . 206
14. Raumgewicht verschiedener Stoffe (ohne Wärmeschutzmittel) s. auch Tab. 3 207
15. Raumgewicht von Wärmeschutzmitteln, s. auch Tab. 3 208
16. Spezifisches Gewicht von Flüssigkeiten 209
17. „ „ von Gasen und Dämpfen . . 210
18. „ „ des überhitzten Wasserdampfes 211
19. „ „ der Luft 213
20. Erstarrungs- und Siedepunkte 213
21. Zähigkeit von Flüssigkeiten 214
22. Zähigkeit von Gasen und Dämpfen 214
23. Kritische Geschwindigkeit einiger Gase, Dämpfe und Flüssigkeiten 215
24. Wärmeübergangszahl an ebener, senkrechter Wand (ruhende Luft) 217
25. Wärmeübergangszahl an ebener Wand (Windanfall) 217
26. Wärmeübergangszahl horizontaler Rohre (ruhende Luft), Tabelle und Diagramm 218
27. Wärmeübergangszahl zylindrischer Körper und isolierter Rohre bei Windanfall, Tabelle u. Diagramm . 223
28. Strahlungszahlen verschiedener Körper 225
29. Konstante des Strahlungsaustausches 227
30. Temperaturfaktor 228
31. Zahlenwerte $(T/100)^4$ 229
32. Die natürlichen Logarithmen von $1 \div 5{,}159$ 233
33. Zur Wärmeverlustberechnung isolierter Rohre, Hilfswerte 246
34. desgl., Korrekturfaktoren für ruhende Luft . . . 250
35. desgl., Korrekturfaktoren für Windanfall . . . 253
36. Wärmedurchlässigkeit von Luftschichten, Diagramme 254

37. Wärmedurchlässigkeit von Luftschichten, Tabelle . 255
38. Wärmespeicherung in eisernen Rohren, Hilfstabelle . 255
39. Wärmespeicherung in Rohrisolierungen, Hilfstabelle 256
40. Temperaturabfall in einer langen Rohrleitung, Hilfstabelle 258
41. Druckabfall in einer Rohrleitung, Diagramm . . . 259
42. Tilgungsquote, Hilfsdiagramm zur Ermittlung der wirtschaftlichsten Isolierstärke 260
43. A-Diagramm zur Ermittlung der wirtschaftlichsten Isolierstärke 261
44. Heizwerte 262
45. Brennstoff-Verbrauchszahlen 264
46. Wärme-Verbrauchszahlen 264
47. Schwitzwasservermeidung, Untertemperatur des Taupunktes 265
48. Schwitzwasservermeidung, Hilfswerte 266
49. „ Diagramm 267
50. Frostschutz von Wasserrohren, Hilfsdiagramm f I . . 268
51. „ „ „ Hilfsdiagramm f II . 269
52. „ „ „ Hauptdiagramm . . 270
53. Thermoelektrische Kräfte von Metallen 271
54. Vergleichung der Thermometergrade 271
55. Rohrnormalien, Gewichte und Querschnitte 274
56. Kennfarben für Rohrleitungen 276

Sachverzeichnis 277

Bezeichnung der Maßeinheiten.

Für	Längen	m (Meter)
„	Gewichte	kg (Kilogramm)
„	Zeit { bei Wärmefluß	h (Stunde)
	„ Geschwindigkeiten	s (Sekunde)
„	Temperatur	^{0} (^{0} Celsius)
„	Wärmemenge	kcal (15grädige Kilokalorie)
„	elektrische Spannung	V (Volt) mV (Millivolt)
„	elektrische Stromstärken	Amp (Ampere)

Erläuterungen und weitere Angaben vgl. II. Teil, Zusammenstellung 1.

ERSTER TEIL.

Die theoretischen Grundlagen der Wärmeschutztechnik und ihre praktische Auswertung.

I. Grundgesetze der Wärmeübertragung.

Auf dreierlei verschiedene Weise kann Wärme übertragen werden:

A) durch Leitung

B) durch Wärmeübergang (Strömung oder Konvektion)

C) durch Strahlung.

Alle drei Arten sind sowohl ihrer Erscheinung als auch der mathematischen Behandlung nach vollkommen verschieden. Selten tritt eine der drei Arten allein auf, sondern meist sind sie in irgendeiner Weise miteinander kombiniert, ohne jedoch dabei die einheitliche Erscheinungsform zu verlieren. Der Wärmeübergang durch Leitung und Strömung ist an das Vorhandensein von Materie gebunden, während die Strahlung eine elektromagnetische Schwingung ist, wie die optische und elektrische, und sich von dieser nur durch eine andere Wellenlänge unterscheidet. Durch Strahlung kann sich die Wärme also im Vakuum ausbreiten ohne an einen Träger gebunden zu sein.

Während die Wärmeleitung innerhalb der Materie auftritt, gleichgültig welchen Aggregatzustand diese besitzt, kommt Wärmeübertragung durch Strömung nur bei tropfbar-flüssigen oder gasförmigen Körpern vor, indem Teile der Materie an einer Stelle Wärme aufnehmen und an einer anderen Stelle wieder abgeben. Für die Technik ist von besonderer Bedeutung der Fall, wo sich Materie mit verschiedenem Aggregatzustand und verschiedener Temperatur berührt. Der Wärmeaustausch findet dadurch statt, daß die Körperteilchen in Nähe der Berührungsschicht von dieser durch Leitung Wärme aufnehmen und mit sich fortführen. Diesen Vorgang nennt man Wärmeübergang durch Strömung (s. Kapitel B). Der Einfachheit halber werden in den folgenden Abschnitten für alle Vorgänge bei zeitlicher Beharrung die Wärmemengen auf eine Stunde bezogen. Für eine bestimmte Dauer des betrachteten Vorganges sind sie also mit der betreffenden Stundenzahl zu multiplizieren.

THEORETISCHE GRUNDLAGEN.

A. Wärmeleitung.

1. Temperaturen zeitlich unveränderlich.

Der Transport der Wärme durch Leitung in einem Körper beruht auf dem Ausgleich molekularer Energie. Die als Temperatur fühlbare lebendige Kraft der Moleküle bewirkt eine Fortleitung der Wärmeenergie in der Richtung fallender Temperatur.

Der Betrag, der durch einen Körper hindurchgeleiteten Wärmemenge ist im Beharrungszustand abhängig von seiner physikalischen Natur, gekennzeichnet durch die **Wärmeleitzahl,** sowie von dem Temperaturgefälle, der Dauer und dem Durchtrittsquerschnitt.

Die **Wärmeleitzahl** als Einheit der durch einen Körper strömenden Wärmeenergie bedeutet diejenige Wärmemenge in kcal, die stündlich im Beharrungszustand durch einen Kubikmeterwürfel von einer Fläche zur gegenüberliegenden parallel hindurchströmt, wenn der Temperaturunterschied zwischen beiden Flächen 1^0 C beträgt. Ihre Dimension[1]) ist $\frac{\text{kcal}}{\text{m h}^0}$, die übliche Bezeichnung λ.

Ihrem Wesen nach ist die Wärmeleitzahl eine Materialkonstante, gültig für eine bestimmte Richtung des Wärmeflusses und eine bestimmte Temperatur. Sie ist für sämtliche Isolierstoffe mit praktisch hinreichender Genauigkeit als eine lineare Funktion der Temperatur anzunehmen, so daß sie, wie sich mathematisch nachweisen läßt, bei geradlinigem Wärmefluß eindeutig auf das arithmetische Mittel der Ein- und Austrittstemperatur (Innen- und Außentemperatur) bezogen werden kann.

Eine Zusammenstellung aller in Frage kommenden Wärmeleitzahlen findet sich in den Zahlentafeln 2—6[2]).

Da die stündlich fließende Wärmemenge Q_F umso größer ist, je größer die Wärmeleitzahl λ, die Durchtrittsfläche F

[1]) Definition s. auch Seite 144.

[2]) Die Tabellenwerte sind aus Veröffentlichungen in deutschen und ausländischen Zeitschriften unter Benutzung der physikalisch-chemischen Tabellen aus Landolt-Börnstein und aus Winkelmanns Handbuch der Physik entnommen. Zahlreiche Versuchsresultate enthält u. a. eine Zusammenstellung im Refrigerating-Engineering vom Januar 1924, veranlaßt durch den amerikanischen Wärmeisolierstoff-Ausschuß.

(in m²) und der auf den Weg s (in m) bezogene Temperaturabfall — $\frac{dt}{ds}$ in $\frac{^0\mathrm{C}}{\mathrm{m}}$ (Temperaturgradient) sind, besteht folgende Grundbeziehung

$$Q_F = -\lambda \cdot F \cdot \frac{dt}{ds} \left[\frac{\mathrm{kcal}}{\mathrm{h}}\right] \tag{1}$$

Diese Gleichung gilt für den Beharrungszustand, jedoch wegen der Kleinheit des angenommenen Weges ds für beliebig gekrümmte Durchtrittsflächen und entsprechende, d. h. in jedem Teil normal dazu gerichtete Wärmeströmung. Für die Wärmeschutztechnik sind folgende Sonderfälle von Bedeutung:

a) Wärmeleitung durch eine ebene Platte.

Bei paralleler Strömung durch eine homogene Platte von der Dicke d (in m) erhält, wenn t_i die Eintrittstemperatur in die Platte (Innentemperatur) und t_a die Austrittstemperatur bedeuten, vorstehende Gleichung die Form

$$Q_F = \lambda_m \cdot F \cdot \frac{t_i - t_a}{d} \left[\frac{\mathrm{kcal}}{\mathrm{h}}\right] \tag{2}$$

wenn λ_m die Wärmeleitzahl bei $\frac{t_i + t_a}{2}$ ist,

$$\text{oder } Q_F = \Lambda \cdot F \cdot (t_i - t_a), \tag{2a}$$

wenn $\Lambda = \frac{\lambda_m}{d}$ gesetzt wird.

Der Faktor Λ wird Wärmedurchlässigkeitszahl[1]) genannt; er gibt an, welche Wärmemenge stündlich bei 1° Temperaturabfall durch eine Platte von 1 m² Querschnitt fließt.

Sein reziproker Wert

$$\frac{1}{\Lambda} = \frac{d}{\lambda_m} \tag{3}$$

st der Wärmedurchlässigkeitswiderstand von 1 m² der Platte, der sich physikalisch als der Temperaturabfall darstellt, bezogen auf den von ihm verursachten Wärmestrom.

---

[1]) Vgl. Dr.-Ing. K. Hencky: Die Wärmeverluste durch ebene Wände. Verl. Oldenbourg.

$$\frac{1}{\Lambda} = \frac{t_i - t_a}{Q_F / F} \tag{3a}$$

Wichtig ist dieser Begriff für die Betrachtung einer aus mehreren Schichten bestehenden Platte, die quer zur Schichtenlage von einem parallelen Wärmestrom Q_F/F durchdrungen wird. Hierbei setzt sich der gesamte Temperaturabfall aus den Temperaturabnahmen in den einzelnen Schichten bzw. der Gesamtwiderstand aus den Einzelwiderständen zusammen.

$$\frac{1}{\Lambda} = \frac{d_1}{\lambda_1} + \frac{d_2}{\lambda_2} + \frac{d_3}{\lambda_3} + \cdots\cdots + \frac{d_n}{\lambda_n} \tag{4}$$

Die stündlich durch die Platte geleitete Wärme in kcal ergibt sich mithin nach Gleichung (2a) zu

$$Q_F = \frac{F \cdot (t_i - t_a)}{\frac{d_1}{\lambda_1} + \frac{d_2}{\lambda_2} + \frac{d_3}{\lambda_3} + \cdots\cdots + \frac{d_n}{\lambda_n}} \tag{5}$$

wenn t_i die Eintrittstemperatur in die Platte (Innentemperatur) und t_a die Austrittstemperatur, d die Dicken in m und λ die Wärmeleitzahlen der einzelnen Schichten sind.

Mit Hilfe der Gleichung (5) sind auch die Temperaturen in den einzelnen Grenzebenen zwischen zwei Schichten zu ermitteln, indem für t_a die gesuchte Temperatur eingesetzt und der Nenner nur aus den Widerständen der vorgelagerten Schichten gebildet wird. Für die Grenztemperatur zwischen der dritten und vierten Schicht beispielsweise ergibt sich demnach

$$t_3 = t_i - \frac{Q_F}{F} \cdot \left(\frac{d_1}{\lambda_1} + \frac{d_2}{\lambda_2} + \frac{d_3}{\lambda_3}\right)$$

Ist die Platte aus unendlich vielen, unendlich dünnen Schichten mit kontinuierlich abgestuften Wärmeleitzahlen bestehend gedacht, so läßt sich daraus der wirkliche Temperaturverlauf in einem homogenen Material berechnen, dessen Wärmeleitzahl eine Funktion der Temperatur ist. Für die fast stets vorliegende sehr gute Annäherung an das lineare Gesetz

$$\lambda = a + b \cdot t \tag{6}$$

ist die Temperatur im Abstand x hinter einer Querschnittsebene, welche die Temperatur t_1 hat:

$$t = -\frac{a}{b} + \sqrt{\left(\frac{a}{b} + t_1\right)^2 - \frac{2Qx}{b}} \tag{7}$$

wenn x in m gemessen wird und Q den stündlichen Wärmefluß durch 1 m² der Platte nach Gleichung (2) bedeutet.

Die Temperaturkurve ist ein Parabelbogen, der jedoch infolge seiner verhältnismäßig flachen Krümmung in praktischen Fällen meist als gerade Linie dargestellt wird.

$\left(t = t_1 - \frac{Q \cdot x}{\lambda}\right)$, vgl. Fig. 2, Seite 44.

Beispiele.

1. Eine 0,50 m starke und 12 m² große Wand eines Hauses besitze auf der Innenseite eine Oberflächentemperatur von + 15° und auf der Außenseite eine solche von —5°. Wie groß ist die durch Leitung in 1 Stunde übertragene Wärmemenge, wenn die Wärmeleitzahl des Mauerwerkes 0,8 kcal/mh° beträgt?

$$Q_F = \Lambda \cdot F \cdot (t_i - t_a)$$

$$Q_F = \frac{0{,}8}{0{,}5} \cdot 12 \cdot [15 - (-5)] = 1{,}6 \cdot 12 \cdot 20$$

$$Q_F = \underline{384 \text{ kcal/h}}$$

2. Wie groß ist Λ, wenn dieselbe Wand außen einen Verputz von 0,01 m Stärke und innen einen solchen von 0,02 m Stärke besitzt, deren Wärmeleitzahl $\lambda = 0{,}5$ kcal/mh° beträgt?

$$\frac{1}{\Lambda} = \frac{d_1}{\lambda_1} + \frac{d_2}{\lambda_2} + \frac{d_3}{\lambda_3}$$

$$\frac{1}{\Lambda} = \frac{0{,}02}{0{,}5} + \frac{0{,}5}{0{,}8} + \frac{0{,}01}{0{,}5} = 0{,}04 + 0{,}625 + 0{,}02 = 0{,}685$$

$$\Lambda = \frac{1}{0{,}685} = \underline{1{,}46 \text{ kcal/m}^2\text{ h}^0}$$

Die durchgehende Wärmemenge beträgt dann

$$Q_F = 1{,}46 \cdot 12 \cdot 20 = \underline{350 \text{ kcal/h.}}$$

b) Radiale Wärmeleitung durch einen zylindrischen Körper.

Der Betrachtung zugrundegelegt werde ein 1 m langer Hohlzylinder vom Innenradius r_i und Außenradius r_a in m (Vgl. Fig. 1).

Die von der Wärme durchschrittenen Querschnitte sind dann koaxiale Zylinderflächen mit dem zwischen r_i und r_a gelegenen Radius r und der Länge 1 m, so daß in Gleichung (1) die Größe F durch den variablen Ausdruck $2\pi r$ dargestellt wird. Die auf den Weg (Radius) bezogene Temperaturänderung lautet bei Wärmefluß von innen nach außen $-\frac{dt}{dr}$.

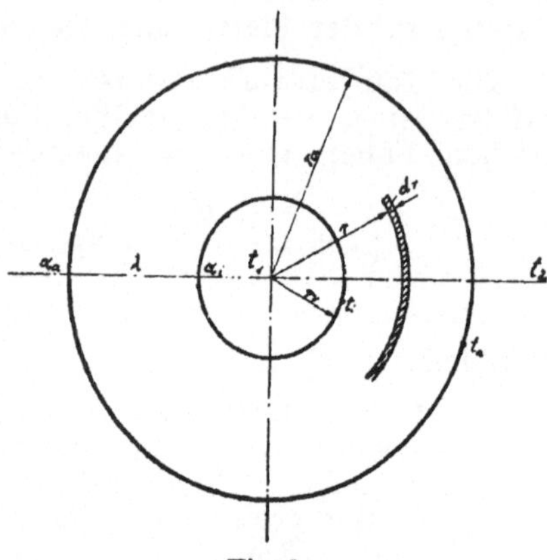

Fig. 1.

Gleichung (1) erhält demnach folgende Gestalt

$$q = -\lambda \cdot 2\pi r \cdot \frac{dt}{dr} \text{ [kcal/m h]} \tag{8}$$

oder zur Intregation geordnet

$$dt = -\frac{q}{2\pi\lambda} \cdot \frac{dr}{r}.$$

q bedeutet darin den auf die Längeneinheit 1 m des Zylinders bezogenen Wärmedurchgang pro Stunde.

Wenn die innere und äußere Grenztemperatur, die als gegeben vorausgesetzt werden, für r_i mit t_i und für r_a mit t_a bezeichnet werden, ergibt sich

$$\int_{t_a}^{t_i} dt = \frac{q}{2\pi\lambda_m} \cdot \int_{r_i}^{r_a} \frac{dr}{r}$$

Durch Integration und Auflösung nach q erhält man den stündlichen Wärmedurchgang für 1 m Länge

$$q = \frac{2\pi\lambda_m\ (t_i - t_a)}{\ln r_a/r_i}$$

Häufig wird nach gleichzeitiger Einführung des Durchmesserverhältnisses statt desjenigen der Radien die Gleichung in anderer Form geschrieben

$$q = \frac{\pi \, (t_i - t_a)}{\frac{1}{2\,\lambda_m} \cdot \ln d_a/d_i} = \frac{\pi \, (t_i - t_a)}{J} \; [\text{kcal/m h}] \qquad (9)$$

und der Nenner $\frac{1}{2\,\lambda_m} \cdot \ln d_a/d_i = J$ als „Isolierkonstante“[1]) bezeichnet.

Die mittlere Wärmeleitzahl λ_m wird wiederum auf $\frac{t_i + t_a}{2}$ bezogen.[2]) Die natürlichen Logarithmen der Quotienten d_a/d_i können aus Tabelle 32 entnommen werden.

Ähnlich wie der Wert $\frac{1}{\Lambda}$ in Gleichung (3) und (4) hat J den Charakter eines Widerstandes gegen den Wärmestrom. Für einen Hohlzylinder aus mehreren koaxialen Schichten verschiedener Wärmeleitzahlen $\lambda_1, \lambda_2 \ldots \lambda_n$ und verschiedener Außendurchmesser $d_1, d_2 \ldots d_n$ wird demnach

$$J = J_1 + J_2 + \cdots + J_n \qquad (10)$$

und

$$q = \frac{(t_i - t_a)}{J_1 + J_2 + \cdot \; + J_n} \qquad (11)$$

oder ausgeschrieben

$$q = \frac{(t_i - t_a)}{\frac{\ln d_1/d_i}{2\,\lambda_1} + \frac{\ln d_2/d_1}{2\,\lambda_2} + \cdots + \frac{\ln d_n/d_{n-1}}{2\,\lambda_n}} \; [\text{kcal/mh}] \qquad (11a)$$

Hierin seien wiederum d_i der Innendurchmesser des Hohlzylinders und d_n der Außendurchmesser, t_i und t_a die zugehörigen Temperaturen.

Beispiele.

3. Eine Heißdampfleitung von 159 mm äußerem Durchmesser und 350⁰ [3]) sei mit einer 80 mm starken Isolierung

[1]) Vgl. Mitteilungen a. d. Forschungsheim für Wärmeschutz, Heft 2.

[2]) Für λ nach Gleichung (6) ist dies beim Zylinder sowie bei der Kugel (Abschnitt c) theoretisch richtig. Vgl. Veröffentlichungen aus dem Arbeitsgebiet der Deutschen Prioform Werke, Heft 8.

[3]) Die Dampftemperatur kann hier unbedenklich gleich derjenigen der Rohroberfläche gesetzt werden, da der Wärmedurchlässigkeitswiderstand des Rohres verschwindend klein gegenüber demjenigen der Isolierung ist. Der sehr geringe Temperaturabfall beim Wärmeübergang vom Dampf an das Rohr kann ebenfalls vernachlässigt werden.

versehen, deren Wärmeleitzahl 0,06 kcal/m h^0 beträgt Die Oberflächentemperatur der Isolierung sei 50^0. Wie groß ist die auf 1 m Länge vom Rohr stündlich abgegebene Wärmemenge?

$$q = \frac{\pi \cdot (350 - 50)}{\frac{1}{2 \cdot 0{,}06} \cdot \ln \frac{159 + 2 \cdot 80}{159}} = \frac{\pi \cdot 300}{8{,}33 \cdot 0{,}696} \quad \text{(nach Gl. 9)}$$

$$q = \underline{162{,}5 \text{ kcal/m h.}}$$

4. Durchmesser, Temperatur und Isolierstärke wie vorher; die Isolierung bestehe jedoch aus einer 60 mm starken inneren Schicht mit einer Wärmeleitzahl $\lambda = 0{,}06$ und einem 20 mm starken Mantel mit $\lambda = 0{,}15$. Wie groß ist die von 1 m Rohr stündlich abgegebene Wärmemenge?

Die Isolierkonstante der inneren Schicht ist

$$J_1 = \frac{1}{2 \cdot 0{,}06} \cdot \ln \frac{159 + 2 \cdot 60}{159} = \frac{\ln 1{,}755}{0{,}12} = 4{,}69 \quad \text{(vgl. Gl. 9)}$$

diejenige des Mantels

$$J_2 = \frac{1}{2 \cdot 0{,}15} \cdot \ln \frac{159 + 2 \cdot 80}{159 + 2 \cdot 60} = \frac{\ln 1{,}143}{0{,}30} = 0{,}45 \quad (\text{„ „ } 9)$$

Gesamtisolierkonstante $J = J_1 + J_2 = 5{,}14$ („ „ 10)

$$q = \frac{\pi \cdot (350 - 50)}{5{,}14} \quad (\text{„ „ } 11)$$

$$q = \underline{183{,}5 \text{ kcal/m h.}}$$

5. Welche Temperatur t_1 hat in Beispiel 4 die Grenze zwischen Innenschicht und Mantel?

Für beide Schichten ist bei getrennter Betrachtung, da beide von der gleichen Wärmemenge q stündlich durchströmt werden,

$$q = \frac{\pi \cdot (t_i - t_1)}{J_1} = \frac{\pi \cdot (t_1 - t_a)}{J_2} \quad \text{(vgl. Gl. 9)}$$

$$\text{oder } t_1 = t_a + (t_i - t_a) \frac{J_2}{J_1 + J_2} \left(\text{bzw. } t_i - (t_i - t_a) \frac{J_1}{J_1 + J_2} \right)$$

$$t_1 = 50 + 300 \cdot \frac{0{,}45}{5{,}14}$$

$$t_1 = \underline{76{,}3^0.}$$

c) Radiale Wärmeleitung durch eine Kugel.

Zur Berechnung der stündlich durch eine Kugelschale hindurchströmenden Wärmemenge wird wie beim Zylinder die Gleichung (1) zugrundegelegt. Der innere Radius sei wiederum mit r_i, der äußere mit r_a und die zugehörigen Temperaturen mit t_i und t_a bezeichnet. Wenn r ein beliebiger Radius zwischen r_i und r_a ist, so hat die hohlkugelförmige Querschnittsfläche des Wärmestroms die Größe $F = 4\,\pi\, r^2$, so daß man durch Einsetzen dieses Ausdrucks in Gleichung 1 erhält

$$Q = -\lambda \cdot 4\,\pi\, r^2 \cdot \frac{dt}{dr} \tag{12}$$

Die Integration ergibt

$$\int_{t_a}^{t_i} dt = \frac{Q}{4\,\pi\,\lambda_m} \cdot \int_{r_i}^{r_a} \frac{dr}{r^2}$$

$$t_i - t_a = \frac{Q}{4\,\pi\,\lambda_m}\left(\frac{1}{r_i} - \frac{1}{r_a}\right)$$

oder nach Q aufgelöst

$$Q = \frac{4\,\pi\,(t_i - t_a)}{\frac{1}{\lambda_m}\left(\frac{1}{r_i} - \frac{1}{r_a}\right)} \text{ in kcal/h,} \tag{13}$$

wobei auch in diesem Falle λ_m für $\frac{t_i + t_a}{2}$ gilt.

Der Nenner stellt analog den Gleichungen (3) und (9) den Widerstand gegen die Wärmeleitung dar und kann mithin, wie für den Zylinder in Gleichungen (10) bis (11 a) bei Vorhandensein mehrerer konzentrischer Kugelschalen additiv zusammengesetzt werden

$$Q = \frac{4\,\pi\,(t_i - t_a)}{\frac{1}{\lambda_1}\left(\frac{1}{r_i} - \frac{1}{r_1}\right) + \frac{1}{\lambda_2}\left(\frac{1}{r_1} - \frac{1}{r_2}\right) + \cdots + \frac{1}{\lambda_n}\left(\frac{1}{r_{n-1}} - \frac{1}{r_n}\right)} \tag{14}$$

Beispiel 6. In einer Nusseltschen Kugel (vgl. Kap. III, S. 107) soll ein Material untersucht werden, daß bei einer mittleren Temperatur von 200^0 eine Wärmeleitzahl von etwa $\lambda = 0{,}065$ erwarten läßt. Die Heizkugel habe den Radius

$r_i = 5$ cm, die äußere Hüllkugel $r_a = 15$ cm. Wie groß ist die einzustellende Heizleistung, wenn die Oberflächentemperatur der Hüllkugel zu $t_a = 30^0$ angenommen wird und die Mitteltemperatur des Isoliermaterials etwa 200^0 sein soll?

Die erforderliche Temperatur der Heizkugel folgt aus der Mitteltemperatur

$$t_m = \frac{t_i + t_a}{2}$$

$$t_i = 2\,t_m - t_a = 2 \cdot 200 - 30$$

$$t_i = 370^0;$$

dann ist nach Gleichung (13)

$$Q = \frac{4\,\pi\,(370-30)}{\frac{1}{0{,}065}\left(\frac{1}{0{,}05} - \frac{1}{0{,}15}\right)}$$

$$Q = 20{,}8 \text{ kcal/h}.$$

Da 1 kcal/h $= \frac{1}{0{,}86}$ Watt ist, beträgt die erforderliche elektrische Heizleistung

$$h = \frac{20{,}8}{0{,}86} = \underline{24{,}2 \text{ Watt},}$$

bei 24 Volt Batteriestrom beispielsweise also etwa 1 Amp.

2. Temperaturen zeitlich veränderlich.

Für den Fall, daß in dem betrachteten Körper ein beliebiges Temperaturfeld besteht, welches sich unter dem Einfluß der ausgleichenden Wärmeleitung und äußerer Temperatureinwirkung (Randbedingungen) allmählich ändert, wird die exakte Bestimmung von Wärmefluß und zeitlicher Temperaturänderung so schwierig, daß sie für den Praktiker im allgemeinen nicht mehr in Frage kommt.

Der Vollständigkeit halber sei die grundlegende Differentialgleichung von Fourier[1]) ohne weitere Auswertungen für einzelne Sonderfälle angeführt.

[1]) Fourier, Théorie analytique de la Chaleur, 1822.
Gröber, Die Grundgesetze der Wärmeleitung und des Wärmeüberganges; Wärmeübertragung. Beides im Verl. Springer.

$$\frac{dt}{d\tau} = \frac{\lambda}{c \cdot R} \cdot \left(\frac{\partial^2 t}{\partial x^2} + \frac{\partial^2 t}{\partial y^2} + \frac{\partial^2 t}{\partial z^2} \right); \qquad (15)$$

darin bedeuten

t den Momentanwert der Temperatur in einem durch die räumlichen Ordinaten x, y und z (in m) bezeichneten Punkt;

$\frac{dt}{d\tau}$ die im unendlich kleinen Zeitteilchen $d\tau$ erfolgende Änderung der Temperatur t in ^{0}/h;

$\frac{\partial^2 t}{\partial x^2}$ die auf den unendlich kleinen Weg dx bezogene Abweichung vom geradlinigen Temperaturverlauf (entsprechend für y und z);

λ die Wärmeleitzahl (vgl. u.) in kcal/mh^0;

c die spezifische Wärme in kcal/kg ^{0} (s. Tabelle 7 und 8);

R das Raumgewicht in kg/m^3 (s. Tabelle 13 bis 15).

Der Ausdruck $\frac{\lambda}{c \cdot R}$ heißt „Temperaturleitfähigkeit“, da die ausgleichende Ableitung unterschiedlicher Temperaturen umso schneller erfolgt, je größer die Wärmeleitzahl, und umso langsamer, je größer die spezifische Wärme und das Raumgewicht ist. Er hat die Dimension [m^2/h].

Die drei möglichen Fälle der Erwärmung, Abkühlung und des periodischen Wechsels beider sind nach dieser Formel zwar für einfache Anfangs- und Randbedingungen lösbar, jedoch sind für die wirklich vorliegenden Verhältnisse nur Annäherungsbetrachtungen und empirische Grundlagen brauchbar. (Vgl. Kap. II D, Wärmespeicherung.)

B. Der Wärmeübergang durch Strömung.

(Konvektion oder Bewegung.)

Während die Wärmeleitung nur auf Schwingungen der Moleküle zurückzuführen ist, versteht man unter Konvektion die Wärmeübertragung durch die gleichzeitige Bewegung von gasförmigen oder tropfbar-flüssigen Körpern. Herrschen in einer Flüssigkeit Temperaturdifferenzen, so treten, veranlaßt durch die Veränderung des spezifischen Gewichtes mit der Temperatur, Strömungen auf; die kalten, schweren Körperteilchen sinken nach unten und die wärmeren, leichteren werden nach oben gedrückt. Dieser Wechsel bedingt einen Wärmetransport von einer Stelle zu einer anderen; man nennt eine solche Art der Wärmeübertragung „molaren Transport", im Gegensatz zu der Wärmeleitung, die ja durch molekulare Bewegung hervorgerufen wird. Die molare Wärmeübertragung kann außer durch die Erdschwere auch künstlich durch äußere Kräfte veranlaßt werden. Es steht also der freien eine aufgezwungene molare Bewegung gegenüber. Die letztere kann naturgemäß, z. B. bei starkem Windanfall, die freie an Wirkung stark übertreffen.

Da, wo eine molare Wärmeübertragung besteht, d. h. also, wo in Flüssigkeiten eine Temperaturdifferenz vorhanden ist, tritt stets auch molekularer Wärmetransport auf, der jedoch meistens gegenüber dem molaren vernachlässigbar klein ist.

Beide Vorgänge zusammen nennt man Wärmeübergang durch Strömung (Konvektion oder Bewegung).

Die durch Strömung von einer heißen Wand stündlich übergehende Wärmemenge berechnet sich nach der Newtonschen Gleichung zu

$$Q_{F_K} = \alpha \cdot F \cdot (t_a - t_2) \text{ [kcal/h]} \qquad (16)$$

wenn

Q_{F_K} die Wärmemenge in kcal/h

F die Oberfläche in m^2

$(t_a - t_2) = \Delta$, die Temperaturdifferenz zwischen Wand und strömendem Medium in ^{0} bedeuten.

Die Wärmeübergangszahl α gibt dabei diejenige Wärmemenge an, die von 1 m^2 Fläche stündlich bei 1^0 C Temperaturdifferenz durch Konvektion an das Medium übergeht.

Es wird ausdrücklich hervorgehoben, daß zur völligen Berechnung der Wärmemenge, die eine Wand abgibt, noch der

Strahlungsanteil hinzukommt. Näheres hierüber siehe unter Kap. II.

Die Einfachheit der Gleichung (16) hat man dadurch erhalten, daß man die komplizierten Funktionen in die Übergangszahl α zusammenfaßt. Die Gleichung ist also nur scheinbar einfach, da α in Wirklichkeit keine Konstante ist.

Für den Wärmeübergang durch Konvektion zwischen einer festen Oberfläche und einem flüssigen oder gasförmigen Medium können die Wärmeübergangszahlen nach den folgenden Absätzen 1. bis 4. und nach den Tabellen 24. bis 27. ermittelt werden[1]).

Wärmeübergangszahl α
in kcal/m² h⁰

1. Siedendes Wasser.

$$\alpha = 2000 \text{ bis } 6000.$$

2. Nicht siedendes Wasser.

a) BEI NATÜRLICHEM UMTRIEB in Kesseln, Behältern usw.
$\alpha = 500$ bis 3000

(steigend mit Strömungsbegünstigung, Temperatur und Temperaturdifferenz, bei Rührwerken α bis 4000)

b) BEI AUFGEZWUNGENER STRÖMUNG in Rohrleitungen (nach Stender[2]))

$$\alpha = 2830 \cdot (1 + 0{,}0215\,t - 0{,}00007\,t^2) \cdot w^{\,0{,}91 - 0{,}00115\,t} \qquad (17)$$

wenn w die Geschwindigkeit in m/s und $t = 0{,}9\,t_m + 0{,}1\,t_w$ (t_m = mittl. Querschnittstemperatur und t_w = Wandungstemperatur) sind.

[1]) Genauere Unterlagen für diesen Abschnitt siehe insbesondere Gröber, Einführung in die Lehre von der Wärmeübertragung und Hütte 25. Aufl.

[2]) Stender, W., Der Wärmeübergang an strömendes Wasser in vertikalen Rohren. Verl. Springer 1924.

Die früheren Versuche von A. Soenecken (Der Wärmeübergang von Rohrwänden an strömendes Wasser. Mitt. Forsch.-Arb. 108/109), für Stahlrohr durch die Gl. $\alpha = 735 \cdot (1 + 0{,}014\,t_w)\,\frac{w^{0{,}7}}{d^{0{,}3}}$ wiedergegeben, weichen hinsichtlich Temperatur- und Durchmessereinfluß von den Stenderschen Ergebnissen ab. Da die Versuchsrohre nur 15 bis 28 mm ø hatten, erscheint die Extrapolation nach $d^{-0{,}3}$ für große ø unbrauchbar (für ebene Fläche $\alpha = 0$ falsch). Stender vernachlässigt den Durchmessereinfluß.

Einfache Näherungsformel[1])

$$\alpha = (7+22\,w)\cdot(120+t_m) \tag{18}$$

3. Luft.

a) RUHEND (natürliche Konvektion)

Senkrechte Wand oder **senkrechte Rohrleitung** (Nach Nusselt[2]) und Hencky[3])

$$\alpha = 2{,}2\sqrt[4]{\Delta}\ldots \text{ bei } \Delta > 10^{\circ} \tag{19a}$$

$$\alpha = 3{,}0+0{,}08\,\Delta. \text{ bei } \Delta < 10^{\circ} \tag{19b}$$

wenn Δ der Temperaturunterschied zwischen Wand und Luft in ° C ist.

(Zahlenwerte in Tabelle 24).

Wagerechte Wand

je nach Strömungsmöglichkeit hat α kleinere Werte als für die senkrechte Wand, die kleinsten bei allseitig eingeschlossener, nach unten gerichteter Fläche.

Wagerechtes Rohr, außen (nach Nusselt[4])

$$\alpha = 1{,}02\sqrt[4]{\frac{\Delta}{d}},\ ^{5)} \tag{20}$$

wenn d den äußeren Rohrdurchmesser in m und Δ den Temperaturunterschied zwischen Rohr und Luft bedeuten.

(Zahlenwerte in Tabelle 26 nebst Diagramm).

b) BEI AUFGEZWUNGENER STRÖMUNG

Ebene Wand (nach Jürges[6])

---

[1]) Infolge der unsicheren Grundlagen (vgl. vorige Anmerkung) erscheint die einfache Näherungsformel, die für $w > 1$ m/s und geringe Temperaturdifferenz zwischen Wasser und Wandung von der Stenderschen Gleichung nur bis zu rund 10 % abweicht, durchaus zulässig. Die Wärmeübergangszahl für Wasser kommt in der Wärmeschutztechnik überhaupt nur für nackte Rohre in Frage, wo ihr Einfluß kaum über 1 % des Wärmeverlustes ausmacht; bei isolierten Wasserleitungen kann das Glied $\frac{1}{a_i}$ stets vernachlässigt werden.

[2]) Nusselt, W., Mitt. Forsch.-Arb. 63/64, 1909.

[3]) Hencky, K., Zeitschrift für die gesamte Kälteindustrie. 1915.

[4]) Nusselt. W., Z. d. V. D. J., 1911.

[5]) Diese Formel wird allgemein zur angenäherten Berechnung benutzt. Der Tabelle 26 ist eine Korrekturtabelle beigefügt, welche die absolute Höhe der Temperaturen berücksichtigt. Für beliebigen Barometerdruck b sind die α-Werte mit $\sqrt{\frac{b}{760}}$ zu multiplizieren.

[6]) Jürges, W., Beiheft 19 zum Gesundheits-Ingenieur.

rauhe Oberfläche

$$\alpha = 6{,}47\, w^{0{,}78} \quad \ldots \text{bei } w > 5 \text{ m/s} \tag{21a}$$
$$\alpha = 5{,}3 + 3{,}6\, w \quad \ldots \text{,,} \quad w < 5 \text{ m/s} \tag{21b}$$

glatte Oberfläche[1])

$$\alpha = 6{,}12\, w^{0{,}78} \quad \ldots \text{bei } w > 5 \text{ m/s} \tag{22a}$$
$$\alpha = 4{,}8 + 3{,}4\, w \quad \ldots \text{,,} \quad w < 5 \text{ m/s} \tag{22b}$$

wenn w die Luftgeschwindigkeit in m/s bedeutet. (Zahlenwerte in Tabelle 25).

Rohr, außen, Luftströmung senkrecht zur Rohrachse (nach Nusselt[2])

$$\alpha = 0{,}01305 \cdot \frac{\lambda}{d}\left(12500 + \frac{d \cdot w \cdot \gamma}{\mu}\right)^{0{,}716} \tag{23}$$

Es bedeuten

d der äußere Rohrdurchmesser in m

λ die mittlere Wärmeleitzahl der Luft in kcal/m h° (s. Tabelle 6)

w die Luftgeschwindigkeit in m/s

γ das mittlere spez. Gewicht der Luft in kg/m³ (s. Tabelle 19)

μ die mittlere Zähigkeit der Luft in kg · s/m² (s. Tabelle 22)

λ, γ und μ sind auf das arithmetische Mittel zwischen Rohr- und Lufttemperatur zu beziehen.

(Zahlenwerte für 50° Oberflächentemperatur und + 20° Lufttemperatur in Tabelle 27 nebst Diagramm).

Für die Ermittlung von α nach Gleichung (23) kann zur angenäherten Bestimmung des zweiten Klammergliedes auch Tabelle 23 benutzt werden. Es ist: $\frac{d \cdot w \cdot \gamma}{\mu} = 22\,750 \, \frac{w}{w_k}$, wenn w_k die kritische Geschwindigkeit für die vorerwähnte Mitteltemperatur bedeutet.

Vereinfacht kann α auch ermittelt werden aus

$$\alpha = 4\, \frac{w^{0{,}7}}{d^{0{,}3}} \tag{24}$$

[1]) Neuere Untersuchungen von A. Frank bis zu $w = 4{,}16$ m/s im Freien ergeben etwas niedrigere Werte, und zwar für $w < 5$ m/s angenähert $\alpha = 3{,}75 + 3{,}05\, w$. — Vgl. Gesundheits-Ingenieur 1929, Heft 30.

[2]) Nusselt, W., Die Kühlung eines Zylinders durch senkrecht zur Achse strömende Luft. — Gesundheits-Ingenieur 1922, Seite 97.

Vgl. außerdem auch: Reiher, H., Forsch.-Arb. V. D. I. Heft 269, 1925. Wärmeübergang von strömender Luft an Rohre und Röhrenbündel im Kreuzstrom.

Näherungsformel (nach Schack und Rummel[1]), gültig für
$w > 1$ m/s und $d > 0{,}03$ m.

Rohr, innen auch für Gase und überhitzte Dämpfe (nach Nusselt[2])

$$\alpha = 22{,}6\frac{\lambda}{d}\left(\frac{d}{l}\right)^{0{,}054} \cdot \left(\frac{d \cdot w \cdot \gamma \cdot c_p}{\lambda}\right)^{0{,}786} \tag{25}$$

Es bedeuten

d den inneren Rohrdurchmesser in m, bei nicht kreisförmigem Rohr $d = 4 \times \frac{\text{Querschnitt in m}^2}{\text{Umfang in m}}$

l die Rohrlänge in m

c_p die spezifische Wärme der Luft bzw. des Gases in kcal/kg° (s. Tabelle 6, 10 und 12).

Sonst ist die Buchstabenbedeutung wie in Gleichung (23), bei anderen Gasen auf diese bezogen.[3])

α ist die Wärmeübergangszahl l m hinter der Einströmung in das Rohr. Die mittlere Wärmeübergangszahl α_m für die l m lange Rohrleitung ist

$$\alpha_m = 1{,}05\,\alpha. \tag{26}$$

4. Überhitzter Wasserdampf.

Hierfür gilt außer der vorstehenden Nusseltschen Formel für **Strömung in Rohren** nach Poensgen[4])

$$\alpha = 3{,}29 \cdot \frac{p^{1{,}082}}{10^{0{,}0017\,t_w}} \cdot \frac{w^{0{,}892}}{d^{0{,}164}} \tag{27}$$

wenn

w die Strömungsgeschwindigkeit in m/s
p den Dampfdruck in [at]
und t_w die Rohrwandungstemperatur in °C

bedeuten.

Die Formeln für die Wärmeübergangszahl strömender Medien in Rohrleitungen gelten nur oberhalb der Reynoldsschen[5]) kritischen Geschwindigkeit, also bei turbulenter Strö-

[1]) Mitt. der Wärmestelle Düsseldorf, H. 51.

[2]) Nusselt, W., Z. d. V. D. J., 1917. Tafeln zur Erleichterung der Berechnung nach Nusselt (s. Hütte, 25. Auflage, Seite 453/54).

[3]) Wärmeleitzahlen s. Tabelle 5 und 6; spezifisches Gewicht Tabelle 17 bis 19.

[4]) Ein kombiniertes Diagramm hierfür s. Mitt. a. d. Forschungsheim für Wärmeschutz, München, Heft 6.

[5]) Osborne-Reynolds, Papers on mechanical and physical subject, Bd. 2.

mung. Für die **laminare** Strömung bei niedrigeren Geschwindigkeiten nähert sich mit zunehmender Rohrlänge α dem Endwert

$$\alpha = 3{,}65\,\frac{\lambda}{d}, \tag{28}$$

der nach einer Anlaufstrecke $l_0 = 180\,\frac{w\,d^2}{a}$ [m] bis auf 1% erreicht ist, wenn $a = \frac{\lambda}{c_p \cdot \gamma}$ die Temperaturleitfähigkeit (vgl. S. 23) bedeutet.[1])

Die kritische Geschwindigkeit ergibt sich aus der Gleichung[2])

$$w_k = \frac{2320 \cdot \mu \cdot g}{d \cdot \gamma}\ \text{[m/s]}$$

($g = 9{,}81$ m/s², die anderen Buchstaben wie zu Gleichung (23).

In den weitaus meisten technischen Fällen sind die Geschwindigkeiten der laminaren Strömung weit überschritten, wie aus Tabelle 23 hervorgeht, in der für einige technisch wichtige Gase und Flüssigkeiten die kritischen Geschwindigkeiten für verschiedene Rohrdurchmesser und Temperaturen zusammengestellt sind. Mit Ausnahme der Gleichung (28) gelten also die Formeln zur Bestimmung von α in Rohrleitungen im Gebiet der Turbulenz, d. h. für Geschwindigkeiten über der kritischen.

Beispiele.

7. In einem isolierten Rohr von 150 mm l. W. ströme überhitzter Wasserdampf von $p = 20$ ata und der Temperatur 350° mit der Geschwindigkeit $w = 25$ m/s. Wie groß ist die **mittlere Wärmeübergangszahl** für eine 10 m lange Rohrstrecke hinter einem Ventil?

a) Wenn der Störungseinfluß des Ventils demjenigen einer scharfkantigen Einströmung praktisch gleichgesetzt wird, kann die Nusseltsche Gleichung (25) angewendet werden, und zwar ist einzusetzen:

---

1) Vgl. Hütte, 25. Aufl. S. 452.
2) Vgl. Gleichung (74) auf Seite 77.

$\lambda = 0{,}0344$ kcal/m h° aus Tabelle 5
$d = 0{,}15$ m
$w = 25$ m/s
$\gamma = 7{,}05$ kg/m³ aus Tabelle 18
$c_p = 0{,}533$ kcal/kg ° aus Tabelle 12

$$\alpha = 22{,}6 \cdot \frac{0{,}0344}{0{,}15} \left(\frac{0{,}15}{10}\right)^{0{,}054} \cdot \left(\frac{0{,}15 \cdot 25 \cdot 7{,}05 \cdot 0{,}533}{0{,}0344}\right)^{0{,}786}$$

$$\alpha = 22{,}6 \cdot 0{,}229 \cdot 0{,}015^{0{,}054} \cdot 410^{0{,}786} = 467 \text{ kcal/m}^2\text{h}^0.$$

Die mittlere Wärmeübergangszahl für das 10 m lange Rohrstück ist mithin nach Gleichung (26)

$$\alpha = 1{,}05 \cdot 467 = \underline{\underline{490 \text{ kcal/m}^2\text{h}^0}}.$$

b) Zum Vergleich sei die Wärmeübergangszahl nach Poensgen errechnet. Die Einlaufstrecke ist darin nicht berücksichtigt, wohl aber die technische Rauhigkeit des Rohrmaterials. Nach der Gleichung (27) ist

$$\alpha = 3{,}29 \frac{20^{1{,}082}}{10^{0{,}0017 \cdot 350}} \cdot \frac{25^{0{,}892}}{0{,}15^{0{,}164}};$$

die logarithmische Ausrechnung ergibt

$$\alpha = \underline{\underline{515 \text{ kcal/m}^2\text{h}^0}},$$

also gegenüber der Nusseltschen Gleichung einen um 5 % höheren Wert.

Da für isolierte Rohre erst bei $\alpha_i < 200$ der durch die Annahme $\alpha_i = \infty$ verursuchte Fehler im Wärmeverlust etwa 2 % überschreitet, zeigt das Beispiel, daß unter ähnlichen Betriebsverhältnissen der Wärmeübergangswiderstand an der inneren Rohrwand vernachlässigt werden kann.

8. Eine nackte Rohrleitung von 368 mm äußerem Durchmesser und einer Temperatur von 120° befinde sich in einem zugfreien Innenraum von 40°. Wie groß sind die äußere Wärmeübergangszahl und die durch Konvektion abgegebene stündliche Wärmemenge für 1 m Rohr?

Maßgeblich ist die Nusseltsche Gleichung (20) bzw. deren Ergebnisse aus Tabelle 26 nebst der Temperatur-Korrektur zu Tabelle 26. Für $\Delta = 120 - 40 = 80^0$ und 368 mm ä. ⌀ findet man in der Tabelle den Wert 3,91; er ist für 120° Rohrtemperatur und 40° Lufttemperatur mit dem Korrekturfaktor 1,05 zu multiplizieren, so daß sich ergibt

$$\alpha = 3{,}91 \cdot 1{,}05 = \underline{\underline{4{,}10 \text{ kcal/m}^2\text{h}^0}}.$$

Die Oberfläche F von 1 m Rohr ist

$$F = 0{,}368\,\pi = 1{,}156\ \mathrm{m}^2;$$

die stündliche Wärmeabgabe durch Konvektion beträgt also nach Gleichung (16)

$$q_K = 4{,}10 \cdot 1{,}156\,(120-40) = \underline{379\,\mathrm{kcal/m\,h}}.$$

Über die Gesamt-Wärmeübergangszahl α_a von Außenflächen einschließlich Strahlung vgl. Seite 39.

C. Wärmestrahlung.

Jeder Körper sendet infolge seiner Temperatur unsichtbare elektromagnetische Schwingungen aus, die auf andere Körper Wärmeenergie übertragen. Durch den leeren Raum und praktisch genügend genau auch durch Luft oder Gase pflanzt sich die Wärmestrahlung mit Lichtgeschwindigkeit geradlinig fort und setzt sich beim Auftreffen auf andere Körper wieder in molekulare Wärmeenergie um, soweit sie von diesen absorbiert wird.

Ebenso wie das Licht lassen sich auch die Wärmestrahlen durch geeignete wärmedurchlässige (diathermane) Körper spektral zerlegen, ohne daß es auf die Temperatur beispielsweise des benutzten Prismas oder der Sammellinse ankommt. Die Wellenlängen der unsichtbaren Temperaturstrahlung erstrecken sich etwa von 0,0008 bis 0,3 mm.

Gase, z. B. Luft und bis zu einem gewissen Grade auch Wasserdampf und Heizgase, bilden für geringe Entfernungen keinen nennenswerten Strahlungswiderstand; sie sind praktisch diatherman, während kohlenstaubhaltige Gase auch in geringeren Schichtstärken stark absorbieren.

Über das Verhalten der Körper beim Aussenden und beim Empfang der strahlenden Energie sind bestimmte Gesetzmäßigkeiten bekannt, die teils genau, teils mit praktisch ausreichender Annäherung gelten.

1. Strahlung des schwarzen Körpers.

Ein Körper heißt schwarz, wenn er alle auf ihn treffende Wärmeenergie restlos aufnimmt, ohne etwas davon zu reflektieren oder hindurchzulassen. Ein solcher Körper sendet bei einer bestimmten Temperatur mehr Energie aus, als irgend ein anderer, und zwar ist dieser Grenzwert der Energie nur von der Temperatur abhängig. Die vom schwarzen Körper **ausgestrahlte Energie** ist durch das **Stefan-Boltzmannsche** Gesetz bestimmt

$$E_S = \sigma_S \cdot T^4 \tag{29}$$

oder in einer für praktische Rechnungen bequemen Form

$$Q_S = C_S \left(\frac{T}{100}\right)^4 \text{[kcal/m}^2\text{ h]}; \tag{30}$$

hierin bedeuten

Q_S die stündlich von 1 m² der Oberfläche ausgestrahlte Wärmeenergie in kcal/m² h

C_S = 4,96 die Strahlungszahl des schwarzen Körpers, eine Konstante in kcal/m² h [° abs.]⁴

T die absolute Temperatur der Oberfläche in Celsiusgraden ($T = 273 + t^0$).

Ein schwarzer Körper von der Oberfläche F [m²] verliert demnach stündlich ohne Berücksichtigung der Gegenstrahlung die Wärmemenge

$$Q_{Fs} = F \cdot C_S \left(\frac{T}{100}\right)^4 \text{[kcal/h]} \tag{31}$$

durch Strahlung.

Befindet sich der schwarze Körper von der Temperatur T_1 in einem gleichfalls thermisch schwarz gedachten Hohlraum von der Temperatur T_2, so findet ein Energieaustausch von der Größe

$$Q_{Fs} = F \cdot C_S \left[\left(\frac{T_1}{100}\right)^4 - \left(\frac{T_2}{100}\right)^4\right] \text{[kcal/h]} \tag{32}$$

statt, wobei die absolute Höhe von T_1 und T_2, also auch der Richtungssinn der Energieübertragung — Ausstrahlung (Emission) oder Einstrahlung (Absorbtion) — gleichgültig ist.

Theoretisch wird das Stefan-Boltzmannsche Gesetz durch das Plancksche Gesetz[1]) bestätigt, welches die Energieverteilung der schwarzen Strahlung auf die verschiedenen Wellenlängen festlegt. Wenn in der Zeiteinheit von der Einheit der schwarzen Fläche die Energie $E_\lambda \cdot d\lambda$ im Bereich der Wellenlänge λ bis $\lambda + d\lambda$ ausgestrahlt wird, so ist

$$E_\lambda = c_1 \cdot \frac{\lambda^{-5}}{e^{-\frac{c_2}{\lambda T}} - 1}. \tag{33}$$

[1]) M. Planck, Verh. d. D. Phys. Ges. 2, 1900; 4, 1901; 13, 1911; 14, 1912; Berl. Ber. 1903; Ann. d. Phys. 1, 1900; 3, 1900; 4, 1901.

Von Interesse ist die Frage, auf welche Wellenlänge bei einer bestimmten Temperatur das Maximum der ausgestrahlten Energie entfällt. Nach dem Wienschen[1]) Verschiebungsgesetz ist das Produkt aus Wellenlänge der maximalen Emission und absoluter Temperatur des schwarzen Körpers konstant

$$\lambda_{max} \cdot T = b. \tag{34}$$

Wird die Wellenlänge in μ ($= 0{,}001$mm) gemessen, so hat b den Wert 2880. Je heißer ein Körper, desto kürzer die überwiegend ausgesandten Wellen.

Die **Richtungsverteilung** der von einem ebenen schwarzen Flächenelement ausgehenden Strahlungsenergie ermittelt sich aus dem **Lambertschen Kosinusgesetz**

$$E\varphi = \cos\varphi \cdot \frac{E}{\pi} \tag{35}$$

wenn $E\varphi$ die Strahlungsintensität in der Richtung φ (Winkel φ mit dem Lot auf der strahlenden Fläche), d. h. die pro Flächen- und Raumwinkeleinheit abgegebene Energie, E die entsprechende, nach allen Richtungen abgegebene Gesamtenergie der Flächeneinheit bedeuten.

2. Strahlung beliebiger Körper.

Wenn ein beliebiger Körper von Strahlung getroffen wird, so wird er diese teils reflektieren, teils absorbieren und teils hindurchlassen. Die meisten Körper sind nur in sehr dünnen Schichten strahlungsdurchlässig, so daß die hindurchtretende Strahlung im allgemeinen vernachlässigt werden kann. Analog dem Absorbtionsverhältnis[2])

$$A = \frac{\text{absorbierte Energie}}{\text{auftreffende Energie}}$$

bezeichnet man als Reflexionsverhältnis den Ausdruck

$$R = \frac{\text{reflektierte Energie}}{\text{auftreffende Energie}}.$$

Der Zusammenhang zwischen Absorbtion und Reflexion wird dann, wie leicht ersichtlich, durch die Beziehung

$$A + R = 1 \tag{36}$$

(z. B. 70% Absorbtion + 30% Reflexion = 100%) gegeben. Bei dem absolut schwarzen Körper ist $R_s = 0$, demnach $A_s = 1$.

[1]) W. Wien, Wid. Ann. 52, 1894; Ann. d. Phys. 1900; Berl. Ber. 1893.

[2]) Dieser von Prof. E. Schmidt, Danzig vorgeschlagene Ausdruck ist unbedingt klarer, als das bisher meist übliche „Absorbtionsvermögen".

Die Strahlungseigenschaften beliebiger Körper sind von ihrer physikalischen und chemischen Beschaffenheit abhängig und werden bezogen auf diejenigen des schwarzen Körpers von gleicher Temperatur und Gestalt. Allgemein gilt hierbei das **Kirchhoffsche Gesetz,** welches besagt, daß ein beliebiger Körper einen ganz bestimmten Bruchteil der Strahlungswirkung des schwarzen Körpers ausübt.

Es ist also für den betrachteten Körper das Emissionsverhältnis

$$\frac{\text{ausgestrahlte Energie}}{\text{vom schwarzen Körper ausgestrahlte Energie}} = \frac{E}{E_s}$$

gleich dem Absorbtionsverhältnis

$$\frac{\text{absorbierte Energie}}{\text{vom schwarzen Körper aufgenommene Energie}} = A.$$

Da der schwarze Körper die gesamte ihm zugestrahlte Energie absorbiert, kann man für das Absorbtionsverhältnis (s. oben) auch schreiben

$$A = \frac{\text{absorbierte Energie}}{\text{auftreffende Energie}}.$$

Das Kirchhoffsche Gesetz wird meistens in der Form geschrieben

$$E = A \cdot E_s. \tag{37}$$

Das Emissionsvermögen E eines beliebigen Körpers ist gleich dem Produkt aus seinem Absorbtionsverhältnis A und dem Emmissionsvermögen E_s des schwarzen Körpers.

Die Bevorzugung bestimmter Wellenlängen bei Emission und Absorbtion scheint im Bereich der Wärmestrahlung weniger ausgeprägt zu sein, als bei der Lichtstrahlung. Die meisten Körper können in Bezug auf Wärmestrahlung mit genügender Annäherung aus „grau“ betrachtet werden. Sie zeigen die gleiche Energieverteilung auf die verschiedenen Wellenlängen und Richtungen wie der schwarze Körper und haben konstante Absorbtionsverhältnisse A, die unabhängig von der Temperatur und den Wellenlängen der Gegenstrahlung sind.

Das Kirchhoffsche Gesetz $E = A \cdot E_s$ erweitert die Gültigkeit des Stefan-Boltzmannschen Gesetzes für E_s, d. h. die Abhängigkeit der emittierten Energie von der vierten Potenz der absoluten Temperatur, auch auf „graue“, **beliebige Körper.**

Für 1 m² und 1 Stunde beträgt demnach die ausgestrahlte Wärmeenergie

$$Q = A \cdot Q_s = A \cdot C_s \left(\frac{T}{100}\right)^4 \text{[kcal/m}^2\text{ h]}. \tag{38}$$

Das Produkt $A \cdot C_s = C$ wird die Strahlungszahl des betreffenden Körpers genannt. Sie liegt für alle Körper, da A ein echter Bruch ist, unter 4,96 kcal/m² h [⁰ abs.]⁴

$$Q = C \cdot \left(\frac{T}{100}\right)^4 \text{[kcal/m}^2\text{ h]}. \tag{39}$$

Eine Ausnahme von diesen Betrachtungen bilden theoretisch blanke Oberflächen von **Metallen**; für sie gilt weder das Lambertsche Gesetz der Energie-Richtungsverteilung, noch das Stefan-Boltzmannsche Gesetz.[1]) Für theoretisch blanke Metallflächen wächst die ausgestrahlte Gesamtenergie mit der fünften Potenz der absoluten Temperatur. Selbst polierte Metallflächen besitzen jedoch eine mindestens doppelt so hohe Strahlungszahl, als dem theoretischen Minimum entspricht, wobei der durch die Rauhigkeit bedingte Mehrbetrag an ausgestrahlter Energie dem Stefan-Boltzmannschen Gesetz unterliegt. Man wird der für die absolute Temperatur T_1 richtigen Strahlungszahl am besten nahe kommen, wenn man in die Formel 39 je nachdem, ob die Oberfläche matter oder glänzender ist, eine Strahlungszahl einsetzt, die zwischen dem bei der absoluten Temperatur T gefundenen Wert C und $C \cdot \frac{T + T_1}{2\,T}$ liegt. Für matte oder oxydierte Metalloberflächen kann C in weitem Bereich als konstant angenommen (und Formel 39 benutzt) werden.

Eine unter Verwendung der neuen Messungen von Prof. E. Schmidt zusammengestellte Auswahl von Strahlungszahlen findet sich auf Seite 225 in Tabelle 28.

3. Strahlungsaustausch.

Wie bereits bei der Erläuterung des Kirchhoffschen Gesetzes vorausgesetzt wurde, befinden sich sämtliche Körper im Strahlungsaustausch. Jeder Körper sendet Wärmestrahlen aus und empfängt solche von den mehr oder minder nahen Gegenständen seiner Umgebung. Nur der freie Weltraum

[1]) Vgl. Prof. Dr.-Ing. Schmidt, Wärmestrahlung technischer Oberflächen bei gewöhnlicher Temperatur, Beiheft 20 zum Gesundheits-Ingenieur (1927).

würde — abgesehen von den Gestirnen — keine Gegenstrahlung ausüben. Auf der Erdoberfläche strahlt indessen auch in der Nacht unsere Atmosphäre mit der Strahlungszahl eines grauen Körpers und einer mittleren Temperatur der tieferen dichtesten Schichten.

In folgendem bedeuten — für die betrachteten Körper durch Index bezeichnet — wie früher:

F Oberfläche in m^2
C Strahlungszahl in kcal/ m^2h [^{0}abs.]^4
T Temperatur in ^{0}abs.
Q_{F_S} stündlich zwischen Flächen bestimmter Größen durch Strahlung ausgetauschte Wärmemenge in kcal/h
Q_S desgl. für 1 m^2 in kcal/m^2h
ferner C_s Strahlungszahl des theoretisch schwarzen Körpers in

kcal/m^2h [^{0} abs.]^4 ($C_s = 4{,}96$).

Steht die Fläche F_1 mit der größeren oder gleichgroßen F_2 derart im Strahlungsaustausch, daß alle Strahlen der einen Fläche die andere treffen, so beträgt die stündlich ausgetauschte Wärmemenge

$$Q_{F_S} = C \cdot F_1 \left[\left(\frac{T_1}{100}\right)^4 - \left(\frac{T_2}{100}\right)^4\right] \tag{40}$$

wenn nach Nusselt

$$C = \frac{1}{\frac{1}{C_1} + \frac{F_1}{F_2}\left(\frac{1}{C_2} - \frac{1}{C_s}\right)} \tag{41}$$

gesetzt wird. C wird in diesem Falle nach Gröber „Strahlungsfaktor" genannt.

Schreibt man die Formeln (40/41) in der Gestalt

$$Q_{F_S} = \frac{\left(\frac{T_1}{100}\right)^4 - \left(\frac{T_2}{100}\right)^4}{\frac{1}{F_1 \cdot C_1} + \frac{1}{F_2 \cdot C_2} - \frac{1}{F_2 \cdot C_s}} \tag{42}$$

so stellt der Nenner den Strahlungswiderstand dar.[1]) Er ist gleich der Summe der Einzelwiderstände, vermindert um den Widerstand einer schwarzen Fläche von der Größe F_2.

[1]) Vgl. Analogie des Ohmschen Gesetzes.

Für die Technik wichtig sind folgende Anwendungsfälle:

a) Körper 1 in einem von Körper 2 völlig umschlossenen Hohlraum.

Es liegt der allgemeine Fall für Gleichung (40) und (41) vor; daher ist

$$Q_{F_S} = \frac{F_1\left[\left(\frac{T_1}{100}\right)^4 - \left(\frac{T_2}{100}\right)\right]}{\frac{1}{C_1} + \frac{F_1}{F_2}\left(\frac{1}{C_2} - \frac{}{C_s}\right)} \tag{43}$$

b) Körper 1 in einem sehr großen Hohlraum.

Kann mit praktisch genügender Annäherung $(F_1/F_2) = 0$ gesetzt werden, so wird nach Gleichung (41)

$$C = C_1$$

und die stündlich vom Körper 1 ausgestrahlte Wärme:

$${}_{F_S} = C_1 \cdot F_1\left[\left(\frac{T_1}{100}\right)^4 - \left(\frac{T_2}{100}\right)^4\right] \tag{43a}$$

Diese Gleichung dient allgemein als Grundlage für die Bestimmung von Strahlungsverlusten technischer Körper in größeren Räumen.

Zum selben Ergebnis kommt man, wenn man in Gleichung (41) $C_2 = C_s$ setzt. Je größer ein Raum ist, desto mehr kommt daher seine Gegenstrahlung derjenigen einer schwarzen Hülle von beliebiger Größe gleich.

c) Zwei ebene Platten mit geringem Abstand.

Bestehen die beiden Körper aus ebenen Platten in so geringem Abstand oder von solcher Größe, daß praktisch alle Strahlen auf die Platten auftreffen, so ist $F_1/F_2 = 1$ zu setzen, und es ergibt sich für den Austausch

$$C = \frac{1}{\frac{1}{C_1} + \frac{1}{C_2} - \frac{1}{C_s}} \tag{44}$$

bzw.

$$Q_{F_S} = \frac{F_{1,2} \cdot \left[\left(\frac{T_1}{100}\right)^4 - \left(\frac{T_2}{100}\right)^4\right]}{\frac{1}{C_1} + \frac{1}{C_2} - \frac{1}{C_s}} \tag{45}$$

Dieser Fall liegt praktisch bei dem später besprochenen Wärmeübergang in ebenen Hohlschichten vor.

Der Strahlungsfaktor C für verschiedene (auf 0,5 abgestufte) Werte von C_1 und C_2 kann aus Tabelle 29 entnommen werden.

Für die Berechnung ist $\frac{1}{C_s} = 0{,}2016$ einzusetzen.

d) Wirkung von Strahlungsschutzschirmen.

Annahmen wie Fall c; zwischen den Platten mögen sich jedoch n dünne parallele Schirmflächen befinden, deren innerer Wärmeleitungswiderstand vernachlässigbar klein ist (z. B. Blechtafeln). Für $F_1 = F_2 = 1$ m² setzen sich die Strahlungswiderstände wie folgt zusammen, wenn C_m die Strahlungszahl der Schirme ist

Zwischen F_1 und dem 1. Schirm . $\frac{1}{C_1} + \frac{1}{C_m} - \frac{1}{C_s}$

„ den n Schirmen . . . $\left(\frac{1}{C_m} + \frac{1}{C_m} - \frac{1}{C_s}\right) \cdot (n-1)$

„ dem $n$ten Schirm u. F_2 $\frac{1}{C_m} + \frac{1}{C_2} - \frac{1}{C_s}$

$$\frac{1}{C} = \left(\frac{1}{C_1} + \frac{1}{C_2} - \frac{1}{C_s}\right) + n\left(\frac{2}{C_m} - \frac{1}{C_s}\right) \tag{46}$$

Das so gefundene C ist zur Ermittlung der stündlich ausgetauschten Wärmemenge in Gleichung (40) einzusetzen.

Da die ohne Schutzschirme ausgetauschte Strahlungswärme

$$Q_S = \frac{\left(\frac{T_1}{100}\right)^4 - \left(\frac{T_2}{100}\right)^4}{\frac{1}{C_1} + \frac{1}{C_2} - \frac{1}{C_s}}$$

ist, ergibt sich das Verhältnis des durch n Schutzschirme behinderten Strahlungsaustausches zu demjenigen ohne Schirm[1])

$$\frac{Q_n}{Q_o} = \frac{\frac{1}{C_1} + \frac{1}{C_2} - \frac{1}{C_s}}{\frac{1}{C_1} + \frac{1}{C_2} - \frac{1}{C_s} + n\left(\frac{2}{C_m} - \frac{1}{C_s}\right)} \tag{47}$$

[1]) Vgl. auch H. Gröber, Wärmeübertragung, Verl. Springer, 1926.

Nicht mehr durch einfache Formeln zu ermitteln ist der Wärmeaustausch zweier Körper, die nur von einem Teil der gegenseitigen Strahlung getroffen werden. Aus der Anwendung des Lambertschen Gesetzes ergibt sich für zwei Flächenelemente df_1 und df_2 im Abstand r die Differentialgleichung

$$dQ_{F_S} = \frac{C}{\pi} \cdot \left[\left(\frac{T_1}{100}\right)^4 - \left(\frac{T_2}{100}\right)^4\right] \cdot \frac{\cos\varphi_1 \cdot \cos\varphi_2}{r^2} \cdot df_1 \cdot df_2 \qquad (48)$$

wenn die Normalen beider mit dem Strahlweg r die Winkel φ_1 bzw. φ_2 bilden. Die Integration ist jeweils meist nur näherungsweise möglich, doch liegen für einge technisch wichtige Fälle Berechnungen vor.[1])

Häufig kann man die Tempeatur T_2 der vom Körper 1 angestrahlten Umgebung, z. B. der Raumwände, des Erdbodens usw. gleich der umgebenden Lufttemperatur setzen. Man erfaßt dann zur Vereinfachung den gesamten aus Konvektion, Leitung und Strahlung bestehenden Vorgang der Wärmeabgabe eines Körpers gern durch eine einzige **Gesamtwärmeübergangszahl** α_a[2]), in der sich auch der Strahlungsanteil α_S auf die Temperaturdifferenz $(t_1 - t_2)$ bezieht, und schreibt demnach für 1 m²:

$$Q = \alpha_a \cdot (t_1 - t_2) = (\alpha + \alpha_S)(t_1 - t_2). \qquad (49)$$

Die Gleichung (40) erhält dann die Gestalt

$$Q_{F_S} = \alpha_S \cdot F_1 (t_1 - t_2), \qquad (50)$$

so daß

$$\alpha_S = \frac{\left(\frac{T_1}{100}\right)^4 - \left(\frac{T_2}{100}\right)^4}{t_1 - t_2} \cdot C \qquad (51)$$

bzw.

$$\alpha_S = c \cdot C \qquad (52)$$

zu setzen ist.

Die Konstante

$$c = \frac{\left(\frac{T_1}{100}\right)^4 - \left(\frac{T_2}{100}\right)^4}{t_1 - t_2} \qquad (53)$$

wird nach einem Vorschlag von Hencky[3]) Temperaturfaktor genannt.

---

[1]) Vgl. Gröber, Wärmeübertragung; — Gerbel, Grundgesetze der Wärmestrahlung, 1917; — Mollier, Z. d. V. D. J. 1897.

[2]) Vgl. Seite 44 bis 49.

[3]) K. Hencky, Die Wärmeverluste durch ebene Wände. Verl. Oldenbourg.

Der Strahlungsanteil der Gesamtwärmeübergangszahl ist gleich dem Produkt aus dem Temperaturfaktor und dem Strahlungsfaktor.

Für abgestufte Temperaturen ist der Temperaturfaktor aus Tabelle 30 zu entnehmen, in anderen Fällen aus den Werten $\left(\frac{T}{100}\right)^4$ in Tabelle 31 nach Formel (53) zu berechnen. Der Strahlungsfaktor ist für den üblichen Fall, daß sich der strahlende Körper in verhältnismäßig großem Raum befindet, gleich der Strahlzahl gemäß Tabelle 28 anzunehmen.

Wenn die Temperaturdifferenz $(t_1 - t_2)$ nicht besonders groß ist, kann man mit sehr guter Annäherung c auf die mittlere absolute Temperatur $T_m = \frac{T_1 + T_2}{2}$ beziehen.[1]) Für den Grenzfall $t_1 = t_2$ errechnet sich nämlich

$$c = 0{,}04 \left(\frac{T_m}{100}\right)^3. \qquad (54)$$

Die Grenzen, innerhalb deren man diesen einfachen Ausdruck für c unbedenklich anwenden kann, gehen aus folgender Zusammenstellung[2]) hervor. Er ist, wie ersichtlich, für alle Isolierungsoberflächen ohne weiteres brauchbar, zumal die

$t_m = \frac{t_1 + t_2}{2}$	Zulässiger Fehler von c — 1%	— 2%
	Zulässige Temp.-Diff. $t_1 - t_2$	
0°	55°	62°
100	75	85
200	95	108
300	115	131
400	135	154
500	155	176

Strahlungskonstanten mangels scharfer Definitionsmöglichkeit technischer Oberflächen (Material, Rauhigkeit) im allgemeinen kaum genauer als auf 5% anzugeben sind.

[1]) Vgl. K. Hencky, Die Wärmeverluste durch ebene Wände, Seite 26.

[2]) Die zulässige Temperaturdifferenz ermittelt sich aus der Bedingung $t_1 - t_2 < 2 \frac{x + \sqrt{x}}{1 + \sqrt{x}} \cdot T_m$, worin x den zulässigen Fehler von c als Bruchteil des wahren Wertes nach Gleichung (53) bedeutet.

Die Darstellung des Temperaturfaktors als Funktion der mittleren absoluten Temperatur ermöglicht beispielsweise eine sehr einfache graphische Darstellung von α_S (siehe Diagramm 36b und 51) sowie eine vereinfachte Behandlung der Wärmeübertragung in Luftschichten (vgl. Kapitel II C), in denen diese Differenzen selten überschritten werden dürften.

Beispiele.

9. Wie groß ist der Strahlungsteil der Wärmeübergangszahl eines 400° warmen Körpers von der Strahlungszahl $C_1 = 4{,}8$ in einem großen Raum von 20°?

Es ist

$$\alpha_S = c \cdot C_1$$

c hat für $t_1 = 400^0$ und $t_2 = 20^0$ nach Tabelle 30 den Wert 5,2, so daß sich ergibt

$$\alpha_S = 5{,}2 \cdot 4{,}8 = \underline{25 \text{ kcal/m}^2 \text{ h}^0.}$$

10a. Eine nackte geschweißte Rohrleitung von 368 mm äußerem Durchmesser und einer Temperatur von 120° liege in einem Betonkanal von 0,6 × 0,7 m Querschnitt, dessen mittlere Wandungstemperatur 40° beträgt. Wie groß ist der stündliche Strahlungsverlust für 1 m Rohrleitung?

Es liegt der Fall 3a) eines gänzlich umschlossenen Körpers vor.

In Tabelle 28 findet man die Strahlungszahlen
für das Rohr . . . . $C_1 = 4{,}0$
für den Kanal (rd. = Kalkmörtel) . . . . . $C_2 = 4{,}5$

Das Verhältnis F_1/F_2 ist gleich dem Verhältnis von Rohrumfang zu Kanalumfang (bzw. der Oberflächen pro lfdm)

$$\frac{F_1}{F_2} = \frac{0{,}368 \cdot \pi}{2 \cdot 0{,}6 + 2 \cdot 0{,}7} = \frac{1{,}156}{2{,}6} = 0{,}445.$$

Der Strahlungsfaktor ergibt sich mithin nach Gleichung (41) zu

$$C = \frac{1}{\frac{1}{C_1} + \frac{F_1}{F_2}\left(\frac{1}{C_2} - \frac{1}{C_s}\right)} = \frac{1}{\frac{1}{4{,}0} + 0{,}445\left(\frac{1}{4{,}5} - \frac{1}{4{,}96}\right)}$$

$$C = 3{,}86$$

Die 4. Potenz der Temperaturgröße $\frac{T}{100}$ wird aus Tabelle 31 entnommen

$$\left(\frac{T_1}{100}\right)^4 = 238{,}54 \qquad \left(\frac{T_2}{100}\right)^4 = 95{,}98.$$

Durch Einsetzen dieser Werte erhält man die von 1 m Rohr an die Kanalwandungen durch Strahlung ausgetauschte stündliche Wärmemenge gemäß Gleichung (40) (identisch mit Gleichung 43)

$$q_S = 3{,}86 \cdot 1{,}156\,[238{,}54 - 95{,}98] = \underline{\underline{636 \text{ kcal/m h.}}}$$

b) Welchen Einfluß erleidet der Strahlungsverlust durch das Einschließen des Rohres in einen Kanal, verglichen mit seinem Strahlungsverlust in einem großen Raum gleicher Temperatur?

Nach 3b ist im großen Raum $C = C_1 = 4{,}0$. Die Verluste verhalten sich wie die C-Werte, d. h. der Verlust im Kanal ist $\frac{3{,}86}{4{,}0} \cdot 100 = \underline{\underline{96{,}5\,\%}}$ des Verlustes im großen Raum. Der letztere beträgt $\frac{636}{0{,}965} = 660$ kcal/m h. Wie aus Beispiel 8 im Kapitel B, dem das gleiche Objekt zugrundeliegt, zu ersehen ist, sind am Gesamtverlust die Konvektion mit 37,4 % und die Strahlung mit 62,6 % beteiligt. Im Kanal wird der Konvektionsanteil noch erheblich geringer einzuschätzen sein. Je kleiner die Hohlräume, desto mehr wird die Konvektion behindert und desto mehr überwiegt beim Wärmeaustausch die Strahlung, die von der absoluten Größe des Hohlraumes unabhängig ist.

11a. Auf welchen Bruchteil wird die durch Strahlung zwischen 2 Platten mit den Strahlungszahlen $C_1 = 2{,}5$ und $C_2 = 4{,}0$ übertragene Wärme vermindert, wenn 2 Strahlungsbleche aus poliertem Messing von $C_m = 0{,}30$[1]) dazwischen geschaltet werden?

Nach Gleichung (47) ist

$$\frac{Q_2}{Q_0} = \frac{\frac{1}{2{,}5} + \frac{1}{4{,}0} - \frac{1}{4{,}96}}{\frac{1}{2{,}5} + \frac{1}{4{,}0} - \frac{1}{4{,}96} + 2\left(\frac{2}{0{,}30} - \frac{1}{4{,}96}\right)} = 0{,}0335.$$

[1]) Zuschlag gemäß Seite 35 einbegriffen.

Nach Einbringen der Strahlungsbleche gehen also nur noch 3,35% der ursprünglichen Wärmemenge durch Strahlung von der einen Platte zur anderen über.

b) Welche Wärmemenge Q_0 geht pro qm und Stunde zwischen den beiden Platten ohne Strahlungsbleche durch Strahlung über, wenn diese die Temperaturen $t_1 = 100^0$ und $t_2 = 50^0$ haben?

Nach Tabelle 29 ist der Strahlungsfaktor

$$C = 2{,}230$$

(auch aus dem vorigen Beispiel als reziproker Wert des Zählers).

Der Temperaturfaktor kann für $t_1 = 100^0$ und $t_2 = 50^0$ direkt aus Tabelle 30 entnommen werden

$$c = 1{,}695;$$

demnach ist

$$Q_0 = c \cdot C\,(t_1 - t_2)$$

$$Q_0 = 1{,}695 \cdot 2{,}23 \cdot 50 = \underline{189 \text{ kcal/m}^2\text{h.}}$$

Weiterhin vgl. hierzu auch die Beispiele unter II C.

II. Betriebstechnische Berechnungen.

A. Der Wärmeverlust einer ebenen Wand.

Der stündliche Wärmeverlust durch eine ebene Wand mit parallelen Begrenzungsflächen, die auf beiden Seiten von Flüssigkeiten (tropfbaren und gasförmigen) umgeben wird, wird mathematisch im Beharrungszustand erfaßt durch die Gleichung

$$Q = k \cdot F \cdot (t_1 - t_2)\ [\text{kcal/h}] \tag{55}$$

wenn

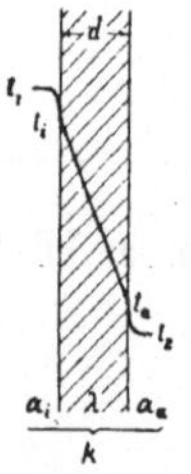

Fig. 2. Temperatur-Verlauf.

- Q die übertragene Wärme in kcal
- F die Größe der beiden Oberflächen in m^2
- t_1 die Temperatur des an die Innenseite der Wand grenzenden Mediums in ^{0} C[1])
- t_2 die Temperatur des an die Außenseite der Wand grenzenden Mediums in ^{0} C und
- k die Wärmedurchgangszahl in kcal/m^2h^0 ist.

Der Wert k berechnet sich als Summe der Widerstände aus der Gleichung

$$\frac{1}{k} = \frac{1}{\alpha_i} + \frac{d}{\lambda} + \frac{1}{\alpha_a} \tag{56}$$

wobei

- λ die Wärmeleitzahl der Wand in kcal/mh^0,
- α_i die Gesamtwärmeübergangszahl an die Wand innen[1]) in kcal/m^2h^0
- α_a die Gesamtwärmeübergangszahl von der Wand an die Luft außen in kcal/m^2h^0
- d die Stärke der Wand in m

bedeuten.

Besteht die Wand aus mehreren Schichten, so tritt gemäß Gleichung (4) an die Stelle von $\frac{d}{\lambda}$ die Summe der einzelnen $\frac{d}{\lambda}$.

---

[1]) Die an die Lufttemperatur t_1 grenzende Wandoberfläche ist als „innen", die an t_2 grenzende als „außen" bezeichnet. Die α-Werte sind stets positiv anzunehmen.

α_i bzw. α_a stellen die durch **Konvektion und Strahlung** von 1 m² der Oberflächen bei 1° Temperaturdifferenz stündlich aufgenommenen bzw. abgegebenen Wärmemengen dar. Es ist also

$$\begin{aligned} \alpha_i &= [\alpha + \alpha_S]_{innen} = [\alpha + c \cdot C]_{innen} \\ \alpha_a &= [\alpha + \alpha_S]_{au\beta en} = [\alpha + c \cdot C]_{au\beta en} \end{aligned} \qquad (57)$$

α kann nach Gleichungen 19, 21 und 22 berechnet werden oder ist aus Tabelle 24 und 25 zu entnehmen.

α_S berechnet sich aus $c \cdot C$, wobei

c den Temperaturfaktor nach Gleichung (53) oder (54) und Tabelle 30 oder 31,

C den Strahlungsfaktor (Konstante des Strahlungsaustausches) nach Gleichung (41) bzw. in großem Raum die Strahlungszahl bedeuten.

Beispiel 12.

Im Innern eines Industrieofens herrscht eine Temperatur von $t_1 = 1200\,^0$. Die Wände bestehen aus folgenden Schichten: 250 mm Schamotte, 60 mm Luftschicht, 65 mm Schamotte, 65 mm Isoliererde, 120 mm Isoliersteine.

a) Wie groß ist die von der Wand stündlich abgegebene Wärmemenge, wenn die Lufttemperatur $t_2 = 25\,^0$ beträgt?

b) Wie ist die Temperaturverteilung in den einzelnen Schichten?

Lösung.

a) Die durch die Wand gehende Wärmemenge berechnet sich aus

$$Q_F = k \cdot F \cdot (t_1 - t_2) \text{ kcal/h};$$

k ergibt sich aus der Beziehung

$$\frac{1}{k} = \frac{1}{\alpha_i} + \frac{1}{\Lambda} + \frac{1}{\alpha_a},$$

worin

$$\frac{1}{\Lambda} = \frac{d_1}{\lambda_1} + \frac{d_2}{\lambda_2} + \frac{d_3}{\lambda_3} + \frac{d_4}{\lambda_4} \quad \text{(vgl. Gleichung 4)}$$

α_i die Wärmeübergangszahl im Innern in kcal/m² h°,

α_a die Wärmeübergangszahl außen in kcal/m² h° bedeuten.

Vorläufige angenäherte Ermittlung des Wärmedurchgangs.

Die Wärmeleitzahlen der einzelnen Schichten sind als bekannt vorausgesetzt. Für die Luftschicht ist der d/λ äquivalente Wert in Beispiel 17, Seite 62 in erster Annäherung zu 1/357 ermittelt. Unbekannt sind noch die Wärmeübergangszahlen α_i und α_a. Da die Oberflächentemperaturen ebenfalls unbekannt sind, ist ihre Berechnung vorläufig nicht möglich. α_i werde mit 60 geschätzt.

α_a wird zunächst mit 12 kcal/m²h⁰ angenommen und dieser Wert mit der sich ergebenden Oberflächentemperatur kontrolliert.

Es errechnet sich dann

$$\frac{1}{\Lambda} = \frac{0{,}250}{1{,}0} + \frac{1}{357} + \frac{0{,}065}{0{,}9} + \frac{0{,}065}{0{,}13} + \frac{0{,}120}{0{,}15}$$

$$= 0{,}250 + 0{,}003 + 0{,}072 + 0{,}50 + 0{,}80$$

$$\frac{1}{\Lambda} = 1{,}625$$

$$\frac{1}{k} = \frac{1}{60} + 1{,}625 + \frac{1}{12}$$

$$= 0{,}017 + 1{,}625 + 0{,}083 = 1{,}725$$

$$k = \frac{1}{1{,}725} = \underline{0{,}58 \text{ kcal/m}^2\,\text{h}^0.}$$

Die übertragene Wärmemenge beträgt mit diesem Wert pro m²

$$Q = 0{,}58 \cdot 1 \cdot (1200 - 25)$$

$$Q = \underline{682 \text{ kcal/m}^2\,\text{h}.}$$

Kontrolle von α_a

$$\alpha_a = 2{,}2 \sqrt[4]{\Delta} + c \cdot C \text{ (nach Gleichung 19a)}$$

$$\Delta = \frac{Q}{\alpha_a} = \frac{682}{12} = 57^0 \text{ (nach Gleichung 49)}$$

$c = 1{,}40$ aus Gleichung (53) und Tabelle 31

$C = 4{,}6$ kcal/m² h abs.⁴ angenommen

$$\alpha_a = 2{,}2 \sqrt[4]{57} + 1{,}40 \cdot 4{,}6$$

$$\alpha_a = 6{,}05 + 6{,}45 = 12{,}5 \text{ kcal/m}^2\,\text{h}^0$$

Der Schätzungsfehler im Übergangswärmewiderstand $1/\alpha_a$

$$\frac{1}{12} - \frac{1}{12,5} = 0,0033$$

beträgt im Vergleich zum gesamten Widerstand $1/k = 1,725$

$$\frac{0,0033}{1,725} = 0,2\,\%.$$

Er beeinträchtigt mithin den Wärmedurchgang so unwesentlich, daß dieser nicht korrigiert zu werden braucht. Δ muß mit großer Annäherung der Bedingung genügen

$$\Delta \cdot \left(2,2 \sqrt[4]{\Delta} + c \cdot C\right) = 682$$

Durch abermalige Kontrolle wird man finden, daß dies für den Wert $\Delta = 55^0$ der Fall ist, so daß $t_a = 80^0$ anzunehmen ist.

b) Berechnung der Oberflächentemperaturen der einzelnen Schichten

$$Q = \alpha_i \cdot (t_1 - t_i) \text{ bzw. } Q = \frac{d_1}{\lambda_1} (t_i - t') \text{ usw.}$$

Innenfläche der 1. Schamotteschicht

$$t_i = t_1 - \frac{1}{\alpha_i} \cdot Q = 1200 - \frac{682}{60} = 1189^0$$

Außenfläche der 1. Schamotteschicht

$$t' = t_i - \frac{d_1}{\lambda_1} \cdot Q = 1189 - \frac{0,25}{1,0} \cdot 682 = 1019^0$$

Innenfläche der 2. Schamotteschicht

$$t'' = t' - \frac{Q}{\Lambda_{(Luftschicht)}} = 1019 - \frac{682}{357} = 1017^0$$

(Kontrolle nach Beispiel 17; keine Änderung)

$$t'' = t' - \frac{Q}{\Lambda_{(Luftschicht)}} = 1019 - \frac{682}{372} = 1017^0$$

Außenfläche der 2. Schamotteschicht

$$t''' = t'' - \frac{d_2}{\lambda_2} \cdot Q = 1017 - \frac{0,065}{0,9} \cdot 682 = 968^0$$

Außenfläche der Isoliererdeschicht

$$t^{IV} = t''' - \frac{d_3}{\lambda_3} \cdot Q = 968 - \frac{0,065}{0,13} \cdot 682 = 627^0$$

Außenfläche der Isoliersteinschicht

$$t_a = t^{IV} - \frac{d_4}{\lambda_4} \cdot Q = 627 - \frac{0{,}120}{0{,}15} \cdot 682 = 82^0$$

und zur Kontrolle

$$t_2 = t_a - \frac{1}{\alpha_a} \cdot Q = 82 - \frac{682}{12} = \underline{25^0}.$$

B. Der Wärmeverlust eines Rohres.

1. Wärmeverlust des isolierten Rohres.

Ist die Wärmeleitzahl der Isolierung eines Rohres bekannt, so kann die stündlich im Beharrungszustand von innen nach außen oder auch umgekehrt von außen nach innen (Kälteanlage) strömende Wärmemenge berechnet werden aus folgender Gleichung

$$Q = \frac{\pi \cdot l \cdot (t_1 - t_2)}{\frac{1}{\alpha_i \cdot d_i} + \frac{1}{\alpha_a \cdot d_a} + \frac{1}{2\lambda} \cdot \ln \frac{d_a}{d_i}} \text{[kcal/h]} \qquad (58)$$

wenn Q die übertragene Wärmemenge in kcal/h
l die Länge der Rohrleitung in m
t_1 die Temperatur des Wärmeträgers im Innern des Rohres in ^{0}C
t_2 die Temperatur des Mediums, in dem das Rohr sich befindet, in ^{0}C
d_a den äußeren Durchmesser der Isolierung in m
d_i den äußeren Durchmesser des Rohres in m
λ die Wärmeleitzahl der Isolierung in kcal/mh^0 (s. Tabelle 3)
α_i, α_a die Wärmeübergangszahlen im Innern des Rohres bzw. an der äußeren Oberfläche der Isolierung sind.

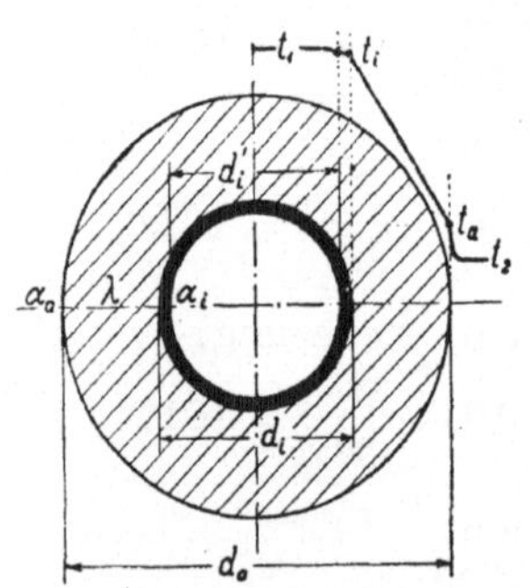

Fig. 3.
Querschnitt mit Bezeichnungen und Temperaturverlauf.

α_i bzw. α_a stellen wie im vorigen Abschnitt die Gesamtwärmeübergangszahlen für Konvektion und Strahlung dar.

Es ist also

$$\alpha_i = (\alpha + \alpha_S)_{innen}{}^{1)}$$

$$\alpha_a = (\alpha + \alpha_S)_{außen} = (\alpha + c \cdot C)_{außen}.$$

Wie bereits auf Seite 19 erwähnt wurde, kann die Isolierwirkung des eisernen Rohres wegen ihrer außerordentlichen Kleinheit vernachlässigt werden. Desgleichen kann man auch $1/\alpha_i$ meistens vernachlässigen und $t_i = t_1$ setzen.

Die Wärmeübergangszahl α durch Konvektion von der äußeren Oberfläche der Isolierung an die Luft kann aus Tabellen 26 und 27 entnommen oder aus Gleichung (20), (23) oder (24) berechnet werden.

α_S berechnet sich aus $c \cdot C$,

worin

c der Temperaturfaktor nach Gleichung (53) oder (54) und Tabelle 30 oder 31;

C die Strahlungszahl nach Tabelle 28 bzw. der Strahlungsfaktor nach Gleichung (41) sind.

ln d_a/d_i kann aus Tabelle 32 entnommen werden; für größere Werte als 5,199 (seltener Fall) ist der natürliche Logarithmus aus dem dekadischen zu berechnen.

Besteht die Isolierung der Leitung aus mehreren zylinderischen Schichten mit verschiedenen Leitzahlen, so ist in Gleichung (58) statt $\frac{1}{2\lambda} \cdot \ln \frac{d_a}{d_i}$ [2])

$$J = \frac{1}{2\lambda_1} \cdot \ln \frac{d_{a_1}}{d_i} + \frac{1}{2\lambda_2} \cdot \ln \frac{d_{a_2}}{d_{a_1}} + \frac{1}{2\lambda_3} \cdot \ln \frac{d_{a_3}}{d_{a_2}} \; \ldots\ldots$$

$$+ \frac{1}{2\lambda_n} \cdot \ln \frac{d_{a_n}}{d_{a(n-1)}} \qquad (59)$$

---

[1]) α_S kommt in Rohrleitungen nicht in Frage, da sich kein praktisch strahlender Körper anderer Temperatur im Rohr befindet; höchstens für dichten Rauch und Staub wäre es zu berücksichtigen.

[2]) Der Ausdruck $\frac{1}{2\,\lambda} \cdot \ln \frac{d_a}{d_i} = J$ bzw. die Summe solcher Ausdrücke wird häufig die „Isolierkonstante“ genannt (vgl. Seite 19). Er kennzeichnet für die Hohlzylinderschicht den Wärmewiderstand und wird daher in Gleichung (58) zu den Übergangswiderständen $\frac{1}{\alpha_i \cdot d_i}$ und $\frac{1}{\alpha_a \cdot d_a}$ addiert. (Eigentlich gehört π in den Nenner dieser Ausdrücke, indessen wird Gleichung (58) meist wie angegeben geschrieben.)

zu setzen, worin $d_{a1}, d_{a2}, d_{a3} \ldots d_{a_n}$ die Außendurchmesser der einzelnen Schichten und $\lambda_1, \lambda_2, \lambda_3 \ldots \lambda_n$ die Leitzahlen der einzelnen Stoffe bedeuten. Im übrigen vgl. Seite 19.

Sind innerhalb der Wand oder in der Isolation der Rohrleitung größere Hohlräume vorhanden, so findet auch durch diese ein Transport durch Wärmeleitung, durch Wärmestrahlung und durch Wärmeströmung statt. Der Vorgang wird dadurch so kompliziert, daß man ihn nicht mehr in einer einfachen Gleichung ähnlich Gleichungen (58) und (59) fassen kann. Man arbeitet daher besser nacheinander mit den Gleichungen des Kapitels I (Grundgesetze der Wärmeübertragung).

Beispiel 13. Ungekürzte Berechnung.

In den Kesseln eines Kraftwerkes werde Dampf von 35 ata und 425 ° erzeugt und in den Leitungen von 300 mm N.W. den Turbinen zugeführt. Es soll für zwei nachstehende Isolierungsarten der Wärmeverlust pro lfdm berechnet werden, wenn die Isolierstärken beide Male 100 mm stark sind. Die Lufttemperatur betrage 25°.

Lösung.

Da man den Wärmeübergangswiderstand $\frac{1}{\alpha_i\, d_i}$ wegen seiner geringen Größe vernachlässigen und für t_i die Temperatur t_1 des Dampfes setzen kann, lautet die Gleichung für den stündlichen Wärmedurchgang je lfdm in ihrer einfachsten Form

$$q = \frac{\pi\,(t_1 - t_2)}{\frac{1}{\alpha_a \cdot d_a} + \frac{1}{2\lambda} \cdot \ln \frac{d_a}{d_i}} \text{ [kcal/mh].}$$

In dieser Gleichung ist die Größe der Wärmeübergangszahl von der Höhe der Oberflächentemperatur auf der Isolierung abhängig. Da dieselbe unbekannt ist, kann man nur in der Weise vorgehen, daß man α_a zunächst schätzt und dann die Oberflächentemperatur ausrechnet. Mit der errechneten Oberflächentemperatur erhält man dann einen neuen Wert für α_a, der sich dem wirklichen Wert schon wesentlich annähert. Durch zwei- bis dreimaliges Probieren wird man eine genügende Abstimmung von q, α_a und t_a erreichen.

a) Die Isolierung des Rohres bestehe aus Kieselguraufstrichmasse, deren Wärmeleitzahl $\lambda = 0{,}12$ kcal/mh° betrage.

Aus Tabelle 55b ergibt sich

$$d_a = 0{,}518 \text{ m}; \quad \ln \frac{d_a}{d_i} = 0{,}488;$$

geschätzt werde $\alpha_a = 10$ kcal/m²h°

$$q = \frac{\pi \cdot (425 - 25)}{\frac{1}{10 \cdot 0{,}518} + \frac{1}{2 \cdot 0{,}12} \cdot 0{,}488} = \frac{\pi \cdot 400}{0{,}193 + 2{,}033}$$

$$q = \underline{565 \text{ kcal/mh.}}$$

1. Kontrolle von α_a

$$q = \alpha_a \cdot \pi \cdot d_a \cdot (t_a - t_2)$$

$$t_a - t_2 = \frac{q}{\alpha_a \cdot \pi \cdot d_a} = \frac{565}{10 \cdot \pi \cdot 0{,}518} = 34{,}7^0$$

$$t_a = 34{,}7 + t_2 = 34{,}7 + 25 = 59{,}7^0$$

$$\alpha_a = 1{,}02 \sqrt[4]{\frac{34{,}7}{0{,}518}} \cdot 1{,}1 + 1{,}25 \cdot 4 \text{ (vgl. Gl. 20)}$$

$$\alpha_a = 3{,}21 + 5{,}00 = 8{,}21 \text{ kcal/m}^2\text{h}^0.$$

Mit $\alpha_a = 8{,}2$ errechnet sich ein Wärmeverlust

$$q = \frac{\pi \cdot 400}{\frac{1}{8{,}2 \cdot 0{,}518} + 2{,}033} = \frac{\pi \cdot 400}{0{,}235 + 2{,}033}$$

$$q = \underline{554 \text{ kcal/mh.}}$$

2. Kontrolle von α_a

$$t_a - t_2 = \frac{554}{7{,}9 \cdot \pi \cdot 0{,}518} = 43{,}1^0$$

$$t_a = 43 + 25 = 68^0$$

$$\alpha_a = 1{,}02 \sqrt[4]{\frac{43}{0{,}518}} \cdot 1{,}09 + 1{,}31 \cdot 4$$

$$\alpha_a = 3{,}36 + 5{,}24 = 8{,}60 \text{ kcal/m}^2\text{h}^0.$$

Mit $\alpha_a = 8{,}60$ errechnet sich ein Wärmeverlust

$$q = \frac{\pi \cdot 400}{\frac{1}{8{,}60 \cdot 0{,}518} + 2{,}033} = \frac{\pi \cdot 400}{0{,}225 + 2{,}033}$$

$$q = \underline{\underline{557 \text{ kcal/mh.}}}$$

3. Kontrolle von α_a

$$t_a - t_2 = \frac{557}{8{,}60 \cdot \pi \cdot 0{,}518} = 40^0$$

$$t_a = 40 + 25 = 65^0.$$

Aus der Reihenfolge der korrigierten Außentemperaturen und α_a-Werte

t_a	α_a
60^0	8,2
68^0	8,6
65^0	

erkennt man, daß sich $t_a = 65^0$ nicht mehr wesentlich ändert und das letzte α_a den Wert von rund 8,5 haben muß. Die Annäherung reicht völlig aus, zumal der Wert von $\frac{1}{\alpha_a \cdot d_a}$ nur etwa 11% von $\frac{1}{2\lambda} \cdot \ln \frac{d_a}{d_i}$ ausmacht (Summe im Nenner der Verlustformel).

Der stündliche Wärmeverlust von 1 m Rohr beträgt demnach

$$q = \frac{\pi \cdot 400}{\frac{1}{8{,}5 \cdot 0{,}518} + 2{,}033} = \frac{\pi \cdot 400}{0{,}227 + 2{,}033}$$

$$q = \underline{\underline{556 \text{ kcal/mh.}}}$$

b) Die Isolierung besteht aus einer 80 mm starken Schicht aus l o s e m F ü l l m a t e r i a l, dessen Wärmeleitzahl λ 0,064 kcal/mh^0 betrage, und einem 20 mm starken äußeren Schutzmantel aus Wärmeschutzmasse, deren Wärmeleitzahl mit $\lambda = 0{,}12$ kcal/mh^0 eingesetzt sei. Wie groß ist der Wärmeverlust?

$$d_{a_1} = 0{,}478 \text{ m} \quad \ldots \ln \frac{d_{a_1}}{d_{i_1}} = 0{,}407;$$

$$d_{a_2} = 0{,}518 \text{ m} \quad \ldots \ln \frac{d_{a_2}}{d_{a_1}} = 0{,}0804^{1)}$$

[1]) Leicht und genau auch ohne Division aus Tabelle 32 wie folgt zu finden

$$\ln \frac{d_{a_2}}{d_{a_1}} = \ln \frac{5\, d_{a_2}}{5\, d_{a_1}} = \ln 5\, d_{a_2} - \ln 5\, d_{a_1} = \ln 2{,}59 - \ln 2{,}39.$$

$$\frac{1}{2\lambda_m} \cdot \ln \frac{d_a}{d_i} = \frac{1}{2\lambda_1} \cdot \ln \frac{d_{a1}}{d_{i1}} + \frac{1}{2\lambda_2} \cdot \ln \frac{d_{a2}}{d_{a1}}$$

$$= \frac{1}{2 \cdot 0{,}064} \cdot 0{,}407 + \frac{1}{2 \cdot 0{,}12} \cdot 0{,}0804$$

$$= 3{,}180 + 0{,}335 = 3{,}515$$

α_a sei hier mit 8 kcal/m²h⁰ angenommen

$$q = \frac{\pi \cdot (425 - 25)}{\frac{1}{8{,}0 \cdot 0{,}518} + 3{,}515} = \frac{\pi \cdot 400}{0{,}241 + 3{,}515}$$

$$q = \underline{334{,}5 \text{ kcal/mh.}}$$

Kontrolle von α_a

$$t_a - t_2 = \frac{334{,}5}{8 \cdot \pi \cdot 0{,}518} = 25{,}7^0$$

$$t_a = 25{,}7 + 25 - 50{,}7^0$$

$$\alpha_a = 1{,}02 \sqrt[4]{\frac{25{,}7}{0{,}518}} \cdot 1{,}1 + 1{,}20 \cdot 4$$

$$= 2{,}98 + 4{,}80 = 7{,}78 \text{ kcal/m}^2\text{h}^0.$$

Mit $\alpha_a = 7{,}8$ errechnet sich der Wärmeverlust zu

$$q = \frac{\pi \cdot 400}{\frac{1}{7{,}8 \cdot 0{,}518} + 3{,}515} = \underline{334 \text{ kcal/mh}}$$

Die Übereinstimmung ist genügend und eine zweite Kontrolle von α_a ist in diesem Falle nicht erforderlich.

Der Wärmeverlust beträgt also

$$q = \underline{334 \text{ kcal/mh.}}$$

Da die Berechnung der Wärmeverluste nach den Formeln (58) und (59) wegen der zunächst stets unbekannten und nach der ersten Schätzung zu kontrollierenden Oberflächentemperatur t_a der Isolierung umständlich und zeitraubend ist, sind direkte Lösungsverfahren entwickelt und mit zulässigen Vereinfachungen Tabellen[1]) oder Diagramme[2]) aufgestellt worden.[3])

Ein solches **abgekürztes Verfahren** in Tabellenform ist in den Zahlentafeln 33, 34 und 35 des zweiten Teils gegeben. Es beruht auf folgenden Überlegungen:

Der stündliche Wärmeverlust eines isolierten Rohres ist nach Gleichung (9)

$$q = \frac{\pi}{J}(t_i - t_a) \quad (t_a = \text{Außentemperatur der Isolierung}).$$

Versucht man das unbekannte $t_i - t_a$ durch die gegebene Temperaturdifferenz $t_i - t_2$ darzustellen, etwa in der einfachen Form

$$t_i - t_a = m\,(t_i - t_2),$$

so ergibt sich für den Faktor m der Ausdruck

$$m = \frac{\alpha_a}{\alpha_a + \frac{1}{J \cdot d_a}}$$

Wird nun für α_a eine genügend genaue empirische Formel, wie z. B.[4])

$$\alpha_a = 5 + \frac{t_a - t_2}{20}$$

[1]) Z. B. Mitteilungen aus dem Forschungsheim für Wärmeschutz, Heft 2 und Veröffentlichungen aus dem Arbeitsgebiet der Deutschen Prioform Werke, Heft 7 (das im nachfolgenden Text gebrachte Verfahren nach E. Borschke enthaltend). Für die Prioform-Isolierung sind von den Deutschen Prioform Werken besondere Wärmeverlust-Tabellen ausgearbeitet worden. (Druckschrift 10 der Veröffentlichungen aus dem Arbeitsgebiet der Deutschen Prioform Werke).

[2]) Mitteilungen aus dem Forschungsheim für Wärmeschutz, Heft 2 und 5, sowie Veröffentlichungen aus dem Arbeitsgebiet der Deutschen Prioform Werke, Heft 6 und Archiv für Wärmewirtschaft 1928, Heft 4.

[3]) Auf die Wiedergabe einer Tabelle mit fertig ausgerechneten Wärmeverlustwerten ist verzichtet worden, weil erfahrungsgemäß das fast stets nötige Interpolieren zwischen vier Größen mühevoller ist und leichter zu Irrtümern Anlaß gibt, als die direkte Berechnung, die zudem gleichzeitig die Bestimmung der Oberflächentemperatur gestattet.

[4]) Vgl. Mitteilungen aus dem Forschungsheim für Wärmeschutz, Heft 2, Gleichung (13), und: Wärme- und Kälteschutz in Wissenschaft und Praxis (Selbstverlag der Deutschen Prioform Werke), Seite 39.

gewählt und gleichzeitig berücksichtigt, daß

$$q = \pi\, d_a \cdot \alpha_a\,(t_a - t_2)$$

ist, so läßt sich m als eine Funktion von $\frac{1}{J \cdot d_a}$ und $t_i - t_2$ darstellen.[1]) Der Wärmeverlust errechnet sich demnach als das Produkt von drei Faktoren

$$q = \frac{\pi}{J} \cdot m \cdot (t_i - t_2).$$

Zur Auffindung von $\frac{\pi}{J}$ und $\frac{1}{J d_a}$ aus Rohrdurchmesser und Isolierstärke dient Tabelle 33. Die Wertepaare beziehen sich auf eine Wärmeleitzahl der Isolierung von 0,1 kcal/mh^0 und ergeben mit 10 λ multipliziert $\frac{\pi}{J}$ bzw. $\frac{1}{J d_a}$.

Aus $\frac{1}{J d_a}$ und der Temperaturdifferenz zwischen Rohr und Luft sind in der Tabelle 34 bzw. 35 die Korrekturfaktoren m abzulesen.

Man geht also zur Bestimmung des stündlichen Wärmeverlustes von 1 lfdm Rohr so vor, daß man zunächst den betreffenden fettgedruckten Wert aus Tabelle 33 mit $10\lambda \cdot (t_i - t_2)$ multipliziert. Darauf multipliziert man auch den darunterstehenden schwachgedruckten Wert mit 10λ, geht mit dieser Zahl in die 1. Spalte von Tabelle 34, wo man unter der betreffenden Temperaturdifferenz den Korrekturfaktor m findet. Das zuvor ermittelte Produkt ergibt mit m multipliziert den Wärmeverlust.

Die Übertemperatur der Isolierungsoberfläche über Lufttemperatur ergibt sich als Produkt $(1 - m) \cdot (t_i - t_2)$.

Für Windanfall von 5 m/s und von 20 m/s wird die Tabelle 34 durch Tabelle 35 ersetzt. Statt der Temperaturdifferenz ist hier der Außendurchmesser der Isolierung maßgeblich.

---

[1]) In diesem Falle wird

$$m = \frac{(t_i - t_2) + 50 + \frac{10}{d.Ja} - \sqrt{\left(50 + \frac{10}{J.da}\right)^2 + \frac{20}{J.da}\; t_i - t_2)}}{t_i - t_2}$$

Beispiel 14.

Normale Konvektion.

Äußerer Rohrdurchmesser . . . $d_i = 267$ mm
Dampftemperatur . . . . $t_i = 475^0$
Lufttemperatur . . . . $t_2 = 20^0$
Isolierstärke . . . . $s = 120$ mm
Wärmeleitzahl der Isolierung . . $\lambda = 0{,}068$ kcal/mh⁰

Wie groß sind stündlicher Wärmeverlust pro lfdm und Oberflächentemperatur der Isolierung?

Lösung.

Werte aus Tabelle 33 $\cdot\, 10\lambda$; $\dfrac{\pi}{J} \cdot (t_i - t_2) \cdot m = q$

$$\boxed{\begin{matrix}\mathbf{0{,}981}\\ 0{,}615\end{matrix}} \cdot 0{,}68 = \begin{cases}\mathbf{0{,}667} \cdot 455 \cdot 0{,}941 = \underline{\mathbf{286}\ \text{kcal/mh}}\\ 0{,}418\end{cases}$$

hieraus in Tabelle 34 $m =$ (0,941)

$$t_a - t_2 = (1 - m) \cdot (t_i - t_2) = 0{,}059 \cdot 455 = 27^0$$

$$t_a = \underline{47^0}.$$

Beispiel 15.

Windanfall 20 m/s,

$d_i = 216$ mm
$t_i = 350^0$
$t_2 = 20^0$
$s = 80$ mm
$\lambda = 0{,}072$ kcal/mh⁰.

Wie groß ist der stündliche Wärmeverlust pro lfdm?

Lösung.

Werte aus Tabelle 33 $\cdot\, 10\lambda$; $\dfrac{\pi}{J} \cdot (t_i - t_2) \cdot m = q$

$$\boxed{\begin{matrix}\mathbf{1{,}132}\\ 0{,}958\end{matrix}} \cdot 0{,}72 = \begin{cases}\mathbf{0{,}816} \cdot 330 \cdot 0{,}987 = \underline{\mathbf{266}\ \text{kcal/mh}}\\ 0{,}690\end{cases}$$

$d_a = d_i + 2s = 376$ mm

hieraus in Tab. 35 interpoliert: $m =$ (0,987)

Die Kenntnis der Oberflächentemperatur ist in der Regel belanglos, da sich t_a nur wenig von t_2 unterscheidet. Die Ermittlung kann ebenso wie in Beispiel 14 erfolgen.

2. Wärmeverlust des nackten Rohres.

Die Schwierigkeit der Berechnung des Wärmeverlustes nackter Rohrleitungen liegt in der richtigen Bestimmung der Oberflächentemperatur. Dieselbe hängt hauptsächlich von äußeren Verhältnissen ab, dann aber auch von der inneren Wärmeübergangszahl. α_i steigt mit Zunahme der Geschwindigkeit und dem Druck sehr stark an, während es mit zunehmender Überhitzungstemperatur sinkt. Je geringer also die Überhitzungstemperatur ist, umso größer ist α_i. Bei Sattdampf ist $\alpha_i = 10000$ kcal/m²h⁰ ein Durchschnittswert.

Je größer die Wärmeübergangszahl α_i ist, umso mehr nähert sich die Oberflächentemperatur derjenigen des Wärmeträgers. Für Sattdampf und Flüssigkeiten kann daher $t_i = t_1$ gesetzt werden. Der Temperaturabfall in der Rohrwandung wird auch hier vernachlässigt.

Sehr verwickelt werden die Verhältnisse, wenn das Rohr einseitig von heißen Flächen angestrahlt wird. Um daher überhaupt eine rechnerische Vergleichsbasis zu erhalten, bezieht man den Wärmeverlust nackter Rohre auf frei im Raum befindliche Rohre und auf ruhende Außenluft von bestimmter Temperatur.

Rechnerisch geht man zweckmäßig so vor, daß man eine Oberflächentemperatur annimmt, das entsprechende α_a ausrechnet und den Wärmeverlust bestimmt. Durch die Kontrolle von α_i ersieht man dann leicht, ob die Oberflächentemperatur richtig geschätzt worden ist.[1])

Beispiel 16.

Rohrdurchmesser, Dampfbeschaffenheit und Lufttemperatur wie im Beispiel 13. In der Dampfleitung von 300 mm N.W.ströme überhitzter Wasserdampf von 425⁰ mit einer Geschwindigkeit von 30 m/s. Wie groß ist der stündliche Wärmeverlust von 1 m des nackten Rohres?

[1]) Ein graphisches Verfahren zur direkten Ermittlung des Wärmeverlustes von nackten Rohren findet sich in den Mitteilungen aus dem Forschungsheim für Wärmeschutz, München, Heft 6.

Lösung.

Es ist

$$d_i = 0{,}303 \text{ m}$$
$$d_a = 0{,}318 \text{ m}$$
$$t_1 = 425^0$$
$$t_2 = 25^0$$

Geschätzt werde

$$t_a = t_i = 415^0.$$

Dann ist nach Gleichung (20) und (52)

$$\alpha_a = 1{,}02 \sqrt[4]{\frac{415 - 25}{0{,}318}} \cdot 0{,}96 + 5{,}56 \cdot 4 = 5{,}8 + 22{,}2$$

$$\alpha_a = 28{,}0 \text{ kcal/m}^2\text{h}^0$$

$$q = 28{,}0 \cdot \pi \cdot 0{,}318 \cdot 390 = 10\,900 \text{ kcal/mh}$$

$$q = \alpha_i \cdot \pi \cdot d_i \cdot (t_1 - t_i)$$

$$\alpha_i = \frac{10\,900}{\pi \cdot 0{,}303 \cdot 10} = \underline{1145} \text{ kcal/m}^2\text{h}^0.$$

Da α_i nach der Nusseltschen Gleichung (25) für Dampf von 425^0, 35 ata und $w = 30$m/s einen Wert von $\underline{850}$ kcal/m²h⁰ besitzt, ist die Oberflächentemperatur $\overline{\text{zu}}$ hoch angenommen worden.

Für $t_i = 410$ errechnet sich ein

$$\alpha_a = 1{,}02 \sqrt[4]{\frac{410-25}{0{,}318}} \cdot 0{,}96 + 5{,}45 \cdot 4 = 5{,}8 + 21{,}8 = 27{,}6$$

$$q = 27{,}6 \cdot \pi \cdot 0{,}318 \cdot 385 = 10\,600 \text{ kcal/mh}$$

$$\alpha_i = \frac{10\,600}{\pi \cdot 0{,}303 \cdot 15} = \underline{743} \text{ kcal/m}^2\text{h}^0.$$

Dieser Wert ist zu niedrig. Die Oberflächentemperatur liegt also zwischen 410 und 415^0.

Mit $t_i = 411{,}8^0$ errechnet sich α_a zu

$$\alpha_a = 1{,}02 \sqrt[4]{\frac{386{,}8}{0{,}318}} \cdot 0{,}96 + 5{,}46 \cdot 4 = 5{,}8 + 21{,}8 = 27{,}6$$

$$q = 27{,}6 \cdot \pi \cdot 0{,}318 \cdot 386{,}8 = 10\,670 \text{ kcal/mh}$$

$$\alpha_i = \frac{10670}{\pi \cdot 0{,}303 \cdot 13{,}2} = \underline{849} \text{ kcal/m}^2\text{h}^0.$$

Der Wärmeverlust des nackten Rohres beträgt also bei 30 m/s Dampfgeschwindigkeit und ruhender Außenluft von 25°

$$q = \underline{\underline{10670 \text{ kcal/mh.}}}$$

C. Die Wärmeübertragung in Luftschichten.

Luftschichten werden in der Technik teils aus praktischen oder konstruktiven, teils aus wärmetechnischen Gründen angewandt. In Gebäudewänden beispielsweise fördern sie das Austrocknen; bei Öfen gestatten sie die freie Wärmedehnung der Innenwandungen.

In vielen Fällen besitzen Luftschichten infolge der niedrigen Wärmeleitzahl der Luft einen bedeutenden Isolierwert, dessen Voraussetzungen jedoch erst in letzter Zeit genauer erkannt wurden.

Aus Versuchen von Nusselt[1]) ergab sich bereits die Tatsache, daß die Wärmeübertragung von einer Innenwand zur anderen durch eine Luftschicht hindurch überwiegend durch Strahlung erfolgt, wenn die Strahlungszahlen der Wandungen nicht besonders niedrig sind.

Zur Berechnung des Wärmestromes quer durch eine Luftschicht ist der Vorgang nach Abschnitt I, A bis C, in die drei gleichzeitig wirkenden Teilvorgänge der Wärmeleitung, Konvektion und Strahlung zu zerlegen. Dies geschieht nach K. Hencky[2]) am besten dadurch, daß zunächst für die Luftschicht in der gleichen Weise wie für einen festen Körper eine Wärmeleitzahl λ angenommen wird. Diese „äquivalente" oder wirksame[3]) Wärmeleitzahl ist also als diejenige eines festen, die Luftschicht ausfüllenden Körpers zu denken, der bei gleicher Ein- und Austrittstemperatur ebensoviel Wärme stündlich hindurchläßt, wie die Luftschicht. Die äquivalente Wärmeleitzahl läßt sich nun für die drei nebeneinander bestehenden Vorgänge der Leitung, Konvektion und Strahlung als Summe von drei

[1]) Nusselt, W., Mitt. Forsch.-Arb. 63/64, 1909.
[2]) Hencky, K., Die Wärmeverluste durch ebene Wände, Seite 27.
[3]) Schmidt, E., Z. d. V. d. J., 1927, Seite 1395.

entsprechenden Leitzahlen darstellen, (wobei die Indices L, K und S Leitung, Konvektion und Strahlung kennzeichnen).

$$\lambda = \lambda_L + \lambda_K + \lambda_S. \qquad (60)$$

Für ebene Luftschichten berechnet sich demnach die stündlich hindurchtretende Gesamtwärme nach Gleichung (2)

zu $$Q_F = \frac{\lambda}{d} \cdot F \ (t_1 - t_2) \ [\text{kcal/h}] \qquad (61)$$

wenn d die Dicke in m, F die Durchtrittsfläche (Wandungsfläche) in m^2 und t_1 bzw. t_2 die Ein- und Austrittstemperaturen (Wandungstemperaturen) der Luftschicht sind.

Zur Vereinfachung ist es vorteilhaft, auch hier nach K. Hencky die Wärmedurchlaßzahl Λ (s. Gleichungen 2a und 3) einzuführen. Wir schreiben demnach

$$\Lambda = \Lambda_L + \Lambda_K + \Lambda_S \ [\text{kcal/m}^2\text{h}^0] \qquad (62)$$

und $$Q_F = \Lambda \cdot F \ (t_1 - t_2) \ [\text{kcal/h}]. \qquad (63)$$

Λ_L erfaßt allein die Wärmeleitung ohne Rücksicht auf den Bewegungszustand der Luft. Es ist dann wie beim festen Körper

$$\Lambda_L = \frac{\lambda_m}{d} \ [\text{kcal/m}^2\text{h}^0], \qquad (64)$$

wenn λ_m die Wärmeleitfähigkeit der Luft bei der mittleren Temperatur $t_m = \frac{t_1 + t_2}{2}$ bedeutet (vgl. Tabelle 6). Λ_L ist eine Funktion der mittleren Temperatur der Luftschicht und ihrer Dicke.

Λ_K stellt die durch Konvektion (vgl. Abschnitt I B) verursachte Wärmedurchlässigkeit vor. Sie wurde, nachdem Nusselt bereits Näherungswerte angegeben hatte, erst in den letzten Jahren von E. Schmidt[1]) genauer ermittelt, und zwar nur als Funktion der Luftschichtdicke. Die Einflüsse verschiedener Höhe, Mitteltemperatur und Temperaturdifferenz sind wahrscheinlich nicht sehr erheblich und müssen bis heute unberücksichtigt bleiben. Die Versuche wurden an vertikalen Luftschichten von 8 bzw. 16 cm Dicke und 0,5 m Höhe sowie an horizontalen Schichten (Wärmedurchgang von unten nach oben) von $50 \times 50 \times 2{,}5$ cm bei 10 bis 15^0 mittlerer Temperatur und 7 bis 16^0 Temperaturdifferenz durchgeführt.

---

[1]) Z. d. V. D. J., 1927, Seite 1395.

Der aus den vorliegenden drei Versuchsmittelwerten interpolierte Verlauf von λ_K kann einem von Schmidt gegebenen Diagramm entnommen werden. Mit guter Annäherung werden die Versuchsergebnisse auch durch die Gleichung $\lambda_K = 4{,}79 d^{1{,}62}$ erfüllt, so daß sich für $\Lambda_K = \frac{\lambda_K}{d}$ ergibt

$$\Lambda_K = 4{,}79 \cdot d^{0{,}62} \, [\mathrm{kcal/m^2 h\,^0}]; \tag{65}$$

d ist wiederum in m gemessen.

Λ_S, die Wärmedurchlässigkeit vermöge Strahlung, ist identisch mit α_S aus Gleichung (51), wenn für C der Strahlungsfaktor des Wärmeaustausches zwischen zwei parallelen Platten nach Gleichung (44) eingesetzt wird. Es ist dann

$$\Lambda_S = c \cdot C \tag{66}$$

bzw. ausgeschrieben

$$\Lambda_S = \frac{\left(\frac{T_1}{100}\right)^4 - \left(\frac{T_2}{100}\right)^4}{t_1 - t_2} \cdot \frac{1}{\frac{1}{C_1} + \frac{1}{C_2} - \frac{1}{C_s}} \tag{66a}$$

In diesem Ausdruck kann c aus der Tabelle 30 oder 31 und C errechnet oder aus Tabelle 29 ermittelt werden.

Mit der Bestimmung von Λ_L, Λ_K und Λ_S ist durch die Gleichungen (62) und (63) die Aufgabe der Wärmeübertragung durch eine senkrechte ebene Luftschicht gelöst.

Zur bequemen graphischen Ermittlung von Λ sind auf Seite 254 zwei Diagramme gegeben, in denen auch der Strahlungsanteil in einfacher Weise auf die mittlere Temperatur bezogen wird (vgl. Seite 40). Die Anwendung ist folgende:

Als bekannt werden vorausgesetzt

die Mitteltemperatur $t_m = \frac{t_1 + t_2}{2}$ in °,

die Dicke der Luftschicht d in cm,

der Strahlungsfaktor $C = \frac{1}{\frac{1}{C_1} + \frac{1}{C_2} - \frac{1}{C_s}}$ in kcal/m²h[° abs.]⁴.

Im ersten Diagramm (36a) ergibt die Schnittpunkthöhe der vertikalen d-Linie mit der Kurve der gegebenen Mitteltemperatur am linken Maßstab $\Lambda_{(L+K)}$; im zweiten Diagramm (36b) findet man ebenso links vom Schnittpunkt der t_m- und C-Geraden Λ_S. Die Summe beider Werte ist die gesuchte Durchlaßzahl Λ.

Einen Überblick über die Verteilung der übertragenen Wärme auf Leitung, Konvektion und Strahlung bei verschiedenen Schichtdicken, Strahlungszahlen und Mitteltemperaturen bietet Tabelle 37.[1] [2]

Zu erwähnen ist noch die Wärmeübertragung durch horizontale Luftschichten. Bei Wärmestrom von unten nach oben dürfte sie[3] etwas größer sein, als für die senkrechte Schicht; solange genauere Daten nicht bekannt sind, kann sie indessen als gleich groß angenommen werden. Wenn die Wärme von oben nach unten strömt, ist ersichtlich kein Anlaß zu einer Konvektion vorhanden, so daß nach vorstehendem Λ_K fortfällt. Für geneigte Schichten liegen Rechnungsunterlagen für Λ_K bis heute noch nicht vor.

In zylindrischen, horizontalen Luftschichten ist Λ_K zu $^2/_3$ des Wertes bei vertikalen Schichten[3] zu schätzen. Der Strahlungsfaktor C ist nach Gleichung (41) zu bilden, wobei $\frac{F_1}{F_2} = \frac{d_i}{d_a}$ zu setzen ist. Mit dem ermittelten $\lambda = \Lambda \cdot d$ (Dicke) ist q [kcal/mh] nach Gleichung (9) zu berechnen.

Beispiele.

17. Aus dem Beispiel 12, Seite 45, für die Berechnung des Wärmedurchgangs durch ebene Wände soll die Wärmedurchlässigkeit einer 6 cm starken Luftschicht in Ofenmauerwerk bestimmt werden.

Als Strahlungszahl sei aus Tabelle 28 diejenige für Ziegel, $C_1 = C_2 = 4{,}6$ angenommen. Daraus ergibt sich für den Austausch ein Strahlungsfaktor von

$$C = \frac{1}{\frac{2}{4{,}6} - \frac{1}{4{,}96}} = 4{,}3.$$

Für die Berechnung werde in erster Annäherung $t_m = 1000^0$ gesetzt; dann ist nach Gleichungen (66) und (54)

$$\Lambda_S = 0{,}04 \left(\frac{1273}{100}\right)^3 \cdot 4{,}3 = 355.$$

---

[1] Nach E. Raisch, Über die Wärmestrahlung und ihre Bedeutung in der Wärmeschutztechnik, Chemisch-Technische Zeitschrift 1928, Nr. 8.

[2] Eine Tabelle der äquivalenten Wärmeleitzahlen siehe auch in: Wärme- und Kälteschutz in Wissenschaft und Praxis, herausgegeben von den Deutschen Prioform Werken.

[3] Nach E. Schmidt, Z. d. V. D. J. 1927, Seite 1396.

Aus dem ersten Diagramm auf Seite 254 ergibt sich ferner durch Extrapolieren für $\Lambda_{(L+K)}$ ein Wert von etwa 2, so daß die gesamte Wärmedurchlaßzahl zunächst mit $\Lambda = 357$ angenommen werden kann.

In dem Beispiel 12 folgt aus dem Wärmewiderstand der anderen Wandschichten unter Einsetzung dieses Wertes $t_m = 1018^0$, woraus sich in zweiter Annäherung $\Lambda = \underline{372 \text{ kcal/m}^2\text{h}^0}$ errechnet.

Der Wärmewiderstand $1/\Lambda$ der Luftschicht ist so gering, daß er auf den Temperaturabfall in der Ofenwand keinen spürbaren Einfluß hat. Der zuletzt ermittelte Wert ist demnach mit großer Annäherung richtig. Dieses Beispiel zeigt, daß Luftschichten zwischen Wänden mit hoher Strahlungszahl bei hohen Temperaturen keinerlei Isolierwert besitzen.

18. Ein Behälter aus poliertem Kupfer von 100^0 sei in einem Abstand von 3 cm durch einen Mantel aus verzinktem blanken Eisenblech geschützt. Die Temperatur der Raumluft sei $t_r = +20^0$. Wie groß ist der stündliche Wärmeverlust pro m² senkrechter Wandungsfläche, a) in dem geschilderten Zustand, b) bei abgenommenem Mantel, c) wenn bei abgenommenem Mantel der Behälter mit Ölfarbe gestrichen ist?

a) die Strahlungszahlen seien

für den blanken Behälter $C_1 = 0{,}25$[1]),

„ „ Blechmantel $C_2 = 1{,}13$ (innen u. außen).

Daraus ergibt sich für die Luftschicht ein Strahlungsfaktor von

$$C = \frac{1}{\frac{1}{0{,}25} + \frac{1}{1{,}13} - \frac{1}{4{,}96}} = 0{,}214.$$

Für die Temperatur des Blechmantels ist man zunächst auf eine Schätzung angewiesen. Da der Widerstand der Luftschicht sowohl infolge behinderter Konvektion als auch wegen des niedrigen Strahlungsfaktors sicherlich bedeutend größer ist, als derjenigen der freien Manteloberfläche, wird sich in ihr auch ein größerer Temperaturabfall einstellen. Er sei dreimal so groß geschätzt, als

[1]) Nach Seite 35 darf der zugrundegelegte Wert wegen der teilweisen Abhängigkeit von der 5. Potenz der absoluten Temperatur einen Aufschlag bis zu rund 9 % erhalten, der als einbegriffen betrachtet werden mag.

derjenige zwischen Mantel und Raumluft, so daß die Temperatur des Mantels zu 40^0 anzunehmen ist.

Die Rechnung ergibt dann

Luftschicht

$\Lambda_{(L+K)}$ aus Diagramm S. 254 für $d = 3$ cm und $t_m = 70^0$

$\Lambda_{(L+K)} = 1,37$

$\Lambda_S = c \cdot C$

c nach Gleichung (53) und Tabelle 31 oder nach Gleichung (54) = 1,61 . . . ($t_1 = 100^0$, $t_2 = 40^0$, $T_m = 343^0$ abs.)

$\Lambda_S = 1,61 \cdot 0,214 = 0,34$

$\Lambda = \Lambda_{(K+L)} + \Lambda_S = 1,37 + 0,34 = 1,71$ kcal/m²h⁰

Manteloberfläche außen

$\alpha = 2,2 \sqrt[4]{40 - 20}$ nach Gleichung (19a) oder Tab. 24

$\alpha = 4,65$

$\alpha_S = c \cdot C$, c wie vorstehend (für $t_2 = 40^0$, $t_r = 20^0$, $T_m = 293^0$)

$\alpha_S = 1,11 \cdot 1,13 = 1,26$

$\alpha_a = \alpha + \alpha_S = 4,65 + 1,26 = 5,91$ kcal/m²h⁰.

Hieraus folgt die Wärmedurchgangszahl

$$k = \frac{1}{\frac{1}{\Lambda} + \frac{1}{\alpha_a}} = \frac{1}{\frac{1}{1,71} + \frac{1}{5,91}} = 1,33 \text{ kcal/m}^2\text{h}^0$$

und die stündlich von 1 m² abgegebene Wärmemenge

$$Q = k\,(t_1 - t_r)$$
$$= 1,33\,(100 - 20)$$
$$Q = \underline{\underline{106 \text{ kcal/m}^2\text{h.}}}$$

Die Nachprüfung der Manteltemperatur t_2 ergibt

$$t_1 - t_2 = \frac{Q}{\Lambda} \text{ (nach Gleichung 63)}$$
$$= \frac{106}{1,71} = 62^0$$

bzw. $t_2 = 100 - 62 = 38^0$.

Die Schätzung von 40° war also um 2° zu hoch. Die Abweichung ist so gering, daß eine Wiederholung der Rechnung mit $t_2 = 38°$ keine wesentliche Veränderung von Δ und α_a mehr bringt. (α_a errechnet sich zu 5,78). Bei Abrundung auf ganze °C sind $Q = 106$ kcal/m²h und $t_2 = 38°$ die gesuchten Werte.

b) Bei abgenommenem Mantel ist nach Gleichung (57) und (19a)

$$\alpha_a = \alpha + \alpha_S = 2{,}2 \sqrt[4]{\Delta} + c \cdot C_1$$

$$c = 1{,}49 \text{ (nach Tabelle 30)}$$

$$\alpha_a = 2{,}2 \sqrt[4]{100 - 20} + 1{,}49 \cdot 0{,}25$$

$$= 6{,}58 + 0{,}37 = 6{,}95$$

$$\text{und } Q = \alpha_a \cdot (t_1 - t_r) = 6{,}95\ (100{-}20)$$

$$= \underline{556 \text{ kcal/m}^2\text{h.}}$$

c) Erhält der Behälter einen Anstrich, so erhöht sich die Strahlungszahl auf 4,5 und es wird

$$\alpha_a = 6{,}58 + 1{,}49 \cdot 4{,}5 = 13{,}3$$

$$\text{und } Q = 13{,}3 \cdot 80 = \underline{1060 \text{ kcal/m}^2\text{h.}}$$

Der Vergleich der drei Fälle a), b) und c) zeigt im Gegensatz zur schädlichen Wirkung eines Anstrichs auf einem blanken Körper deutlich den Isoliereffekt einer Luftschicht, wenn die Strahlungskonstanten niedrig sind.

D. Die Wärmespeicherung.

Wenn ein Ofen, Kessel, Behälter oder eine Rohrleitung in Betrieb genommen wird, so wird dem Energieträger zunächst eine größere Wärmemenge entzogen, um das betreffende Objekt bis auf die Temperaturverteilung des normalen Betriebes zu erwärmen. Der zeitliche Verlauf dieses Speichervorganges ist von den Kenngrößen $\frac{\alpha_i \cdot d_i}{\lambda}$, $\frac{\alpha_a \cdot d_a}{\lambda}$, $\frac{a \cdot t}{d_a^2}$ und $\frac{d_a}{d_i}$

($a = \frac{\lambda}{c \cdot R}$ = Temperaturleitfähigkeit, vgl. Seite 23 und Seite 116) abhängig.[1])

Wenn der Körper zunächst durchweg die Temperatur t_2 der Außenluft hat, fällt die Wärmeaufnahme durch Speicherung von einem anfänglichen Höchstbetrag

$$Q_i = F_i \cdot \alpha_i (t_i - t_1) = F_i \cdot \alpha_i (t_i - t_2) \text{ [kcal/h]}$$

erst schnell, dann langsamer und verschwindet allmählich beim Übergang in den Beharrungszustand. Außer der Speicherwärme sind während dieser Zeit noch die nach und nach von 0 bis auf den vollen Betrag bei Beharrung ansteigenden Wärmeverluste $F_a \cdot \alpha_a \cdot (t_a - t_2)$ zu decken.

Bei Unterbrechung des Dauerbetriebes geht die gespeicherte Wärme ganz oder in Betriebspausen doch zum größten Teil wieder verloren. In günstigen Fällen, d. h. bei kurzer Unterbrechung, großem Rohrdurchmesser und großer Isolierstärke kann die restliche Speicherwärme (z. B. für achtstündige Unterbrechung, $d = 400$ mm und $s = 100$ mm) bis zu etwa 40% betragen.

Die bei Betriebsunterbrechungen anzuwendenden Berechnungsmethoden für die Speicherverluste waren bisher mit so großen Vereinfachungen behaftet, daß ein Extrapolieren über den Anwendungsbereich hinaus unzulässig war. Zum erstenmal bringt neuerdings die Dissertation von W. Esser[2]) mit einer für die Praxis in allen Fällen ausreichenden Genauigkeit bequeme Zahlentafeln zur Ermittlung des Auskühlverlustes isolierter Rohrleitungen.

Im folgenden sind die im Dauerbetriebszustand aufgespeicherten Wärmemengen für die beiden technisch wichtigsten Fälle der ebenen Wand und des isolierten Rohres ermittelt. Als Anfangszustand ist einheitliche Temperatur gleich derjenigen der umgebenden Luft angenommen.

1. Wärmespeicherung in der ebenen Wand.

Für nicht zu große Temperaturdifferenz ist der Temperaturabfall im Dauerbetrieb praktisch geradlinig, so daß man die gespeicherte Wärme W [kcal] durch die arithmetische Mitteltemperatur $\frac{t_i + t_a}{2}$ zwischen der Innen- und Außenfläche

[1]) Berechnung einiger Beispiele s. H. Gröber, Wärmeübertragung. Verl. Springer, 1926.

[2]) Esser, W., Wirtschaftlichkeitsberechnungen isolierter Rohrleitungen und ihre wärmetechnischen Grundlagen. Dissertation Darmstadt 1929.

darstellen kann. Die bei Erwärmung von der Anfangstemperatur der Wand (gleich der Außenlufttemperatur) t_2 bis auf den durch t_i und t_a gekennzeichneten Dauerzustand bei Wärmedurchgang aufgespeicherte Wärme beträgt demnach

$$W = G \cdot c \left(\frac{t_i + t_a}{2} - t_2 \right) \text{[kcal]}, \qquad (67)$$

worin G das Gewicht der Wand in kg und c die spezifische Wärme in kcal/kg ⁰ bedeuten.

In 1 m² der Wand sind also, wenn das Raumgewicht mit R [kg/m³] und die Dicke der Wand mit d [m] bezeichnet werden, im Betriebszustand

$$W_1 = R \cdot c \cdot d \left(\frac{t_i + t_a}{2} - t_2 \right) \text{[kcal/m}^2\text{]} \qquad (67a)$$

gespeichert.

Ist die Temperaturdifferenz, wie z. B. bei Öfen, sehr groß, so zerlegt man zweckmäßig die Wand in mehrere Schichten, bestimmt durch Einsetzen geschätzter Wärmeleitfähigkeitswerte die Linie des Temperaturabfalles und berechnet jede Schicht mit der zugehörigen Mitteltemperatur.

2. Wärmespeicherung in isolierten Rohren.

a) Rohrwandung.

Das Rohr werde von der Anfangstemperatur t_2 auf die meist gleich der Temperatur des Wärmeträgers zu setzende Temperatur t_i erwärmt. Ist G_{1_R} das Gewicht von 1 m Rohr und c die spezifische Wärme des Rohrmaterials, so beträgt die in 1 m Rohr im Betriebszustand aufgespeicherte Wärme

$$W_{1_R} = G_{1_R} \cdot c\,(t_i - t_2) \text{ [kcal/m]} \qquad (68)$$

Bei eisernen Rohren ist $G_{1_R} = \frac{\pi}{4}\,(d_a{}^2 - d_i{}^2) \cdot R$ mit $R = 7850$ kg/m³ zu errechnen. Für die normalen Rohre sind die ausgerechneten Gewichte pro m den Tabellen 55 a) und b) zu entnehmen.

Die mittlere spezifische Wärme c zwischen 0⁰ und t_i⁰ ist als Funktion der Temperatur t_i wie folgt einzusetzen

t_i	100	200	300	400	500	600	700
c [kcal/kg ⁰]	0,116	0,121	0,126	0,131	0,137	0,142	0,159

Zur Vereinfachung der Berechnung ist in Tabelle 38 in Abstufung von 10° das Produkt $c\,(t_i - t_2)$ gegeben, so daß zur Ermittlung der Speicherwärme für 1 lfdm. Rohr diese Tabellenwerte nur noch mit dem Rohrgewicht aus Tabelle 55 zu multiplizieren sind.

b) Isolierung.

Die gespeicherte Wärme ist davon abhängig, wie der Temperaturabfall in der Isolierung beim Dauerzustand von innen nach außen verläuft. Zur Erzielung einer praktisch brauchbaren Formel sind verschiedene Näherungsmethoden möglich.

Wird die Wärmeleitzahl als konstant angenommen, so ergibt sich ein hyperbolisches Gesetz des Temperaturabfalles, da der Wärmefluß gleichmäßig anwachsende Flächen durchschreitet. Diese Temperaturkurve ist in Fig. 4 für das Beispiel 13a, Seite 51, punktiert eingetragen; ihre Gleichung ergibt sich aus Gleichung (9) zu

$$t = t_i - \frac{q}{2\pi\lambda} \cdot \ln d/d_i = t_i - \frac{t_i - t_a}{\ln d_a/d_i} \cdot \ln d/d_i \qquad (69)$$

Mit Hilfe dieses Ausdrucks kann für die aufgespeicherte Wärmemenge durch Integration eine Näherungsgleichung errechnet werden, die indessen wiederum unter anderem von $\ln d_a/d_i$ abhängig und für die Auswertung nicht besonders einfach ist.

Ein weiteres Näherungsverfahren[1]) beruht darauf, daß für die Zone, welche die Isolierung in zwei massengleiche Hälften teilt, die unter Voraussetzung konstanter Wärmeleitzahl sich einstellende Temperatur als mittlere Temperatur der gesamten Isolierung eingesetzt wird. Diese Annahme kommt einem Ersatz der angenäherten Temperaturkurve durch ein Hyperbelstück gleich.

Wie die Erfahrung zeigt, läßt sich etwa in dem Bereich der wirtschaftlichsten Isolierstärke (vgl. Abschnitt J) die tatsächliche Abhängigkeit der Wärmeleitzahl von der Temperatur ganz allgemein recht einfach berücksichtigen.[2]) Bei Nachprüfung findet man, daß die konkave t-Kurve für $\lambda = \text{const}$ (in Figur 4 punktiert) durch das wirkliche Gesetz $\lambda = a + bt$ eine Wölbung nach oben erfährt, durch die für die meisten praktisch vorliegenden Temperaturen, Isolierstärken und Materialien ein fast geradliniger Verlauf erzeugt wird.

---

[1]) Zum ersten Male veröffentlicht in Wärme- und Kälteschutz in Wissenschaft und Praxis. Selbstverlag der Deutschen Prioform Werke Bohlander & Co., G. m. b. H., Köln, Seite 47.

[2]) Nach einem Vorschlag von A. Großmann.

Die Gleichung für die richtige Temperaturkurve lautet:

$$t = \sqrt{\left(\frac{a}{b} + t_i\right)^2 - \frac{q}{\pi \cdot b} \cdot \ln d/d_i} - \frac{a}{b} \tag{70}$$

wenn a und b die beiden Faktoren aus $\lambda = a + bt$ und q der nach Abschnitt II B 1 für $\lambda_m = a + bt_m$ ermittelte stündliche Wärmeverlust pro m sind.

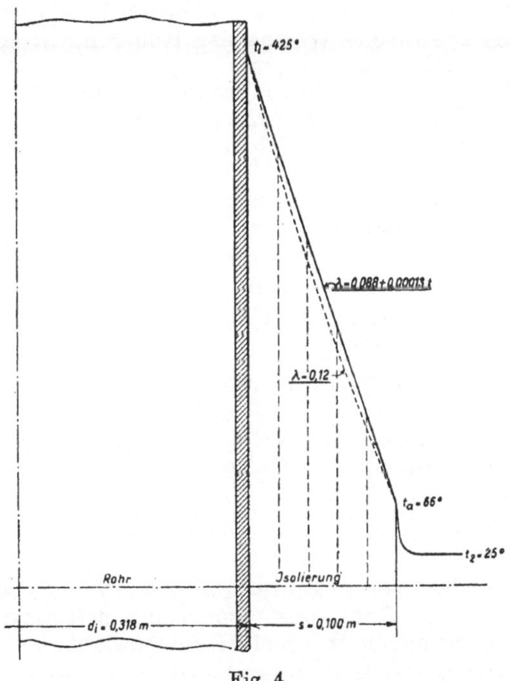

Fig. 4

Temperaturabfall in einer Rohrisolierung.

Figur 4 zeigt für das oben erwähnte Beispiel die richtige Temperaturkurve für ein Isoliermaterial durchschnittlicher Beschaffenheit ($\lambda = 0{,}088 + 0{,}00013\,t$, $\lambda_m = 0{,}12$ wie im Beispiel). Ersichtlich wird die richtige Kurve durch eine einfache Gerade besser dargestellt, als durch die punktierte Kurve für $\lambda = \text{const.}$

Unter Annahme einer geradlinigen Temperaturkurve errechnet sich für die im Beharrungszustand in 1 m der Isolierung aufgespeicherte Wärmemenge folgender Ausdruck, in dem t_a durch die vorausgegangene Wärmeverlustberechnung als bekannt angenommen wird

$$W_{1_J} = \pi \cdot R \cdot c \cdot s \left[\left(\frac{d_i}{2} + \frac{s}{3} \right) (t_i - t_a) + (d_i + s)(t_a - t_2) \right] \text{[kcal/m]} \quad (71)$$

Es bedeuten darin

R das Raumgewicht der Isolierung in kg/m³

c die spezifische Wärme der Isolierung in kcal/kg°

s die Isolierstärke in m

d_i den äußeren Rohrdurchmesser in m

t_i die Rohrtemperatur im Dauerbetrieb

t_a die Isolierungsoberflächen-Temperatur im Dauerbetrieb[1])

und t_2 die einheitliche Anfangstemperatur der Isolierung vor Inbetriebnahme = der Lufttemperatur.

Raumgewicht und spezifische Wärme können aus den Tabellen 15 und 8 entnommen werden.

Um die Berechnung abzukürzen, kann man Gleichung (71) vereinfacht schreiben

$$W_{1_J} = R \cdot c \left(m \cdot \frac{t_i - t_a}{100} + n \cdot \frac{t_a - t_2}{100} \right) \quad (71a)$$

Die beiden Hilfsfaktoren m und n sind für normale Rohre und für die gebräuchlichsten Isolierstärken aus Tabelle 39 zu entnehmen.

Beispiel 19.

Für das vorerwähnte Beispiel 13a (Seite 51) soll die in 1 m Rohr und Isolierung aufgespeicherte Wärme ermittelt werden. (Raumgewicht der Isolierung $R = 500$ kg/m³, spezifische Wärme $c = 0{,}22$ kcal/kg°)

a) Rohr.

Nach Gleichung (68) ist: (G_{1R} aus Tabelle 55b, c nach Seite 67).

$$W_{1_R} = 57{,}4 \cdot 0{,}133 \cdot (425 - 25)$$

$$W_{1_R} = \underline{\underline{3050 \text{ kcal/m.}}}$$

[1]) Am leichtesten zu ermitteln nach dem vereinfachten Berechnungsverfahren, Seite 54.

b) Isolierung.

Nach Gleichung (71a) und Tabelle 39 ist

$$W_{1_J} = 500 \cdot 0{,}22 \left(6{,}04 \cdot \frac{425-65}{100} + 13{,}1 \cdot \frac{65-25}{100}\right)$$

$$= 110\ (6{,}04 \cdot 3{,}60 + 13{,}1 \cdot 0{,}40)$$

$$W_{1_J} = \underline{\underline{2970\ \text{kcal/m.}}}$$

Die gesamte Speicherwärme verteilt sich zu etwa gleichen Teilen auf das Rohr und die Isolierung.

E. Der Temperaturabfall in einer Rohrleitung.

Sehr oft ist in der Technik neben dem Wärmeverlust auch der Temperatur- und Druckabfall des Wärmeträgers innerhalb einer Rohrleitung wissenswert.

Wenn auch Temperatur- und Druckabfall an sich keine geeigneten Wertmesser für die Isolierung sind, so wird doch besonders der Temperaturabfall von deren Güte stark beeinflußt. Eine Ausnahme bilden gesättigte Dämpfe, da deren an sich geringer Temperaturabfall lediglich vom Druckabfall (vgl. Kapitel F) abhängt. Die folgenden Betrachtungen gelten daher nur für Flüssigkeiten, überhitzte Dämpfe und Gase.

Temperaturabfall in kurzen Leitungen.

Der Temperaturabfall[1]) in einer Rohrleitung berechnet sich nach der Gleichung

$$\Delta t = \frac{q \cdot l}{G \cdot c}\ [^0], \tag{72}$$

wenn

Δt den Temperaturabfall in der Leitung in ^{0}
c die spezifische Wärme des Wärmeträgers in kcal/kg^0
G das durchströmende Gewicht des Wärmeträgers in kg/h
l die Länge der Leitung in m und
q den mittleren Wärmeverlust in kcal/mh

bedeuten.

Wenn das Gewicht des durch die Leitung strömenden, Wärmeträgers nicht durch direkte Messungen bekannt ist,

[1]) Unter Vernachlässigung der durch Expansion und Reibung bedingten Temperaturänderungen, die meistens sehr gering sind.

dann läßt es sich auch aus der mittleren Strömungsgeschwindigkeit im Rohr ermitteln

$$G = 3600 \cdot F \cdot w \cdot \gamma \text{ [kg/h]}, \tag{73}$$

worin

w die mittlere Geschwindigkeit im Rohrquerschnitt in m/sec,

$\gamma = \frac{1}{v}$ das spezifische Gewicht des Energieträgers in kg/m³ und

$F = \frac{\pi}{4} d^2$ die lichte Querschnittsfläche des Rohres mit dem Durchmesser d in m² ist.

Für normale Rohre ist F in der letzten Spalte der Tabelle 55b gegeben.

Das spezifische Gewicht γ und die spezifische Wärme c sind den Zahlentafeln 16 bis 19 und 9 bis 12 zu entnehmen.

Beispiel 20.

Wie groß ist der Temperaturabfall auf 1 m Rohrleitung in dem Beispiel 13a auf Seite 51 bei einer stündlich hindurchströmenden Dampfmenge von
a) bei nacktem Rohr 90000 kg/h
b) bei isoliertem Rohr 90000 und 30000 kg/h?

a) Nacktes Rohr.

Die Dampfmenge von 90000 kg entspricht, wie mit Hilfe der Gleichung (73) leicht nachzurechnen ist, bei 35 ata und 425° im Rohr von 303/318 mm Durchmesser einer Geschwindigkeit w = rd. 30 m/s, so daß nach dem Beispiel 16 für das nackte Rohr der Wärmeverlust

$$q = 10\,670 \text{ kcal/mh beträgt.}$$

Der Temperaturabfall pro m ist demnach Gleichung (72)

$$\Delta_1 t = \frac{10\,670}{90000 \cdot 0{,}543} = \underline{0{,}22\,^\circ/\text{m}}.$$

b) Isoliertes Rohr.

Es werde aus dem Beispiel 13b der stündliche Wärmeverlust von 334 kcal/m h eingesetzt;

dann ist für

$G =$	. . . 90000 kg/h . . .	. . . 30000 kg/h
$\Delta_1 t =$	$\frac{334}{90\,000 \cdot 0{,}543} = \underline{0{,}0068\,^\circ/\text{m}}$	$\frac{334}{30\,000 \cdot 0{,}543} = \underline{0{,}0204\,^\circ/\text{m}}$

Dieses Beispiel zeigt deutlich, welchen Einfluß die Isolierung auf den Temperaturabfall einer Rohrleitung hat. Zugleich ersieht man aber auch, daß mit abnehmender Geschwindigkeit der Temperaturabfall sehr rasch ansteigt.

Die Betrachtungen gelten streng nur für ein Differential der Rohrlänge, da sich mit ihr die einzelnen Größen ändern.

Bei sehr langen Rohrleitungen kann der Temperaturabfall große Werte annehmen; es ist dann natürlich nicht zulässig, daß man mit dem gemessenen Zustand des Wärmeträgers am Anfang der Leitung rechnet.

Temperaturabfall in langen Leitungen.

Die Gleichung (72) ergibt für lange Rohrleitungen einen zu hohen Temperaturabfall, wenn für q der Wärmeverlust am Beginn der Leitung eingesetzt wird, weil in Wirklichkeit infolge des Temperaturabfalles auch die Verluste im Verlauf der Leitung abnehmen und dadurch wiederum der Temperaturabfall selbst verringert wird.

Der tatsächliche Vorgang läßt sich mit genügender Genauigkeit erfassen, wenn man die Gleichung (72) nur auf ein unendlich kurzes Rohrstück $d\,l$ bezieht und annimmt, daß der Wärmeverlust proportional der Differenz zwischen Rohrtemperatur und Raumtemperatur ist. Die Integration über die Rohrlänge ergibt dann die Beziehung[1])

$$\ln \frac{t_A - t_2}{t_E - t_2} = \frac{l}{c \cdot G} \cdot \frac{q_A}{t_A - t_2} \tag{72a}$$

worin

t_A die Rohrtemperatur am Anfang der Rohrleitung

t_E die Rohrtemperatur am Ende der Rohrleitung

t_2 die Raumtemperatur

l die Rohrlänge in m

c die spezifische Wärme des strömenden Mediums bei konstantem Druck in kcal/kg^0

G das stündlich durch die Rohrleitung strömende Gewicht in kg/h

q_A den stündlichen Wärmeverlust von 1 m Rohr am Anfang der Leitung in kcal/m h

bedeuten.

---

[1]) Diese ist für ein sehr kurzes Rohrstück (lim $t_A - t_E = 0$) naturgemäß identisch mit Gleichung (72).

Das vereinfachte Verfahren zur Ermittlung des Temperaturabfalles in langen Leitungen wird auch in Wärme- und Kälteschutz in Wissenschaft und Praxis von den Deutschen Prioform Werken in ähnlicher Weise mitgeteilt (Seite 56).

Der stündliche Wärmeverlust q_A kann nach den in Kapitel B dieses Abschnittes geschilderten Methoden berechnet werden. Bezeichnet man den Bruch $\frac{t_A - t_2}{t_E - t_2}$ als den Numerus des natürlichen Logarithmus mit N, so ergibt der Ausdruck $\frac{N-1}{N}$ den gesuchten Temperaturabfall als Bruchteil der Anfangstemperaturdifferenz $t_A - t_2$.

Dieser Bruchteil ist als ϑ% in Tabelle 40 abhängig von der rechten Seite der Gleichung (72a) für eine abgestufte größere Reihe von Werten gegeben.

Die Berechnung des Temperaturabfalles gestaltet sich demnach, wie das folgende Beispiel zeigt, verhältnismäßig einfach.

Beispiel 21.

Gegeben seien für eine Frischdampfleitung folgende Daten:

Äußerer Rohrdurchmesser	d_i	= 0,159 m
Länge der Leitung	l	= 500 m
Dampfdruck am Anfang der Leitg.	p_A	= 20,0 ata
Dampftemperatur (= Rohrtemperatur) am Anfang der Leitung .	t_A	= 350°
Stündliche Dampfmenge	G	= 9000 kg/h
Temperatur der Außenluft . . .	t_2	= — 10°
Windstärke		5 m/s
Isolierstärke	s	= 0,09 m
Wärmeleitzahl der Isolierung . .	λ	= 0,065 kcal/mh°.

Zuerst bestimmt man nach dem abgekürzten Verfahren auf Seite 54 den stündlichen Wärmeverlust am Anfang der Leitung zu

$$q_A = 190 \text{ kcal/mh}.$$

Die spezifische Wärme des Dampfes — zunächst auf den Anfangszustand bezogen — folgt für 20 ata und 350° aus Tabelle 12 zu 0,533 kcal/kg°.

Die rechte Seite der Gleichung (72a) ergibt sich mithin zu

$$\frac{500}{0{,}533 \cdot 9000} \cdot \frac{190}{350+10} = 0{,}0550.$$

Diese Zahl als Logarithmus in Tabelle 32 aufgesucht, gehört zum Numerus $N = 1{,}0566$. Der Temperaturabfall beträgt demnach

$$\frac{N-1}{N} \cdot (t_A - t_2) = \frac{0{,}0566}{1{,}0566} \cdot (350+10) = \underline{19{,}3^0.}$$

Bei Benutzung der Tabelle 40 folgt durch Interpolieren für $B = 0{,}055$ ein Temperaturabfall ϑ von 5,35 %. Dieser ergibt, mit der Anfangstemperaturdifferenz von 360° multipliziert, ebenfalls 19,3° Temperaturabfall.

Anmerkung: Bei sehr langen und verhältnismäßig dünnen Leitungen entsteht noch eine kleine Abweichung, wenn man die mittlere spezifische Wärme des Dampfes unter Berücksichtigung des Temperatur- und Druckabfalles einsetzt, wobei das arithmetische Mittel hinreichend genau ist. Im vorliegenden Falle errechnet sich nach dem folgenden Kapitel F ein Druckabfall von etwa 0,7 at, sodaß der Zustand des Dampfes am Ende der Rohrleitung $p_E = 19{,}3$ at und $t_E = 330{,}7^0$ (vorläufig) ist. Hierzu gehört eine spezifische Wärme von 0,537. Als mittlere spezifische Wärme über die ganze Leitungslänge ist daher einzusetzen

$$c_{p_m} = \frac{0{,}533+0{,}537}{2} = 0{,}535.$$

Dann ist nach Gleichung (72a)

$$\ln N' = \frac{500}{0{,}535 \cdot 9000} \cdot \frac{190}{360} = 0{,}05481$$

$$N' = 1{,}05635$$

und die Größe der Korrektur beträgt

$$-\frac{(N-1)-(N'-1)}{N-1} = -0{,}4\,\%;$$

d. h. die zuerst ermittelten 19,3° sind um etwa 0,08° zu hoch. Da man gewöhnlich für die gesamte Leitungslänge den Temperaturabfall auf ganze Grade abrunden wird, ist eine Korrektur des zuerst gewonnenen Ergebnisses hier nicht erforderlich.

Der Temperaturabfall hängt, wie bereits gesagt, nicht nur von den Wärmeverlusten der Rohrleitung ab, sondern auch vom Druckabfall in der Leitung (vgl. folgendes Kapitel.) Dieser wird aber — unabhängig von der Isolierung — im wesentlichen durch die innere Rohrreibung hervorgerufen.

Aus diesem Grunde ist der Temperaturabfall in einer Rohrleitung für Garantiezwecke wenig geeignet, zumal auch seine exakte Feststellung durchaus nicht einfach ist.

Wenn es auch grundsätzlich möglich ist, durch Temperatur- und Mengenmessungen den Garantiewert nachzuprüfen, so bedarf es jedoch nur eines Hinweises auf die außerordentliche Schwierigkeit einwandfreier Temperatur- und Geschwindigkeitsbestimmungen über den Querschnitt strömender Medien, um zu zeigen, wie gering im allgemeinen die Wahrscheinlichkeit ist, daß derartige Messungen mit der erforderlichen Genauigkeit durchgeführt werden. Auch die Tatsache, daß die nur schätzungsweise zu ermittelnden Wärmeverluste der Armaturen, Rohrbefestigung usw. von größtem Einfluß auf den Temperaturabfall sind, zeigt, daß er wohl ein betriebstechnisch wichtiges Datum, aber kein die Güte einer Isolierung eindeutig kennzeichnender Wert ist.

F. Der Druckabfall in einer Rohrleitung.

Bewegen sich in einer Rohrleitung tropfbare Flüssigkeiten oder Gase gleichmäßig fort, so tritt durch Reibungswiderstände ein Druckabfall auf, der mit zunehmender Geschwindigkeit rasch anwächst. Die Größe dieses Druckverlustes zu berechnen, ist für die Technik außerordentlich wichtig. Schon frühzeitig sind zahlreiche Versuche gemacht worden, um die Gesetzmäßigkeit seines Zusammenhanges mit den Strömungszuständen zu bestimmen, jedoch sind die Funktionen so kompliziert, daß es bis heute noch nicht gelungen ist, vollkommene Klarheit in die Verhältnisse zu bringen. Der Druckabfall ist umso größer, je größer die Länge und Rauhigkeit des Rohres, die Dichte und Zähigkeit des strömenden Mediums und je kleiner der Rohrdurchmesser ist.

Im nachfolgenden ist entsprechend dem heutigen Stand der Kenntnis eine kurze übersichtliche Zusammenstellung gegeben, die erlaubt, den Druckabfall in einer Rohrleitung, bedingt durch den reinen Reibungsverlust, zu berechnen.

Bei der Feststellung der Größe des Druckabfalles hat man zwei Strömungsarten zu unterscheiden:

1. die laminare Strömung
2. die turbulente Strömung.

Beide Strömungsarten sind scharf voneinander zu trennen, da sie von gänzlich verschiedenen Gesetzen beherrscht werden.

Bei der laminaren Strömung (Schichtströmung) behalten die einzelnen Volumenteilchen stets ihren Abstand von der Rohrachse bei. Die Fortbewegung der ganzen Flüssigkeit geschieht in parallelen Stromfäden. Bei der turbulenten Strömung befinden sich jedoch die einzelnen Teilchen über den ganzen Querschnitt in Wirbelbewegung. Es tritt zu der veränderlichen Geschwindigkeits-Komponente in der Richtung der Rohrachse noch eine weitere, die senkrecht dazu steht. Das Kriterium für die Grenze zwischen den beiden Strömungsarten (vgl. Seite 27 bis 29) ist die kritische Geschwindigkeit, die sich aus folgender Gleichung errechnet

$$Re = \frac{w_k \cdot d}{\nu} = \frac{w_k \cdot d \cdot \varrho}{\mu} = \frac{w_k \cdot d \cdot \gamma}{\mu \cdot g} = \frac{4\,G'}{\pi \cdot d \cdot \mu \cdot g} = 2320 \qquad (74)$$

wenn

w_k die kritische Geschwindigkeit in m/s
d der Durchmesser der Isolierung in m
μ die Zähigkeit in $kg\,s/m^2$
ν die Zähigkeitszahl $= \frac{\mu}{\varrho} = \frac{\mu \cdot g}{\gamma}$ in m^2/s
ϱ die Massendichte $= \frac{\gamma}{g}$ in $\frac{kg \cdot s^2}{m^4}$
G' das Durchflußgewicht in kg/s
g die Erdbeschleunigung in m/s^2 und
Re die sogenannte Reynoldssche Kenngröße[1]), ist ein dimensionsloser Ausdruck, der nach den neuesten Untersuchungen[2]) für die Grenze zwischen laminarer und turbulenter Strömung bei 2320 liegt.

Ist die Geschwindigkeit kleiner als die kritische bzw. die Reynoldssche Kenngröße, so haben wir stets laminaren, und oberhalb dieser Ziffer einen labilen Strömungszustand, der bei geringen Störungen in Turbulenz umschlägt. In Tabelle 23 sind für eine Reihe technisch wichtiger Gase und Flüssigkeiten die kritischen Geschwindigkeiten zusammengestellt. Bei einem 200er Rohr liegt beispielsweise für Wasserdampf von 10 at und 300° die kritische Geschwindigkeit bei 0,067 m/s, d. h. ist die Geschwindigkeit in dem betreffenden Rohr kleiner als

[1]) Osborne-Reynolds, Papers on mechanical and physical subject, Bd. 2.
[2]) Schiller, Untersuchungen über laminare und turbulente Strömung. Mitteilungen über Forschungsarbeiten (V. d. J.), Heft 248.

0,067 m/s, so haben wir laminare Strömung, ist sie größer, so haben wir einen labilen Strömungszustand, also im allgemeinen Turbulenz.

Der Druckabfall durch Reibung im laminaren Gebiet errechnet sich aus der Poiseuilleschen Gleichung

$$p_1 - p_2 = \frac{32 \cdot \mu \cdot l \cdot w}{d^2} = \frac{8 \cdot \mu \cdot l \cdot G'}{\pi \cdot r^4 \cdot \gamma} \text{ [kg/m}^2\text{]} \qquad (75)$$

wenn

- p_1 den Anfangsdruck in kg/m^2
- p_2 den Enddruck in kg/m^2
- μ die Zähigkeit in $kg\,s/m^2$ (Tabellen 21 und 22)
- l die Rohrlänge in m
- w die Geschwindigkeit in m/s
- d den Rohrdurchmesser in m (r = Radius)
- G' das Durchflußgewicht in kg/s
- γ das spezifische Gewicht in kg/m^3

bedeuten.

Die Berechnung des Druckabfalles bei laminarer Strömung gestaltet sich also sehr einfach. Praktisch hat sie jedoch gegenüber der Turbulenz nur geringe Bedeutung.

Die Notwendigkeit, in der Technik große Energiemengen in Rohren fortzuleiten, bedingt, daß in den meisten Fällen turbulente Strömung herrscht. Durch die von Nusselt[1]) und Blasius[2]) erstmalig angestellten Ähnlichkeitsbetrachtungen konnte immerhin das zahlreich vorhandene experimentelle Material in Formeln geordnet werden, die eine übersichtliche Darstellung und eine für die Praxis brauchbare Lösung brachten.

Das Ähnlichkeitsgesetz zeigt, daß vollständig verschiedene Strömungsvorgänge dann ähnlich sind, wenn nur *Re* gleich ist.

Der Druckabfall im turbulenten Strömungsgebiet errechnet sich zu

$$p_1 - p_2 = \lambda \cdot \frac{l}{d} \cdot \frac{\gamma}{2g} \cdot w^2 = \lambda \cdot 0{,}0826 \frac{l \cdot G'^2}{\gamma \cdot d^5} \text{ [kg/m}^2\text{]} \qquad (76)$$

wenn außer den verstehenden Bezeichnungen

λ die Widerstandsziffer [dimensionslos]

bedeutet.

Für glatte Rohre ist λ nur eine Funktion der Reynoldsschen Zahl. Die exaktesten Werte, die heute bestehen, stammen von

[1]) Nusselt, Der Wärmeübergang in Rohrleitungen. Mitteilungen über Forschungsarbeiten (V. d. J.), Heft 89.

[2]) Blasius, Das Ähnlichkeitsgesetz bei Reibungsvorgängen in Flüssigkeiten. Mitteilungen über Forschungsarbeiten (V. d. J.), Heft 131.

Jacob und Erk[1]); die von ihnen für λ gefundene Gleichung lautet

$$\lambda = 0{,}00714 + 0{,}6104\, Re^{-0{,}35} \tag{77}$$

Diese Funktion wurde in Diagramm 41, Seite 259 (Kurve I, gestrichelt) aufgetragen.

Das Ähnlichkeitsgesetz gilt streng nur für glatte Rohre, ist aber unter Einführung anderer Funktionen für λ auch zur Berechnung des Druckabfalles in rauhen Rohren zu benutzen.

Um für die Praxis Werte zu geben, mit denen verhältnismäßig einfach und sicher gearbeitet werden kann, hat Speyerer[2]) unter Anlehnung an das Ähnlichkeitsgesetz folgende Gleichung für die Widerstandsziffer aufgestellt

$$\lambda = \frac{0{,}08186}{d^{\,0{,}133}} \cdot Re^{-0{,}148} \tag{78}$$

Die Exponenten sind so gewählt, daß sie für eiserne Rohre, wie sie in der Technik zur Fortleitung von Dampf und Gasen üblich sind, stimmen. Für Durchmesser von 0,3, 0,15 und 0,05 m sind die nach der Speyererschen Formel errechneten Werte in Diagramm 41 (3 Kurven II) eingetragen. Die Abhängigkeit der Reibungsziffer λ vom Durchmesser liegt in der Rauhigkeit der Wand begründet, deren Einfluß auf den Druckabfall mit größerem Durchmesser abnimmt (relative Rauhigkeit). Man braucht also nach Ermittlung der Reynoldsschen Zahl nur den Wert für λ abhängig vom Durchmesser aus Diagramm 41 herauszunehmen und in Gleichung (76) einzusetzen, um den Druckabfall in einem rauhen Rohr zu erhalten. Zur einfachen Bestimmung der Abszisse in Diagramm 41 kann man den Ausdruck

$$Re \cdot 10^{-4} = 13\,\frac{G'}{d \cdot (\mu \cdot 10^{6})}$$

benutzen. Werte von $\mu \cdot 10^{6}$ finden sich in den Tabellen 21 und 22.

Kommen in der Rohrleitung Einzelwiderstände vor, so wird der Spannungsabfall größer. Die Gleichung (76) lautet dann

$$p_1 - p_2 = \left(\lambda \cdot \frac{l}{d} + \Sigma\zeta\right) \cdot \frac{\gamma w^2}{2g} \ [\mathrm{kg/m^2}] \tag{79}$$

---

[1]) Jacob & Erk, Der Druckabfall in glatten Rohren und die Durchflußziffer von Normaldüsen. Mitteilungen über Forschungsarbeiten (V. d. J.), Heft 267.

[2]) H. Speyerer: Forschungsarbeiten (V. d. J.), Heft 273, Bestimmung der Zähigkeit des Wasserdampfes.

ζ ist dabei nach Brabbée

für gewöhnliche Durchgangsventile . . $\zeta = 6{,}5$ bis $7{,}0$
„ Kniestücke von 90^0 . . . . $\zeta = 1{,}5$ bis $2{,}0$
„ Bogen von 90^0, $R > 5d$, ... $\zeta = 0$
„ normale gußeiserne Krümmer etwa $\zeta = 0{,}3$.

Bei sehr langen Leitungen ist auch die Einwirkung des Wärmeverlustes auf den Druckabfall nicht mehr zu vernachlässigen. Hoher Wärmeverlust macht bei Sattdampf infolge vermehrter Kondensatbildung größere Anfangsdrücke und -geschwindigkeiten, bei Heißdampf außerdem höhere Anfangstemperaturen am Beginn der Leitung erforderlich. Die kombinierte Berechnung von Druck- und Temperaturabfall macht Schwierigkeiten; sie ist nur näherungsweise möglich unter Benutzung eines p, i-Diagramms und unter der Annahme, daß sich durch die Reibung allein der Wärmeinhalt des Dampfes nicht ändert.

G. Der Kondensatanfall in einer Rohrleitung.

Ist der Energieträger Sattdampf, so ist der Temperaturabfall längs der Leitung nur noch vom Druckabfall abhängig, während der Wärmeverlust fast ausschließlich durch Kondensatbildung bestritten wird.

Die Größe des stündlichen Kondensatanfalls in einer Rohreitung berechnet sich nach der Gleichung

$$k = \frac{q \cdot l}{r} \text{ [kg/h]} \qquad (80)$$

wenn

k die Menge des sich bildenden Kondensats in kg/h,
r die Verdampfungswärme des Sattdampfes in kcal/kg,
q der mittlere Wärmeverlust von 1m Rohr in kcal/mh und
l die Länge der Rohrleitung in m ist.

Beispiel 22.

Der Wärmeverlust einer Dampfleitung von 150 mm l. Durchmesser, in welcher Sattdampf von 10 at und 179^0 strömt, sei zu 91 kcal/mh errechnet. (Dabei hat das Rohr eine 60 mm starke Isolierung, deren Wärmeleitzahl $\lambda = 0{,}058$ kcal/mh^0 beträgt.) Die Lufttemperatur ist mit 20^0 angenommen. Wie groß ist der Kondensatanfall, wenn die Rohrleitung 50 m lang ist?

Der Kondensatanfall ist nach Gleichung (80)

$$k = \frac{q \cdot l}{r} \quad [\text{kg/h}];$$

r ergibt sich aus den Dampftabellen zu 481 kcal/kg.

$$k = \frac{91 \cdot 50}{481} = \underline{9{,}45 \text{ kg/h.}}$$

H. Die Wärmeersparniszahl und die Wärmeverlustziffer.

Die **Wärmeersparniszahl**[1]) stellt das Verhältnis der durch die Isolierung am Entweichen verhinderten Wärme zum Wärmeverlust des nackten Objekts dar. Sie ist also nur eine Vergleichsgröße und besitzt nicht den Charakter einer Materialkonstanten. Außer von der Qualität der Isolierung und deren Stärke ist sie hauptsächlich abhängig vom Rohrdurchmesser, den Temperatur- sowie den äußeren Wärmeübergangsverhältnissen.

Aus diesem Grunde ist die Wärmeersparniszahl für wärme schutztechnische Garantien ebenso wie der Temperaturabfall nicht brauchbar. Ihr Nachteil liegt vor allem in der Schwierigkeit der Berechnung des Wärmeverlustes nackter Rohre. Um überhaupt eine Vergleichsbasis zu erhalten, muß man den Wärmeverlust der nackten wie auch der isolierten Rohrleitung auf einen Normalfall beziehen, z. B. horizontales Rohr, ruhende Außenluft von bestimmter Temperatur und gleiche Oberflächen-Beschaffenheit (Strahlungskonstante $C = 4{,}0$ für schwach oxydierte bzw. isolierte Rohre).

Die Wärmeersparniszahl hat in der Praxis, namentlich früher, Anklang gefunden, da sie die durch eine Isolierung erzielten Wärmeersparnisse, wenn auch wenig präzise, so doch sehr anschaulich darstellt. Sie errechnet sich aus der Gleichung

$$\varepsilon = \frac{q_0 - q}{q_0} \cdot 100\ \%. \tag{81}$$

Hierin bedeuten

q_0 den Wärmeverlust des nackten Rohres
q „ „ „ isolierten Rohres.

[1]) Der Begriff der Wärmeersparniszahl ist von Eberle in die Wärmeschutztechnik eingeführt worden.

Beispiel 23.

Für das Beispiel 16, Seite 57, beträgt der Wärmeverlust des nackten Rohres rund 10 670 kcal/m h. Da bei der ersten Isolierung im Beispiel 13a bei einer Stärke von 100 mm 556 Wärmeeinheiten verloren gehen, würde sich eine Ersparniszahl berechnen von

$$\varepsilon = \frac{10\,670 - 556}{10\,670} \cdot 100 = \underline{\underline{94{,}8\ \%}};$$

für Beispiel 13b ist bei 334 kcal/mh die Ersparniszahl

$$\varepsilon = \frac{10\,670 - 334}{10\,670} \cdot 100 = \underline{\underline{96{,}9\ \%}}.$$

Einer Erhöhung der Wärmeersparniszahl um 2 % steht also eine Verringerung des Wärmeverlustes um 40 % gegenüber. Obwohl der Wärmeverlust des Rohres im zweiten Fall um 40 % niedriger als bei der Aufstrichmasse-Isolierung liegt, ist die Wärmeersparniszahl nur sehr wenig gestiegen. Abgesehen davon, daß die Wärmeersparniszahl keine Bezugsgröße im physikalischen Sinne ist, gibt sie auch aus diesem Grunde, wie vorstehendes Beispiel zeigt, Laien gegenüber beim Vergleich ein falsches Bild. Will man daher die Güte von zwei verschiedenen Wärmeschutzmaterialien richtig beurteilen, so ist es unbedingt zweckmäßiger, an Stelle der Wärmeersparniszahl mit den Wärmeverlusten der isolierten Rohre zu rechnen.

Unter der **Wärmeverlustziffer** versteht man den auf 1° Temperaturdifferenz zwischen Wärmeträger und Außenluft bezogenen stündlichen Wärmeverlust von 1 m² der isolierten Wandung beliebiger Form. Entfallen auf F m² Isolierungsoberfläche F_1 m² Wandung, und ist Q der Wärmeverlust von 1 m² Isolierung pro Stunde bei einer Temperaturdifferenz $t_1 - t_2$, so ergibt sich die Wärmeverlustziffer zu

$$k = \frac{F}{F_1} \cdot \frac{Q}{t_1 - t_2} \tag{82}$$

Der Begriff der Wärmeverlustziffer ist in der Wärmeschutztechnik ungebräuchlich. Sie ist lediglich der Vollständigkeit halber hier angeführt, weil sie in der Wärmewirtschaft wegen ihrer bequemen — allerdings ungenauen — Umrechenbarkeit auf beliebige Temperaturdifferenzen gelegentlich angewendet wird (z. B. für Wärmespeicher u. a.). Als Garantiebedingung sollte sie nicht dienen, da sie von der Form des isolierten Objektes, den Wärmeübergangszahlen und der Isolierstärke abhängt und daher die Güte einer Isolierung nicht eindeutig kennzeichnet. Sie entspricht im übrigen für ebene Wände den Wärmedurchgangszahlen (vgl. Abschnitt II A).

J. Die wirtschaftlichste Stärke einer Isolierung.

Je stärker man einen Körper isoliert, desto geringer ist seine Wärmeabgabe oder -aufnahme. Das Einsetzen der Grenze in die Gleichungen (55/56) und (58) zeigt für eine unendlich

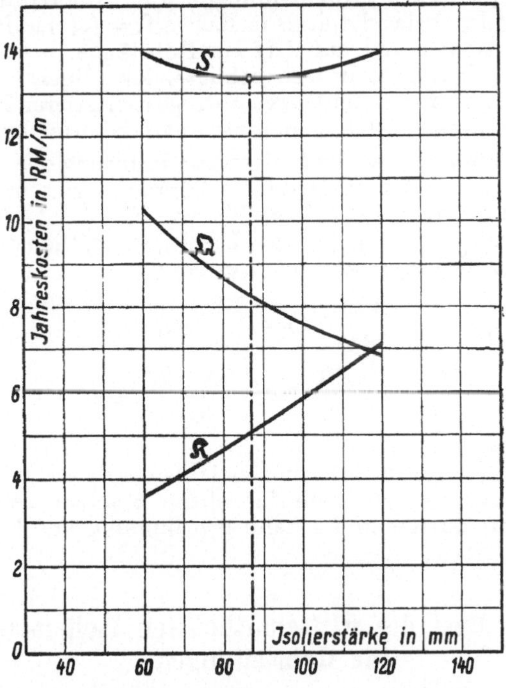

Fig. 5.
Bestimmung der wirtschaftlichsten Isolierstärke für eine Rohrleitung durch Darstellung der Jahreskosten.

große Isolierstärke den Verlust $Q = 0$. Wie stark nun in praktischen Fällen zu isolieren ist, ergibt eine rein kaufmännische Überlegung.

Während die Wärmeverluste durch eine zunehmende Isolierstärke immer geringer werden, steigen die Anlagekosten gleichmäßig oder gar in erhöhtem Maße an. Die Summe der aufzubringenden Anlagekapital-Zinsen nebst Amortisation[1]) und der Betriebsverluste erreicht bei einer bestimmten Isolierstärke ein Minimum. Bei dieser entstehen die geringsten jährlichen Gesamtkosten; man nennt sie darum auch die wirtschaftlichste Isolierstärke.[2])

Fig. 5 gibt eine graphische Darstellung dieses Zusammenhanges. Als Abszissen sind die Isolierstärken und als Ordinaten die jährlichen Wärmeverlustkosten in Kurve $\mathfrak{Q} = f_1(s)$ sowie die jährlichen Aufwendungen für Amortisation und Verzinsung des Anlagekapitals in Kurve $\mathfrak{K} = f_2(s)$ aufgetragen. Beide Funktionen sind auf 1 lfdm Rohrlänge, bzw. auf eine bestimmte Oberfläche des zu schützenden Objekts bezogen. Ihre Summe ist durch die Kurve S dargestellt, deren Minimum die wirtschaftlichste Isolierstärke kennzeichnet.

Das Minimum, bzw. die horizontale Richtung der Summenkurve bei der wirtschaftlichsten Isolierstärke kommt dadurch zustande, daß hier die beiden Kurven $\mathfrak{Q}$ und $\mathfrak{K}$ entgegengesetzt gleiche Neigung haben. Die wirtschaftlichste Isolierstärke kann also auch aus der Beziehung

$$\frac{d\mathfrak{Q}}{ds} = -\frac{d\mathfrak{K}}{ds} \quad \text{oder} \tag{83}$$

$$\frac{d\mathfrak{Q}}{ds} + \frac{d\mathfrak{K}}{ds} = \frac{d(\mathfrak{Q}+\mathfrak{K})}{ds} = 0 \tag{83a}$$

gefunden werden.

Ebenso wie für Rohrleitungen lassen sich die wirtschaftlichsten Isolierstärken auch für ebene Flächen bestimmen; man bezieht die Rechnung dann zweckmäßig auf 1 m² Oberfläche [3]).

Ermittlung der wirtschaftlichsten Isolierstärke für Rohrleitungen.

Die Ermittlung der wirtschaftlichsten Isolierstärke gestaltet sich demnach wie folgt:

---

[1]) Über die Bemessung der Amortisationszeit vgl. Seite 85 und 118.

[2]) M. Gerbel, Die wirtschaftlichste Stärke einer Isolierung. Berlin 1921, Verl. des V. D. J.

[3]) In das auf Seite 87 gegebene vereinfachte Verfahren sind die Angaben für ebene Flächen mit aufgenommen.

1. Es ist für das betreffende Rohr, die Betriebstemperatur und die gegebene Isolierungsart der Wärmeverlust q kcal/mh für eine Reihe von Isolierstärken, innerhalb derer voraussichtlich die wirtschaftlichste Stärke liegt, zu berechnen.

2. Ist p der Wärmewert in RM, bezogen auf 10^6 kcal (s. Abschnitt K) und h die Anzahl der Betriebsstunden im Jahr (wegen der Speicherverluste bei Unterbrechungen sind die Betriebsstunden der Kessel anzusetzen), so sind für 1 m Rohr und die verschiedenen Isolierstärken nach 1. die jährlichen Wärmeverlustkosten

$$\mathfrak{Q} = \frac{q \cdot h \cdot p}{10^6} \text{ [RM/m Jahr]} \tag{84}$$

zu berechnen.

3. Aus den gegebenen Quadratmeterpreisen K der Isolierung (einschließlich evtl. Farbanstrich und Umkleidung) ist durch Multiplizieren mit $\pi \cdot d_a$ [m] der Preis pro m Rohrlänge und daraus für die verschiedenen Isolierstärken die jährliche Tilgungssumme:

$$\mathfrak{K} = \frac{c}{100} \cdot \pi \cdot d_a \cdot K \text{ [RM/m Jahr]} \tag{85}$$

zu ermitteln. Die Amortisations- und Verzinsungsquote c ist in % für die anzunehmende Amortisationszeit und Zinshöhe aus Diagramm 42 zu entnehmen. (Wenn Unterlagen fehlen, kann $c = 25$ bis 30% für eine Isolierung von normaler Haltbarkeit geschätzt werden).

4. Für jede Isolierstärke ist die Summe

$$S = \mathfrak{Q} + \mathfrak{K} \text{ [RM/m Jahr]}$$

zu bilden. Sie stellt die jährlichen Gesamtkosten für 1 m Rohrlänge dar; ihr niedrigster Wert kennzeichnet die wirtschaftlichste Isolierstärke.

Graphisches Verfahren nach Gerbel.

Das Gerbelsche Verfahren besteht in der Konstruktion des Diagramms nach Figur 5. Die nach vorstehendem ermittelten Kosten $\mathfrak{Q}$, $\mathfrak{K}$ und S sind in geeignetem Maßstab über der jeweiligen Isolierstärke aufzutragen. Das Minimum der Summenkurve ergibt gleichzeitig die wirtschaftlichste Isolierstärke und die jährlichen Gesamtkosten für 1 lfdm, d. h. einen Maßstab für die Wirtschaftlichkeit selbst.

Beispiel 24.

Es soll die wirtschaftlichste Stärke für die Isolierung einer Heißdampfleitung bestimmt werden, wenn folgende Daten gegeben sind

Außendurchmesser des Rohres .	$d_i = 133$ mm
Dampftemperatur(=Rohrtemp.)	$t_i = 400^0$
Lufttemperatur	$t_2 = 30^0$
Wärmeleitzahl der Isolierung. .	$\lambda = 0{,}065$ kcal/m h^0
Wärmewert (nach Beispiel 25a).	$p = 6{,}85$ RM/10^6 kcal
Jährliche Betriebsstundenzahl .	$h = 7200$,

Quadratmeterpreise für die komplette Isolierung

Isolierstärke	Preis
$s = 60$ mm	$K = 18.10$ RM/m^2
70 „	19.30 „
80 „	20.40 „
90 „	21.40 „
100 „	22.40 „
110 „	23.30 „
120 „	24.20 „

Tilgungszeit . . . . $n = 5$ Jahre
Zinsfuß . . . . $z = 8\%$.

Lösung.

Man fertigt am zweckmäßigsten eine Tabelle an, in deren Spalten eingetragen werden:

1. Eine Reihe von Isolierstärken, innerhalb deren voraussichtlich die wirtschaftlichste Stärke liegt; im vorliegenden Falle etwa von 60 bis 120 mm.
2. Die stündlichen Wärmeverluste q pro lfdm für diese Isolierstärken (zu ermitteln beispielsweise nach dem Verfahren Seite 54).
3. Die jährlichen Wärmeverlustkosten $\mathfrak{Q}$ nach Gleichung (84).
4. Die Preise für 1 m^2 der kompletten Isolierung.
5. Die Preise für 1 lfdm, erhalten durch Multiplikation der qm-Preise K mit $\pi \cdot d_a$, wobei $d_a = d_i + 2s$ in m einzusetzen ist.
6. Die jährliche Tilgungssumme $\mathfrak{K}$ nach Gleichung (85) als Produkt der lfdm-Preise mit der Tilgungsquote c, die sich aus Diagramm 42 für das Beispiel zu 25% ergibt.
7. Die Summe $\mathfrak{Q} + \mathfrak{K}$.

Isolier-Stärke mm	Wärmeverluste pro lfdm stündl. q	Jahreskosten $\mathfrak{Q}$	Preis der Isol. RM/m²	RM/lfdm	Jährl. Tilgung pro lfdm $\mathfrak{K}$	Jährliche Gesamtkosten pro lfdm $S = \mathfrak{Q} + \mathfrak{K}$
1	2	3	4	5	6	7
60	210	10,36	18,10	14,39	3,60	**13,96**
70	191	9,42	19,30	16,55	4,14	**13,56**
80	176	8,68	20,40	18,78	4,70	**13,38**
90	164	8,09	21,40	21,04	5,26	**13,35**
100	154	7,60	22,40	23,43	5,86	**13,46**
110	146	7,20	23,30	25,84	6,46	**13,66**
120	139	6,86	24,20	28,36	7,09	**13,95**

Aus der letzten Spalte ergibt sich, daß für **90 mm** Isolierstärke die geringsten jährlichen Gesamtkosten entstehen, so daß bei Abrundung auf ganze cm diese Isolierstärke als die wirtschaftlichste anzusehen ist.

Die graphische Darstellung der Werte $\mathfrak{Q}$, $\mathfrak{K}$ und S als Funktion von s, die in Figur 5 wiedergegeben ist, läßt die wirtschaftlichste Stärke etwas genauer bei etwa 87 mm erkennen. In der Praxis würde man wohl 80 mm wählen, da die Gesamtkosten dann nur unwesentlich höher sind, während am Anlagekapital (vgl. Spalte 5)

$$\frac{21{,}04 - 18{,}78}{21{,}04} \cdot 100 = 10{,}7\,\% \text{ eingespart werden.}$$

Vereinfachtes graphisches Verfahren nach Borschke.[1])

Wenn für eine bestimmte Isolierungsart eine größere Reihe von wirtschaftlichsten Stärken für verschiedene Rohrdurchmesser und Temperaturen bestimmt werden soll, lohnt sich sehr die Anwendung des nachstehenden, vereinfachten Verfahrens.

Die genaue Berechnung der Wärmeverluste wird durch eine solche auf Grund einfacher Schätzung der Isolierungsoberflächentemperatur t_a ersetzt, wobei zu bemerken ist, daß selbst grobe Fehlgriffe auf das Ergebnis wenig Einfluß haben. Dann ist es einfach, die Gleichung (83) zu bilden und die wirtschaft-

[1]) Borschke, E., Berechnung der wirtschaftlichsten Isolierdicken, Archiv für Wärmewirtschaft 1928, Heft 4. — Veröffentlichungen aus dem Arbeitsgebiet der Deutschen Prioform Werke, Bohlander & Co. G. m. b. H., Köln, Heft 5.
Die letztgenannte Veröffentlichung enthält das Diagramm für zwei Bereiche.

lichste Isolierstärke durch den Schnittpunkt zweier Kurven zu kennzeichnen.

Aus der linken Seite der Gleichung läßt sich ein allgemeingültiger Teil absondern, differentiieren und als Kurvenschar — für jeden Rohrdurchmesser eine Kurve — abhängig von der Isolierstärke s darstellen. Diese Funktion, die im Diagramm 43 für den meist vorkommenden Bereich wiedergegeben ist, lautet für Rohrleitungen

$$\mathfrak{A} = \frac{1}{\left[\ln\left(\frac{d_i + 2s}{d_i}\right)\right]^2 (d_i + 2s)},$$

bzw. für ebene Wandungen

$$\mathfrak{A} = \frac{1}{4s^2}.$$

In das erwähnte $\mathfrak{A}$-Diagramm, das als Kurvenblatt von allgemeiner Gültigkeit nur einmal hergestellt zu werden braucht, wird — ebenfalls als Funktion von s für den jeweiligen Fall eine Kurve eingetragen, deren Ordinaten das Produkt $f \cdot \mathfrak{B}$ darstellen, wenn

$$f = \frac{2{,}5 \cdot c}{(t_i - t_a) \cdot \lambda \cdot \frac{h}{1000} \cdot p}$$

und für Rohrleitungen

$$\mathfrak{B} = 2K + 100\,\Delta K\,(d_i + 2s)$$

bzw. für ebene Wandungen

$$\mathfrak{B} = 100\,\Delta K$$

ist.

Es bedeuten:

c die Amortisations- und Verzinsungsquote in %
(s. Diagramm 42)
λ die mittlere Wärmeleitzahl der Isolierung
h „ jährliche Betriebsstundenzahl
p den Wärmewert für 10^6 kcal (s. Abschnitt K)
K die Kosten der kompletten Isolierung in RM/m² und
ΔK den Mehrbetrag von K für die um 1 cm größere Isolierstärke
d_i den äußeren Rohrdurchmesser in m
s die Isolierstärke in m

Die Bezugsgröße f ist für einen bestimmten Rechnungsfall konstant, während $\mathfrak{B}$ bei dem fraglichen Rohrdurchmesser für verschiedene Isolierstärken zu ermitteln ist. Bei häufigeren Berechnungen der wirtschaftlichsten Isolierstärke für eine bestimmte Isolierungsart lohnt sich auch die graphische Auftragung von $\mathfrak{B}$-Kurven für die etwa von 50 zu 50 mm abgestuften Rohrdurchmesser in Abhängigkeit von s.

Der Schnittpunkt der in das $\mathfrak{A}$-Diagramm eingetragenen $f \cdot \mathfrak{B}$-Linie mit der zum gleichen Rohrdurchmesser gehörigen $\mathfrak{A}$-Kurve bezeichnet die wirtschaftlichste Isolierstärke.

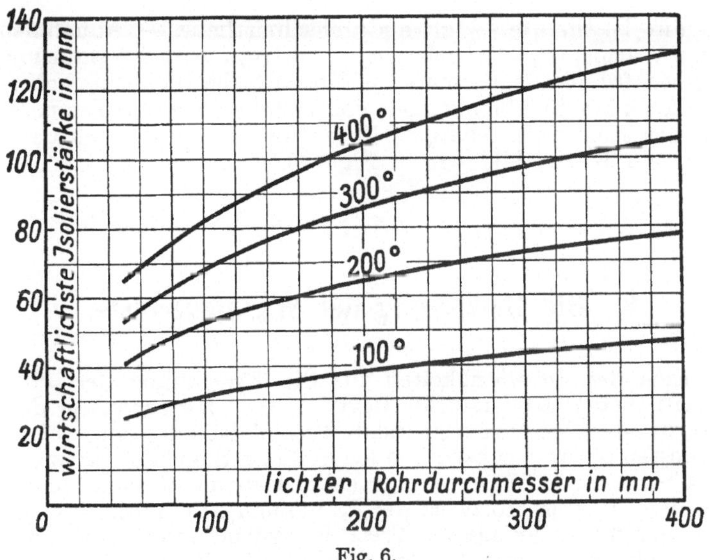

Fig. 6.
Einfluß von Dampftemperatur und Rohrdurchmesser auf die wirtschaftlichste Isolierstärke.

Zum Schluß kann der für den Einzelfall nötige Rechnungsaufwand noch weiter verringert werden, wenn man bedenkt, daß in der zugrundeliegenden Gleichung $\mathfrak{A} = f \cdot \mathfrak{B}$ für einen bestimmten Durchmesser $\mathfrak{A}$ und $\mathfrak{B}$ lediglich Funktionen von s sind, indem ja auch K und ΔK für eine bestimmte Isolierungsart nur von s abhängen. Schreibt man daher $\frac{\mathfrak{A}}{\mathfrak{B}} = \varphi(s)$, so folgt, daß $f = \frac{\mathfrak{A}}{\mathfrak{B}} = \varphi(s)$ für jeden Rohrdurchmesser eine eindeutige Funktion der wirtschaftlichsten Isolierstärke ist, deren besonderer Verlauf nur durch die Quadratmeterpreise der Isolierung bestimmt wird. Man kann also — wiederum für jeden Durchmesser eine Kurve — die wirtschaftlichsten Isolierstärken in einem Diagramm abhängig von f auftragen und so für eine bestimmte Isolierungsart die gesamte Rechenarbeit auf die einfache Ermittlung von f reduzieren, um für verschiedene Abschreibungen und Betriebsverhältnisse die wirtschaftlichsten Isolierstärken zu erhalten.

Für bestimmte — etwa durchschnittliche — Annahmen über Wärmepreis, Betriebszeit, Amortisation und Verzinsung können für ein Isoliermaterial die wirtschaftlichsten Isolierstärken allein in Abhängigkeit von Durchmesser und Temperatur der Rohrleitung dargestellt werden. Es ergibt sich dann etwa ein Kurvenbild wie in Figur 6.[1])

K. Die Bewertung der Wärmeverluste.

Eine der Schwierigkeiten für die Errechnung der wirtschaftlichsten Isolierstärke liegt in der Bewertung der verlorenen Wärme begründet. Es muß bekannt sein, welche Unkosten die an der betreffenden Stelle, z. B. im Rohrleitungsnetz verlorene Wärme verursacht. Daß dabei nicht immer aus dem unteren Heizwert der Kohle und dem Wirkungsgrad der Dampfkesselanlage der Preis der Wärmeeinheit berechnet werden kann, ist dann klar, wenn man sich überlegt, daß z. B. der thermische Wirkungsgrad einer Dampfkraftmaschine sehr stark vom Zustand des Dampfes abhängt. Wo dies eine Rolle spielt, kann der Wert einer Wärmeeinheit das zwei- bis dreifache des Betrages annehmen, den man aus dem Heizwert und dem Wirkungsgrad berechnet. In den Tabellen 45 und 46 sind Wärme- und Brennstoff-Verbrauchszahlen für verschiedene Größen von Kraftmaschinen zusammengestellt. Aus ihnen geht hervor, wie sehr verschieden die vorhandene Energie infolge verschiedener Art, Größe und Belastung der Maschine ausgenutzt wird.

---

[1]) Das Diagramm entspricht den Beispielen 24 und 25a. Es bezieht sich auf die angeschriebenen Dampftemperaturen und 30° Lufttemperatur. Betr. weiterer Abhängigkeit der wirtschaftlichsten Isolierstärke von den Bestimmungsgrößen vgl. Seite 121.

Wenn Preis und Heizwert der Kohle gegeben sind, berechnet sich der Wärmepreis des Dampfes zu

$$p' = \frac{\mu \cdot P \cdot 1000}{H \cdot \eta} \text{ [RM/10}^6\text{ kcal]}. \qquad (86)$$

Hierin bedeuten:

μ einen Unkostenfaktor zur Berücksichtigung von Betrieb, Unterhaltung und Amortisation aller Anlageteile, die zur Erzeugung und Bereitstellung des Dampfes dienen.

P den Preis der Kohle in RM/t

H den unteren Heizwert der Kohle in kcal/kg (vgl. Tab. 44)

η den Wirkungsgrad der Dampferzeugungsanlage.

Ist der Dampfpreis mit D [RM/t] gegeben, so wird der Wärmepreis

$$p' = 1000 \frac{D}{i} \text{ [RM/10}^6\text{kcal]}, \qquad (87)$$

wenn ferner i die für 1 kg Dampf aufgewendete Wärmemenge in kcal, also die Erzeugungswärme des Dampfes + Flüssigkeitswärme des Speisewassers + Überhitzungswärme bedeutet.

Im allgemeinen kann der Wert p der verlorenen Wärme gleich dem Wärmepreis p' angenommen werden. Umstritten wird dabei neuerdings der Umfang des Faktors μ. Man findet gelegentlich die Ansicht vertreten, daß in normalen Fällen nur diejenigen Betriebskosten zu berücksichtigen sind, die unmittelbar und kontinuierlich von den Verlusten abhängen, also beispielsweise Kohlentransport im Kesselhaus, Schlackentransport, Verschleiß usw; nicht hingegen z. B. die Amortisation der Anlage. Indessen wird man bei allen Projekten fast stets auf verhältnismäßig grobe Schätzung angewiesen sein und die bisher oft gemachte Annahme einer Unkostenbelastung der Wärmeverluste mit 20% bis 30% ($\mu = 1,2$ bis 1,3) mangels genauerer Unterlagen als Durchschnitt vorläufig beibehalten können.

Einer näheren Betrachtung bedarf noch, wie bereits erwähnt, die Bewertung der in Kraftdampfleitungen zwischen Kessel und Maschine verlorengehenden Wärme. Da die Arbeitsfähigkeit des Dampfes $A \cdot L = i - i_0$ nur einen Teil seines Wärmeinhalts i darstellt, wirkt sich eine Änderung der Wärmeverluste in der Zuleitung auf die Maschinenleistung prozentual stärker aus, als auf den Wärmeinhalt. Man berücksichtigt dies, indem man den Wärmepreis mit einem Wertigkeitsfaktor j versieht. Es ist jedoch schwer, die Berechnungsweise des

Faktors j eindeutig festzulegen, da er stark davon abhängt, in welcher Weise die Wärmeverluste ausgeglichen werden bzw. sich auswirken.

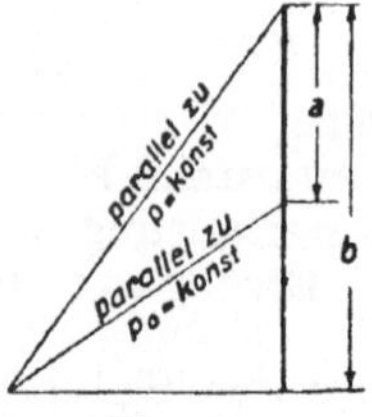

Fig. 7b.

Wenn bei Heißdampf Unterschiede im Temperaturabfall infolge verschiedener Wahl der Isolierstärke durch entsprechende Einstellung der Dampftemperatur am Kessel ohne weiteres ausgeglichen werden können, ist der Wertigkeitsfaktor gleich 1 zu setzen. Kommt nur ein Ausgleich durch vermehrte Dampflieferung in Frage, so kann etwa für den Fall eines bestimmten Dampfdrucks vor der Maschine[1]) der Wertigkeitsfaktor j wie folgt ermittelt werden.

Fig. 7a zeigt einen Ausschnitt aus dem i, s-Diagramm. Bei einer bestimmten Isolierung der Dampfzuleitung mag der Dampf vor der Maschine den Zustand i, p besitzen. Bei einer etwas schwächeren Isolierung sind Temperatur und Wärmeinhalt ein wenig niedriger anzunehmen, während die Beeinflussung des Druckabfalls in der Leitung nur wenig ausmacht. Dieser Zustand sei daher durch den auf der gleichen Drucklinie liegenden Punkt i' bezeichnet. Der Unterschied im Wärmeinhalt ist Δi oder, anteilig auf den Wärmeinhalt bezogen $\frac{\Delta i}{i}$.

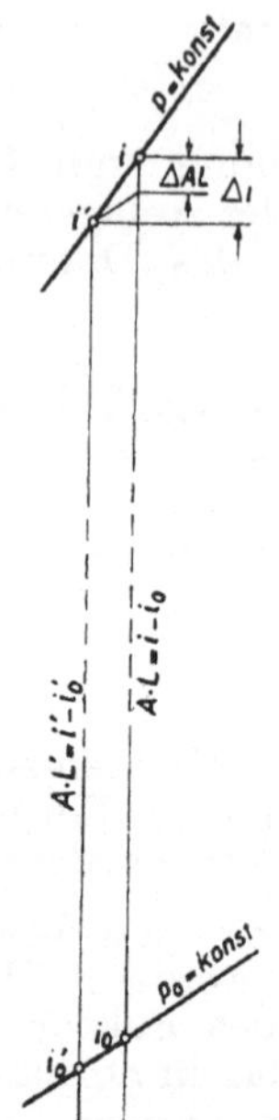

Fig. 7a.
Ausschnitt aus dem i, s-Diagramm.

Bei adiabatischer Expansion auf einen bestimmten Kondensatordruck p_0 leistet der Dampf im ersten Falle die Arbeit $A \cdot L = i - i_0$, im zweiten Falle $A \cdot L' = i' - i_0'$. Der Arbeitsverlust infolge Wahl einer schwächeren Isolierstärke ist also $AL - AL' = \Delta AL$; er erscheint oben in der Fig., wenn man durch den Punkt i' eine Parallele zu p_0 = konst. zieht. Bezogen auf die Arbeitsfähigkeit selbst ist der Verlust $\frac{\Delta AL}{AL}$.

[1]) Mit guter Annäherung auch einem bestimmten vorgeschriebenen Kesseldruck entsprechend.

Dieser Verlust ist j mal größer, als der Wärmeinhaltverlust $\frac{\Delta i}{i}$, also

$$\frac{\Delta AL}{AL} = j \cdot \frac{\Delta i}{i}. \tag{88}$$

Der Faktor j ist dann gleichzeitig der **Wertigkeitsfaktor**, mit dem man den Preis der verlorenen Wärme multiplizieren muß, um den Verlust auf die Arbeitsfähigkeit des Dampfes zu beziehen.

Aus Gleichung (88) ergibt sich

$$j = \frac{i}{AL} \cdot \frac{\Delta AL}{\Delta i}$$

oder

$$j = \frac{i}{i - i_0} \cdot \frac{\Delta AL}{\Delta i} \tag{88a}$$

Darin ist $\frac{i}{i - i_0}$ aus den gegebenen Größen und dem Diagramm bekannt, während $\frac{\Delta AL}{\Delta i}$ als Streckenverhältnis a:b aus einem direkt anhand des i, s-Diagramms zu zeichnenden Hilfsdreieck Fig. 7b entnommen werden kann, das den vergrößerten oberen Teil der Fig. 7a darstellt.

Ob der Wärmepreis für die Bestimmung der wirtschaftlichsten Isolierstärke mit einem derartigen Wertigkeitsfaktor „j" zu multiplizieren ist oder nicht, wird sich im wesentlichen danach richten, ob man in der Lage ist, Dampftemperaturunterschiede an der Turbine, soweit sie durch verschieden hohe Wirksamkeit der Rohrleitungsisolierung hervorgerufen werden, am Kessel ohne Wirkungsgradverschlechterung der Dampferzeugung auszugleichen. Im allgemeinen dürfte dies ohne weiteres möglich sein. Bei voller Einsetzung des Wertigkeitsfaktors ergeben sich größere wirtschaftlichste Isolierstärken, als in der Technik durchschnittlich angewendet werden.

Bedeutend teurer als die Dampfkalorie ist die **Kältekalorie**. Je nach Größe der Anlage kann ihr Preis den zehnfachen Wert und darüber annehmen. Kälteanlagen haben daher eine erheblich größere wirtschaftlichste Isolierstärke als Dampfleitungen (vgl. Seite 96, Abs. 2).

Beispiel 25.[1])

a) Wie hoch ist durchschnittlich der **Wärmewert** für Frischdampf von 20 at abs und 400°, der in einer

[1]) Mit Hilfe des i, s-Diagramms aus „Tabellen und Diagramme für Wasserdampf" von Knoblauch-Raisch-Hausen (Verl. Oldenbourg, 1923) durchgeführt

Dampfmaschine bis auf einen Kondensatordruck von 0,1 at abs ausgenutzt wird, wenn für die Größen aus Gleichung (86) eingesetzt werden

$\mu = 1{,}3$,
$P = 28$ RM/t frei Kesselhaus,
$H = 7100$ kcal/kg,
$\eta = 75\,\%$.

Nach Gleichung (86) ist der Wärmewert des Dampfes

$$p = p' = \frac{1{,}3 \cdot 28 \cdot 1000}{7100 \cdot 0{,}75} = \underline{6{,}85 \text{ RM}/10^6 \text{ kcal.}}$$

b) Wie groß sind Wertigkeitsfaktor und Wärmewert unter der Voraussetzung, daß die Dampftemperatur am Kessel und der Druck vor der Turbine unveränderlich festliegen, so daß Verlustunterschiede infolge verschiedener Wahl der Isolierstärke entweder nur durch verschiedene Dampfmenge ausgeglichen, oder voll auf die Maschine übertragen werden.

Der Wärmeinhalt des Frischdampfes ist $i = 774{,}5$, der des Abdampfes bei adiabatischer Expansion, d. h. gleicher Entropie $i_0 = 538{,}5$ kcal/kg. Das Verhältnis $\frac{\Delta AL}{\Delta i}$ (gleich $\frac{a}{b}$ in Fig. 7b, die an dieser Stelle aus dem i, s-Diagramm entnommen ist), beträgt 0,515, so daß sich ein Wertigkeitsfaktor

$$j = \frac{774{,}5}{774{,}5 - 538{,}5} \cdot 0{,}515 = \underline{1{,}69}$$

ergibt.

Für die Bestimmung der wirtschaftlichsten Isolierstärke wäre in diesem Fall also ein Wärmewert

$$p = p' \cdot j = 6{,}85 \cdot 1{,}69 = \underline{11{,}60 \text{ RM}/10^6 \text{ kcal}}$$

einzusetzen.

L. Kälteschutztechnische Berechnungen.

Auf dem Gebiet des Kälteschutzes, d. h. der Isolierung von Objekten, die kälter sind, als die umgebende Luft, sind drei Gesichtspunkte maßgebend

1. Vorgeschriebener Isoliereffekt, entsprechend einem zulässigen Höchstverlust an Kältekalorien
2. Größtmögliche Wirtschaftlichkeit der Isolierung (wirtschaftlichste Isolierstärke)
3. Verhinderung von Feuchtigkeitsniederschlag auf der Oberfläche der Isolierung.

Demnach sind drei verschiedene Berechnungsarten anzuwenden. Da die Temperaturen von innen nach außen ansteigen, erscheinen die Temperaturdifferenzen und Wärmemengen bei gleicher Bezeichnung mit negativem Vorzeichen.

1. Ermittlung des Kalorienverlustes.

Die Bemessung der Isolierung für einen zulässigen stündlichen Verlust kommt hauptsächlich für Kühlräume und Rohrleitungen in Frage. Die Berechnung ist grundsätzlich die gleiche wie für den Wärmedurchgang nach Abschnitt A und B dieses Kapitels, nur sind die Wärmeübergangs- und Leitzahlen auf den tieferen Temperaturbereich zu beziehen.

Für Kühlräume ist der stündliche Kälteenergieverlust nach den Gleichungen (55/56) zu berechnen, da es sich stets um geschichtete ebene Wände handelt. Die Wärmeübergangszahlen der Umschließungswände können ohne Bedenken geschätzt werden, zumal ihr Einfluß auf den Verlust bei der meist guten Isolierung gering ist. Die Wärmeleitzahlen für die einzelnen Kälteschutz- und Baustoffe sind aus Tabelle 3 zu entnehmen. Die Anordnung der Schichten richtet sich danach, ob große Speicherwirkung erwünscht (Isolierplatten außen) oder unerwünscht (Isolierplatten innen) ist, sowie nach den baulichen Verhältnissen. Der Wärmeübergang von Kühlraumwänden kann für die dem Kühlraum zugewendeten Innenflächen mit $\alpha_i = 6$, für angrenzende Innenräume mit $\alpha_a = 7$ kcal/m² h⁰ und für freie Luft bei mittlerer Windgeschwindigkeit mit $\alpha_a = 25$ kcal/m²h⁰ berechnet werden. Für die Temperatur von Erdreich unter Fußboden oder hinter Wänden kann hinter einer Gesamtschicht von $k < 0{,}5$ kcal/m²h⁰ als Durchschnittswert 10⁰ angenommen werden.

Für Rohrleitungen errechnet sich der stündliche Kälteverlust nach Abschnitt II B. Voraussetzung für die dauernde Aufrechterhaltung der Wärmeleitzahl ist die Wahl eines wasserabweisenden Isoliermaterials mit geschlossenen Poren, da sich sonst durch Tau- bzw. Eisbildung in der Isolierschicht der Isoliereffekt schnell verschlechtert.

2. Ermittlung der wirtschaftlichsten Isolierstärke.

Die tabellarische oder graphische Bestimmung geschieht nach Abschnitt J, jedoch ist statt des Wärmepreises der Preis für 10^6 Kältekalorien einzusetzen. Die Kältekalorie kostet wesentlich mehr, als die Wärmekalorie, da sie erst auf dem Umweg über mechanische Arbeit gewonnen wird. Außerdem ist ihr Preis abhängig von der Leistungsziffer der Kältemaschine d. h. dem Verhältnis der erzeugten Kälte zum Arbeitsaufwand in kcal/h; die Leistungsziffer wiederum wird beeinflußt von der Größe der Anlage und von den Temperaturen der Sole und des Kühlwassers. Es ist also von Fall zu Fall aus den Kosten für den Kraftbedarf und der Leistungsziffer der Kältepreis zu errechnen; er kann etwa das 10- bis 40-fache des durchschnittlichen Wärmepreises betragen.

3. Ermittlung der zur Schwitzwasservermeidung notwendigen Isolierstärke.

Im Interesse der Haltbarkeit und zur Vermeidung des lästigen Abtropfens sollen Kälteisolierungen möglichst so stark sein, daß sich keine Feuchtigkeit auf ihnen niederschlägt, d. h., daß ihre Oberflächentemperatur nicht unter dem Taupunkt liegt. Selbst Kaltwasserleitungen, die sonst keiner Isolierung bedürfen, werden aus den gleichen Gründen mit einer meist schwachen Isolierschicht versehen.

Bekanntlich kann die Luft ein mit der Temperatur steigendes Höchstgewicht an Wasserdampf enthalten. Bei -10^0 beispielsweise ist diese Sättigungsmenge 2,4 g/m³ bzw. 1,65 g pro kg feuchter Luft, bei $+20^0$ 17,3 g/m³ bzw. 15,2 g/kg. Selten enthält die Luft die volle Sättigungsmenge = 100% an Wasserdampf, sondern meist einen niedrigeren Prozentsatz, den man „relative Feuchtigkeit" nennt. Kühlt sich indessen feuchte, d. h. wasserdampfhaltige Luft ab, so wird ihr mit der Temperatur sinkendes Fassungsvermögen für Wasserdampf die in ihr enthaltene Dampfmenge bei einer bestimmten Temperatur, dem Taupunkt, unterschreiten.[1]) Der Unterschied zwischen der in 1 kg Luft vorher enthaltenen Dampfmenge und

[1]) Es wird hier diese anschaulichere Darstellung gewählt, da die tatsächlichen Gesetzmäßigkeiten des Daltonschen Teildrucks und der Wasserdampfspannung längerer Erläuterung bedürfen und in jedem Physikbuch nachgelesen werden können (vgl. z. B. auch Hütte 25. Aufl. Seite 495).

der Sättigungsmenge scheidet sich dann als Wasser aus, und zwar als Nebel, wenn die Temperaturerniedrigung im ganzen Raum gleichmäßig (z. B. durch Druckverminderung) oder als Niederschlag, wenn der Taupunkt in der einen kalten Körper berührenden Grenzschicht eintritt.

Demnach darf in Luft von einer bestimmten Temperatur und relativen Feuchtigkeit ein kühlerer Körper nur eine ganz bestimmte höchstzulässige Untertemperatur (Temperaturdifferenz zwischen Luft und Oberfläche) haben. Wird diese überschritten, d. h., wird der Körper noch kälter, so beginnt seine Oberfläche zu beschlagen; vgl. Tabelle 47, Seite 265.

Bei Isolierungen tritt der Feuchtigkeitsniederschlag besonders an Stellen geringer Konvektion auf, da bei angenähert gleichem Wärmedurchgang die Untertemperatur umso größer ist, je kleiner die Wärmeübergangszahl ist. Als sicherer Wert für den in Frage kommenden Bereich der Untertemperaturen von etwa 1 bis 20° werde die Übergangszahl zu $\alpha_a = 4\,\mathrm{kcal/m^2h^0}$ angenommen.

Die von $1\,\mathrm{m}^2$ Isolierung stündlich ausgetauschte Wärmemenge ist:

infolge der Wärmeleitung nach Gleichung (9) $\left(Q = \frac{q}{\pi\, d_a}\right)$

$$Q = \frac{t_a - t_i}{\frac{d_a}{2\lambda} \cdot \ln \frac{d_a}{d_i}}$$

und infolge des Wärmeübergangs nach Gleichung (16)

$$Q = \alpha_a\,(t_2 - t_a).$$

Durch Gleichsetzung beider Ausdrücke und eine kleine Umformung ergibt sich als Bestimmungsgleichung für die erforderliche Isolierstärke

$$\frac{t_2 - t_i}{t_2 - t_a} = \alpha_a \cdot \frac{d_a}{2\lambda} \cdot \ln \frac{d_a}{d_i} + 1 \tag{89}$$

bzw. mit $\alpha_a = 4$ und $d_a = d_i + 2_s$ (s = Isolierstärke in m)

$$\frac{t_2 - t_i}{t_2 - t_a} = \frac{2}{\lambda} \cdot (d_i + 2s) \cdot \ln \frac{d_i + 2s}{d_i} + 1.$$

(Wie früher bedeuten t_i, t_a und t_2 die Temperaturen des Rohres, der Isolierungsoberfläche und der Raumluft, d_i den äußeren Rohrdurchmesser in m und λ die Wärmeleitzahl der Isolierung.)

Zur bequemeren Lösung ist die linke Seite dieser Gleichung durch Tabelle 48 und die rechte Seite durch Diagramm 49 dargestellt.

Die Ermittlung der zur Schwitzwasservermeidung notwendigen Isolierstärke geschieht demnach wie folgt:

Man findet in der Tabelle 48 für die gegebene Feuchtigkeit, Luft- und Rohrtemperatur den Wert $\frac{t_2 - t_i}{t_2 - t_a}$, geht von diesem Wert auf der linken Diagrammskala wagrecht bis zur betreffenden λ-Linie, von hier senkrecht in die Höhe bis zur ⌀-Kurve und darauf wieder wagrecht nach rechts zur Isolierstärkenskala. Nicht in der Tabelle 48 enthaltene Werte können entweder interpoliert oder als Quotienten:

$$\frac{\text{Temperaturdifferenz zwischen Luft und Rohr (gegeben)}}{\text{höchstzulässige Untertemperatur (aus Tabelle 47)}}$$

direkt berechnet werden.

Im allgemeinen sei noch erwähnt, daß die Bestimmung der Mindestisolierstärke zur Vermeidung von Schwitzwasserbildung nur angenähert erfolgen kann, weil die Wärmeübergangszahlen α_a bei so geringen Temperaturdifferenzen in Wirklichkeit ziemlich stark streuen. Wie aus Gleichung (89) hervorgeht, ist aber der Einfluß von α_a auf die Isolierstärke im umgekehrten Sinne ebensogroß wie der von λ, also recht erheblich (vgl. Diagramm 49). Von den übrigen Größen ist der Einfluß des Rohrdurchmessers — besonders bei größeren Durchmessern und kleineren Isolierstärken — am geringsten.

Bei sehr tiefen Rohrtemperaturen ist es nicht immer möglich, die Oberflächentemperatur der Isolierung über dem Taupunkt zu halten; bisweilen sinkt sie sogar unter den Gefrierpunkt. Dem Vereisen halten nur solche Isolierungen stand, die eine glatte, luftdichte Oberfläche haben.

Ist der gewünschte Effekt der Niederschlagsverhinderung durch die Güte und Stärke der Isolierung allein nicht zu erreichen, so bleiben als weitere Maßnahmen nur Herabsetzung der Luftfeuchtigkeit und Erhöhung des Wärmeübergangs durch Luftbewegung übrig.

Beispiel 26.

Eine Soleleitung von 100 mm l. Durchmesser und -10^0 soll mit Kälteschutzkork von $\lambda = 0{,}045$ in einem Raum von $+20^0$ und 80% relativer Feuchtigkeit geschützt werden. Wie groß muß die Isolierstärke mit Rücksicht auf Niederschlagsvermeidung mindestens sein?

Aus Tabelle 48 folgt für 80% Feuchtigkeit, $+20^0$ Luft- und -10^0 Rohrtemperatur der Hilfswert $\frac{t_2 - t_i}{t_2 - t_a}$ zu 8,4. Im Diagramm 49 ist der Linienzug von 8,4 am linken Maßstab bis zwischen die Wärmeleitzahllinien 0,04 und 0,05, von dort hinauf zur ø-Kurve für 100 mm Durchmesser und nach rechts zur Isolierstärkenskala punktiert eingetragen. Es ergibt sich eine notwendige Mindest-Isolierstärke von rund 60 mm.

M. Schutz gegen Einfrieren.

Wenn Wasser in einer von Luft unter 0^0 umgebenen Rohrleitung zu strömen aufhört, tritt Abkühlung ein, die schließlich das Einfrieren über den ganzen Rohrquerschnitt zur Folge hat. Da hierdurch das Rohr gesprengt werden kann, muß das vollständige Zufrieren unbedingt vermieden werden. Es ist daher von Interesse, die Dauer der Abkühlung bis zum Beginn der Eisbildung und die Zeit zu kennen, in der das Wasser über einen bestimmten noch zulässigen Teil des Rohrquerschnittes gefriert.

Diese Zeiten werden durch Isolieren der Rohrleitung ganz erheblich verlängert und man verwendet daher bei Wasserleitungen, die der Gefahr des Einfrierens ausgesetzt sind, Isolierungen nicht nur zur Verminderung der Wärmeverluste und des Temperaturabfalles, sondern auch dazu, das Einfrieren so lange zu verzögern, daß inzwischen mit Sicherheit die Zirkulationsstörung behoben oder die Leitung entleert werden kann.

Die theoretische Behandlung dieser Fragen ist außerordentlich schwierig; für die Praxis reichen jedoch auch grobe Annäherungen bereits völlig aus, zumal die besonderen Umstände von Fall zu Fall verschieden und niemals genau einzuschätzen sind. Zur Vereinfachung des Ermittlungsverfahrens sind daher bedeutende Vernachlässigungen zulässig, die sich vor allem auf die Speicherwärme und die Wärmeübergangszahl beziehen müssen. In Folgendem wird eine Näherungsmethode mit Hilfe von 3 Diagrammen gegeben, in der die insbesondere bei größeren Rohrdurchmessern zurücktretende Wärmespeicherung in der Isolierung unberücksichtigt bleibt; für kleine Durchmesser liegt darin eine erhebliche Sicherheit, die vielleicht nicht unwillkommen ist.

1. Auskühlung isolierter Rohre.

Wenn von der Speicherwärme in der Isolierung und der durch sie hervorgerufenen zeitlichen Verschiebung zwischen den in die Isolierung eintretenden und aus ihr austretenden Wärmeverlusten abgesehen wird, ist die in einem Zeitelement dz abgegebene Wärme nach der Gleichung Seite 50.

$$dq = \frac{\pi(t_i - t_2)}{\frac{1}{\alpha_a d_a} + \frac{1}{2\lambda} \ln \frac{d_a}{d_i}} \cdot dz \text{ [kcal/m].} \tag{90}$$

Betrachtet man zunächst die Auskühlung bis 0°, so werden die Wärmeübergangszahl α_a und die Wärmeleitzahl λ, die sich beide in dem verhältnismäßig eng begrenzten Temperaturbereich wenig ändern, als angenähert zeitlich konstant anzunehmen sein. Man kann also für ein bestimmtes isoliertes Rohr schreiben

$$dq = k \cdot (t_i - t_2) \cdot dz. \tag{90a}$$

Wenn das Wasser im Rohr nicht strömt, muß diese Wärme durch die bei der Abkühlung abgegebene Speicherwärme des Wassers und des Rohres bestritten werden. Es ist für das Wasser

$$dW_W = \frac{\pi d_i'^2}{4} \cdot 1000 \cdot -dt_i \text{ [kcal/m]} \tag{91}$$

und für das eiserne Rohr

$$dW_R = \frac{\pi}{4} (d_i^2 - d_i'^2) \cdot \gamma \cdot c \cdot -dt_i \text{ [kcal/m],} \tag{92}$$

worin

dW_W und dW_R die in einem Zeitelement dz bei der Abkühlung dt_i abgegebenen Wärmemengen
d_i' den lichten Rohrdurchmesser in m
d_i den äußeren Rohrdurchmesser in m
γ das spezifische Gewicht des Eisens = **7850 kg/m³** und
c die spezifische Wärme des Eisens = **0,115 kcal/kg°**

bedeuten.

Die Summe

$$dW_W + dW_R = \frac{\pi}{4} (900\, d_i^2 + 100 d_i'^2) \cdot -dt_i \tag{93}$$

ist demnach gleich dq aus Gleichung (90a). Entsprechend der Konstanten k kann für ein bestimmtes Rohr gesetzt werden

$$dW_W + dW_R = C \cdot - dt_i; \tag{93a}$$

durch Gleichsetzen der Gleichungen (90a) und (93a) wird also

$$k\,(t_i - t_2) \cdot dz = C \cdot - dt_i,$$

oder von t_i bis 0^0 integriert

$$z = \frac{C}{k} \ln \frac{t_i - t_2}{-t_2} \tag{94}$$

Diese Gleichung wurde zur Herstellung der Hilfsdiagramme 50 und 51 in folgender Weise benutzt. Nach Vorstehendem ergibt sich

$$\frac{C}{k} = \underbrace{\frac{900\,d_i^2 + 100\,d_i'^2}{4\,\alpha_a\,d_a}} + \underbrace{\frac{900\,d_i^2 + 100\,d_i'^2}{8\,\lambda} \cdot \ln \frac{d_a}{d_i}}$$

$$\frac{C}{k} = \quad f_I \quad + \quad f_{II}$$

Der Faktor C/k läßt sich demnach als die Summe zweier Hilfsfunktionen $f_I + f_{II}$ darstellen, deren erste von Rohrdurchmessern, Isolierstärke und Betriebsumständen (α_a) und deren zweite von Durchmessern, Stärke und Wärmeleitzahl der Isolierung abhängt. f_I und f_{II} werden auf den beiden Hilfsdiagrammen 50 und 51 durch einen Linienzug von der Form ⌐⌙→ gefunden. Das Hauptdiagramm 52 stellt dann die Funktion

$$z = \left[\ln \frac{t_i - t_2}{-t_2}\right] \cdot (f_I + f_{II})$$

dar und ergibt — nach dem Linienzug ⌈⌉↓ verfolgt — auf der rechten Skala die Abkühlungszeit bis 0^0.

Soll darüber hinaus eine Querschnittsverengung durch Eisansatz an der inneren Rohrwandung zugelassen werden, so kann noch eine erhebliche weitere Frist bis zur Wiederinbetriebnahme bzw. zum Entleeren der Leitung gewartet werden. In den meisten Fällen erscheint es unbedenklich, eine Verengung des Durchflußquerschnittes um 10%, ja oft um 20% zuzulassen. Die Diagramme können auch zur Ermittlung dieser zusätzlichen Einfrierzeit verwendet werden. Man sucht zu diesem Zweck im linken Feld des Hauptdiagramms 52 den Schnittpunkt der gestrichelten Durchmesserkurve mit der Kurve der Lufttemperatur, geht von dort wagerecht nach rechts bis zur $(f_I + f_{II})$-Linie[1]) und dann senkrecht herunter bis zur unteren Skala, auf der man die Einfrierzeit für eine Querschnittsverengung um 10 % findet. Werden 20 % Eisansatz zugelassen, so ist die Zeit zu verdoppeln.

Da beim Gefrieren des Wassers die gleiche Wärmemenge frei wird, wie bei einer Abkühlung um 80°, ist leicht zu erkennen, daß die Einfrierzeiten gegenüber der Abkühlung bis auf den Nullpunkt verhältnismäßig groß sind. Wird die Querschnittsverengung mit ε (= vereist/gesamt) bezeichnet, so beträgt die Einfrierzeit

$$z_0 = \frac{\frac{1000\,\pi}{4} \cdot 80\,\varepsilon \cdot d_i'^2}{k \cdot -t_2} \text{ [h]}, \tag{95}$$

worin k die gleiche Bedeutung wie vorher hat. Die gestrichelten Kurven im Diagramm 52 sind aus dieser Gleichung nach Einfügen von $(f_I + f_{II})$ ermittelt.

2. Auskühlung nackter Rohre.

Die Abkühlungszeit ist in voller Größe von den schwankenden Konvektionsverhältnissen abhängig, so daß nur Durchschnittswerte errechnet werden können, von denen jeder einzelne Fall mehr oder minder abweichen wird. Immerhin empfiehlt sich wegen des maßgeblichen Einflusses der Wärmeübergangszahl deren Bestimmung in Abhängigkeit von Durchmesser und Temperaturen. Für ruhende Luft kann dazu Tabelle 26, für bewegte Tabelle 27 benutzt werden. Zu beiden Werten ist noch der Strahlungsanteil gemäß Seite 39 zu addieren, der für den vorkommenden Bereich der mittleren Temperaturen t_m (von Rohr und Luft) in der unteren rechten Ecke des Diagramms 51 dargestellt ist. Als zeitlicher Mittelwert der Rohrtemperatur kann dabei für die Dauer der Abkühlung bis 0° der halbe Anfangswert genommen werden; für die darauf folgende Zeit des Einfrierens ist natürlich 0° einzusetzen.

Nach der Ermittlung der Wärmeübergangszahl wird das Diagramm 50 zur Bestimmung der Hilfsgröße f_I benutzt. Man geht von der Rohr-Nennweite links wagerecht bis zu der strichpunktierten Linie für Isolierstärke 0, von dort senkrecht

[1]) Nur für Warmwasserleitungen in Innenräumen ist zur Ermittlung der Einfrierzeit f_I im Diagramm 50 nochmals für $a = 5$ anstatt 6 aufzusuchen, weil beim Einfrieren die Temperaturdifferenz zwischen Isolierungsoberfläche und Luft erheblich geringer ist, als vorher und hierdurch gleichzeitig die Wärmeübergangszahl etwas sinkt.

hinunter bis zur Linie des vorher bestimmten α_a und dann nach rechts zum f_I-Maßstab. Da $f_{II} = 0$ ist, gilt dieses f_I direkt für das rechte Feld des Hauptdiagramms 52, das nunmehr in der gleichen Weise angewendet wird, wie bei isolierten Rohren.

Beispiel 27.

Eine im Freien liegende Leitung von 125 mm Nennweite mit Wasser von 12° soll bei —10° Kälte und Windanfall von etwa 5 m/s eine maximal 24-stündige Betriebsstörung vertragen. Muß die Leitung isoliert werden und wie stark?

Zuerst ist zu prüfen, ob ein Wärmeschutz überhaupt nötig ist.

NACKTES ROHR.

1. Wärmeübergangszahl bis zur Abkühlung auf 0°.

Mittlere Temperatur von Rohr und Luft

$$t_m = \frac{\frac{12}{2} - 10}{2} = -2^\circ.$$

Aus Tabelle 27 ergibt sich für das Rohr NW 125 eine reine Übergangszahl von 21,0 bei 5 m/s Windgeschwindigkeit.

Aus Diagramm 51 ist bei $t_m = -2^\circ$ der Strahlungsanteil zu 3,2 abzulesen. Mithin ist

$$\alpha_a = 21{,}0 + 3{,}2 = 24{,}2$$

2. Hilfsgröße f_I (Diagramm 50).

Der punktierte Linienzug: NW 125 → Isolierstärke 0 → ($\alpha_a = 24$) → f_I ergibt ein f_I von 1,4.

3. Abkühlungszeit bis 0° (Diagramm 52).

Der punktierte Linienzug: Rohrtemperatur 12° → Lufttemperatur —10° → ($f_I + f_{II} = 1{,}4$) ergibt eine Abkühlungszeit von wenig mehr als einer Stunde.

4. Gefrierzeit bis zu einem zulässigen Eisansatz von 20% des Rohrquerschnittes (Diagramm 52).

Die wiederholte Ermittlung von α_a ist bei Windanfall nicht nötig. Von dem Kreuzungspunkt der gestrichelten Kurve für etwa 100 mm ø mit der Kurve für —10° Lufttemperatur nach rechts gehend trifft man auf die Lage der Linie $f_I + f_{II} = 1{,}4$ ziemlich genau bei einer

Stunde auf der unteren Skala. (Um das Diagramm nicht zu sehr zu verwirren, ist dieser Linienzug nicht eingetragen. Bei Zulassung von 20% Eisansatz erhält man demnach eine Gefrierzeit von zwei Stunden.

Die gesamte Auskühlungs- und Gefrierzeit beträgt also etwas über drei Stunden und erfüllt nicht die Forderung einer zulässigen Betriebsunterbrechung von 24 Stunden; die Leitung muß isoliert werden.

ISOLIERTES ROHR.

Es werde schätzungsweise eine Korkschalenisolierung von 40 mm Gesamtstärke und einem mittleren $\lambda = 0{,}06$ angenommen.

Aus dem Diagramm 50 findet man durch den Linienzug: NW 125 ⟶ Isolierstärke 40 ⟶ Isolierungsdurchmesser etwa 200 (im Freien) ⟶ f_I die Hilfsgröße $f_I = 1{,}0$

Diagramm 51 ergibt durch Verfolgung des gestuften Linienzuges: NW 125 ⟶ Isolierstärke 40 ⟶ $\lambda = 0{,}06$ ⟶ f_{II} ein f_{II} von 17,5; es ist also:

$$f_I + f_{II} = 18{,}5.$$

Nun folgt wieder die Benutzung des Hauptdiagramms 52. Links ist der Linienzug: Rohranfangstemperatur 12° ⟶ Lufttemperatur —10° ⟶ $(f_I + f_{II})$ bereits vorhanden. Er ist wagerecht nach rechts bis $f_I + f_{II} = 18{,}5$ zu verlängern. Darunter liest man auf der Zeitskala die Abkühlungsdauer von 15 Stunden ab. Für die noch fehlenden neun Stunden wird der Wärmeverlust durch Gefrierwärme aufgebracht. Von dem bereits erwähnten Kreuzungspunkt der gestrichelten Kurve NW 100 und der Lufttemperaturkurve —10° geht man wagrecht vom linken in das rechte Diagrammfeld bis $f_I + f_{II} = 18{,}5$ und dann senkrecht hinab, wo sich 13 Stunden Einfrierzeit für 10% Querschnitt ergeben (nicht eingetragen). In den restlichen neun Stunden entsteht also an der inneren Rohrwandung ein Eisansatz von $\frac{9}{13} \cdot 10 = 7\,\%$ der Querschnittsfläche, d. i. bei 125 mm l.W. <u>2,2 mm.</u> Dieser Wert erscheint zulässig und die Isolierung daher richtig bemessen.

Zum Schluß mag noch bemerkt werden, daß eine Rohrleitung an Armaturen, vorzüglich solchen mit ungeschützten Teilen, Flanschen, Schiebern, Rohraufhängungen usw., besonders der Gefahr des Einfrierens unterliegt. Berechnungen lassen sich hierüber jedoch kaum anstellen; man achte jedenfalls bei strenger Kälte gerade auf diese Teile und schütze sie möglichst durch eine provisorische Verpackung mit Strohseilen oder dergleichen.

Im Sommer bietet die Frostschutz-Isolierung bei Kaltwasserleitungen zugleich einen Schutz gegen Schwitzwasserbildung (vgl. Seite 96), so daß sich die Isolierung von Wasserleitungen in zweifacher Hinsicht zur Sicherung der Haltbarkeit unbedingt empfiehlt.

III. Die Bestimmung der Wärmeleitzahl von Isolierstoffen.

Das wichtigste Kennzeichen eines Isoliermittels ist die Wärmeleitfähigkeit. Auf ihrer Kenntnis beruhen die Berechnungen des Kapitels II. Sie ist im allgemeinen zum Kernpunkt eines jeden Kaufabschlusses zu machen[1]) und entscheidet meist ausschlaggebend die Preiswürdigkeit eines Produktes. Schon sehr frühzeitig hat man versucht, Apparate zu ersinnen, die eine einwandfreie Bestimmung dieser Materialkonstanten gewährleisten.

Zwei verschiedene Methoden kann man zur Bestimmung der Wärmeleitzahl benutzen. Bei dem einen Verfahren beobachtet man den zeitlichen Verlauf der Temperaturänderung und berechnet λ aus den Längen-, Zeit- und Temperaturmessungen. Außerdem ist die Kenntnis der spezifischen Wärme sowie des spezifischen Gewichtes erforderlich. Auf diese Weise sind meistens gute Wärmeleiter untersucht worden.

Das zweite Verfahren besteht darin, daß man die Einstellung des Temperatur-Gleichgewichtes (Beharrungszustand) abwartet und λ aus den Messungen der Länge, Temperatur und Wärmemenge bestimmt.

A. Laboratoriums-Verfahren.

Die ersten Messungen von Wärmeleitzahlen stammen von dem französischen Physiker Péclet. Die Verfahren, die Péclet und alle anderen Forscher nach ihm benutzten, waren entweder theoretisch und physikalisch unvollkommen oder in ihrem Verwendungsgebiet zu beschränkt.

Einwandfreie Apparaturen zu schaffen gelang erst durch die elektrische Heizung, bei der es möglich ist, die Wärmeenergie leicht und schnell zu bestimmen.

Es ist das Verdienst des Laboratoriums für technische Physik in München unter Prof. Dr.-Ing. e. h. Dr. phil. Oskar Knoblauch, Apparaturen geschaffen zu haben, die eine schnelle und exakte Bestimmung der Wärmeleitzahlen von Isolier- und Baustoffen ermöglichen.

[1]) Vgl. das Werk: „Technisch-rechtliche Bedeutung von Garantieverträgen", herausgegeben von den Deutschen Prioform Werken, 1928.

Bahnbrechend war die Dissertation von Prof. Dr.-Ing. Nusselt[1]) vom Jahre 1908. In seiner Hohlkugel mit elektrischer Innenheizung schuf er eine außerordentlich scharfe und korrekte Meßmethode. Die Nusseltsche Kugel besteht aus zwei konzentrischen Blechhohlkugeln, einer inneren von 15 cm ⌀ aus Kupfer und einer äußeren zweiteiligen aus Zinkblech von etwa 70 cm ⌀. In dem Innern der kupfernen Kugel ist ein elektrischer Heizkörper eingebaut, während der Zwischenraum zwischen beiden Kugeln mit dem zu untersuchenden Material ausgestopft wird. Der Heizkörper wird mit konstantem Batteriestrom beschickt. Gemessen werden die verbrauchte elektrische Energie sowie mit Thermo-Elementen[2]) die Temperaturen auf der inneren und äußeren Kugelfläche. Die Wärmeleitzahl λ errechnet sich dann aus:

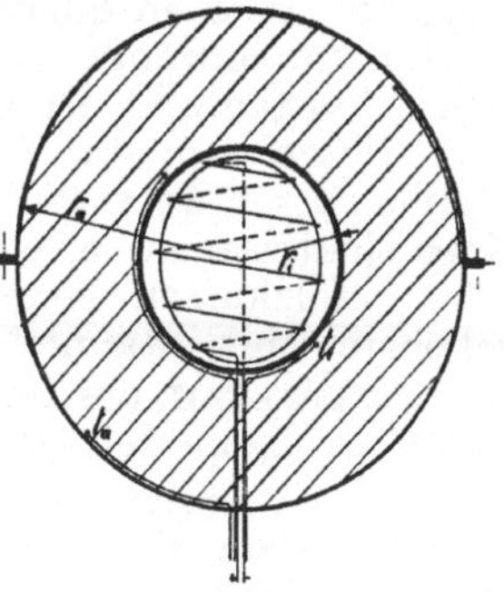

Fig. 8.
Nusseltsche Kugel.

$$\lambda = \frac{0{,}86\, E \cdot J \cdot (r_a - r_i)}{(t_i - t_a) \cdot 4\pi \cdot r_i \cdot r_a} \text{ [kcal/mh°]}, \qquad (96)$$

worin EJ die elektrische Leistung in Watt, t_i und t_a die Temperatur auf der inneren bzw. der äußeren Oberfläche, r_i und r_a die Kugelradien bedeuten.

Diese Gleichung gilt streng, wenn λ linear von der Temperatur abhängt. Nusselt hat auf diese Weise eine große Anzahl technisch wichtiger Materialien untersucht.

Um die Wärmeleitzahl von Baustoffen zu bestimmen, eignet sich die Kugelform nicht, und Nusselt hat daher sein Verfahren auf die Würfelform erweitert. Die innere Heizkugel, die beibehalten wird, befindet sich dabei in einem würfelförmigen von Kühlwasser durchflossenen Blechkasten von 60 cm Kantenlänge. Die Berechnung der Wärmeleitzahl geschieht nach der Formel:

$$\lambda = \frac{0{,}86\, E \cdot J \cdot B}{4\pi \cdot (t_i - t_a)} \text{ [kcal/mh°]}. \qquad (97)$$

Hierin ist B eine von den Würfelabmessungen und der Lage der Messtelle abhängige Konstante.

[1]) Mitteilungen über Forschungsarbeiten (V. d. J.), Heft 63/64, Nusselt, Die Wärmeleitfähigkeit von Wärmeisoliermitteln, Berlin 1909.

[2]) Meistens Kupfer-Konstantan für niedrigere und Platin-Platinrhodium für höhere Temperaturen (über 400°). Thermokräfte vgl. Tabelle 53.

Ein weiteres elegantes Verfahren zur Untersuchung beliebiger anderer Hohlkörper hat Nusselt im Maschinenlaboratorium der technischen Hochschule Dresden erprobt. Dort hat er einen quadratischen plattenförmigen Heizkörper, dessen Außenwände aus starkem Kupfer bestehen, allseitig durch Platten und Streifen aus Versuchsmaterial umschlossen und diesen Apparat in einen von Wasser durchflossenen Kühlkörper eingesetzt. Gleichzeitig bestimmte er die Kapazität eines elektrischen Luft-Kondensators, der aus zwei konzentrischen Holzkästen hergestellt war und dessen einander zugekehrte, mit Stanniol belegte Flächen der Außenseite des Heizkörpers bzw. der Innenfläche des Kühlkörpers maßstäblich genau nachgebildet waren.

Dieses Verfahren beruht auf einer vollkommenen Analogie zwischen dem Verlauf der elektrischen Kraftlinien in einem Dielektrikum und der Wärmeströmung. Wenn sich am Plattenapparat durch die Heizwärme im Dauerzustand eine Temperatur-Differenz $t_i - t_a$ zwischen Heiz- und Kühlkörper einstellt, so ist die Wärmeleitfähigkeit des Versuchsmaterials

$$\lambda = \frac{0{,}86\, E \cdot J}{4\,\pi \cdot C_0 \cdot (t_i - t_a)} \ [\text{kcal/mh}^0], \tag{98}$$

wobei C_0 die Kapazität des Kondensators bedeutet. Dieses Verfahren ist für beliebige Apparaturen anwendbar.

Nusselt fand aus einer langen Reihe seiner Versuche das allgemeine Gesetz, daß die Wärmeleitzahl von Isolierstoffen mit der Temperatur zunimmt.

Ein Versuchsapparat zur Bestimmung der Wärmeleitzahl plattenförmiger Körper stammt von Poensgen.[1]) Der Poensgensche Plattenapparat besteht aus einer elektrisch geheizten Platte, auf die zu beiden Seiten das zu untersuchende Material gelegt wird. Auf der anderen Seite der Versuchskörper befinden sich Kühlplatten, durch welche Kühlwasser gepumpt wird.

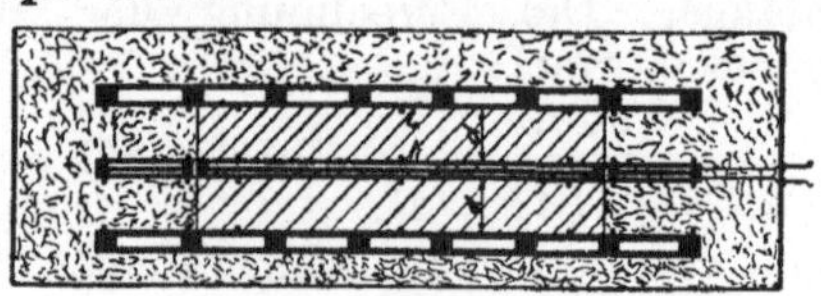

Fig. 9.
Plattenapparat nach Poensgen.

[1]) R. Poensgen, Ein technisches Verfahren zur Ermittlung der Wärmeleitfähigkeit plattenförmiger Stoffe. Z. d. V. D. J. 1912, Seite 1643 und Mitteilungen über Forschungsarbeiten 1919, Heft 130.

Eine Schwäche der Apparatur lag ursprünglich in den Randverlusten. Auf Anregung von Gröber hat Poensgen die Schutzheizung eingeführt. Diese umschließt den Rand des Heizkörpers sowie der Kühlplatten und wird getrennt reguliert. Die Wärmeleitzahl ergibt sich aus

$$\lambda = \frac{0{,}86\, E \cdot J \cdot d}{2\, F \cdot (t_i - t_a)} \text{ [kcal/mh}^0\text{]}. \tag{99}$$

Hierin bedeuten d die Dicke und F die Fläche der Versuchsplatte.

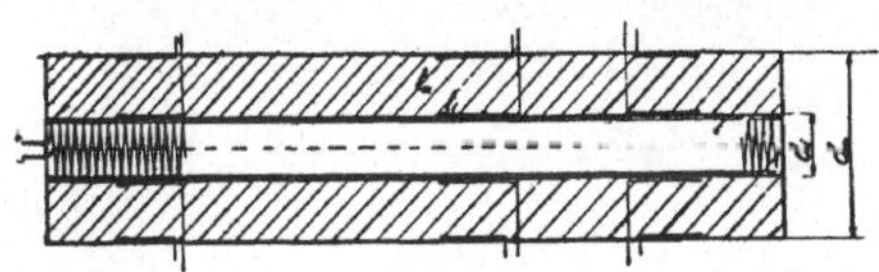

Fig. 10.

Van Rinsumsches Rohr.

Von van Rinsum[1]) stammt ein anderer Versuchsapparat, der sich besonders zur Untersuchung von schalenförmigen Isolierstoffen und Aufstrichmassen eignet. Die Apparatur besteht aus einem Eisenrohr von 60 mm Durchmesser und 3 m Länge, auf welches in 6 bis 7 cm starker Schicht die zu untersuchenden Stoffe aufgebracht werden. In dem Innern des Eisenrohres befindet sich ein Kupferrohr von 40 mm Durchmesser, welches eine Nickelin-Heizwicklung trägt. Die Verluste durch die Stirnflächen hat van Rinsum rechnerisch berücksichtigt.

Um die Wärmeleitzahl von fertigen Gebäudemauern zu bestimmen, hat man im Laboratorium für technische Physik der Münchner technischen Hochschule und später im Forschungsheim für Wärmeschutz in München[2]) sogenannte Versuchshäuschen gebaut. Bei den Versuchshäuschen werden die Baustoffe in normaler Weise aufgebaut; das Innere der Häuschen wird elektrisch geheizt und aus den Temperaturen der zu prüfenden Wände und der Heizleistung die Wärmeleitzahl berechnet.

---

[1]) Mitteilungen über Forschungsarbeiten (V. d. J.) 1920, Heft 228, van Rinsum, Wärmeleitfähigkeit von feuerfesten Steinen usw.

[2]) Vgl. E. Schmidt und A. Großmann, Untersuchungen über den Wärmeschutz von Baukonstruktionen. Mitteilungen aus dem Forschungsheim für Wärmeschutz, München, Heft 4.

Vorstehende Verfahren beruhen alle auf der obenerwähnten zweiten Methode, nämlich der Messung im Beharrungszustand.

Fig. 11.
Aus dem Laboratorium der Deutschen Prioform Werke. Ladegleichrichter, Schaltanlage und elektrischer Glühofen für Materialprüfung bei hohen Temperaturen.

Um diesen zu erreichen, ist die Aufstellung der Apparaturen in einem gleichmäßig und zeitlich unveränderlich temperierten Raum notwendig. Keller mit dicken Mauern sind daher für ein wärmeschutztechnisches Laboratorium am besten geeignet. Die Bilder Fig. 11 und 12 geben einen Einblick in den Versuchsraum des Laboratoriums der Deutschen Prioform Werke.

B. Betriebstechnische Messungen.

So groß der Fortschritt durch die Schaffung von Laboratoriumsapparaten auch war, mit denen man die Leitzahlen von in der Praxis benutzten Stoffen feststellen konnte, so mußte doch das erstrebenswerte Ziel der wissenschaftlichen Arbeiten sein, technische Meßmethoden zu schaffen, die eine einwandfreie Ermittlung der Wärmeleitzahlen betriebsfertiger Isolierungen ermöglichten. Dadurch erst war die Möglichkeit zu garantievertraglichen Kaufabschlüssen gegeben.

Seit langem ist die Bestimmung der Wärmeverluste eines Energieträgers durch Temperaturabfall, Druckabfall- und Kondensatmessungen bekannt. Im allgemeinen kann man

Fig. 12.
Aus dem Laboratorium der Deutschen Prioform Werke. Versuchsanordnung zur Bestimmung der Wärmeleitzahl mit 2 Nusseltschen Kugeln und einem selbstregistrierenden Millivoltmeter (Sechsfarbenschreiber).

jedoch wegen zahlreicher nicht zu behebender Fehlerquellen mit derartigen Messungen keine genaue Bestimmung der Wärmeleitzahlen der fertigen Isolierung v rnehmen, so daß diese Verfahren als durchaus ungeeignet bezeichnet werden müssen.

Das einzige Instrument, mit dem man heute genaue Messungen vornehmen kann, ist der Wärmeflußmesser. Er beruht auf dem Prinzip der Hilfswandmethode, die von Dr.-Ing. K. Hencky[1]) näher beschrieben ist.

Der Wärmeflußmesser des Forschungsheims für Wärmeschutz in München von Prof. Dr.-Ing. E. Schmidt besteht aus einer 5 mm starken Gummibinde, die fest um die zu prüfende Isolierung geschlungen wird. Die Binde umschließt eine Serie von Thermoelementen, welche den Temperaturabfall innerhalb der Binde anzeigen. Durch Multiplikation dieser mit einem Millivoltmeter gemessenen Temperaturdifferenz und dem Eichfaktor der Binde erhält man den stündlichen Wärmeverlust Q des isolierten Rohres in kcal pro m² Isolierungsoberfläche. Die Temperaturen der Oberfläche des Rohres und der Oberfläche der Isolierung lassen sich mit Thermoelementen genügend genau bestimmen. Die Wärmeleitzahl errechnet sich dann zu

$$\lambda = \frac{Q \cdot d_a \cdot \ln d_a/d_i}{2 \cdot (t_i - t_a)} \text{ [kcal/mh}^0\text{]}. \tag{100}$$

Die Messung ist natürlich entsprechend der Formel nur im Beharrungszustand vorzunehmen.

Das Instrument ist zur Feststellung von Wärmeleitzahlen durchaus geeignet und kann sehr vielseitig verwendet werden. Allerdings ist dabei zu betonen, daß es wie alle Meßinstrumente aus dem Gebiet der Wärmetechnik nur in der Hand geschulter Versuchsingenieure zuverlässige Resultate liefert.

Außer dem im Handel befindlichen Schmidtschen Wärmeflußmesser gibt es noch ein zweites Instrument, den Wärmeschutzprüfer Bayer von Dr.-Ing. K. Hencky. Er besitzt infolge größerer Masse eine wirksame Dämpfung der kurzen Konvektionsstörungen und gestattet daher eine sicherere Mittelwertbildung bei den Ablesungen.

---

[1]) Gesundheitsing. Nr. 46 vom 15. November 1919, Ein einfaches praktisches Verfahren zur Bestimmung des Wärmeschutzes verschiedener Bauweisen.

IV. Allgemeine Eigenschaften von Wärmeschutzmaterialien und Vergleichsgrundlagen.

Wärmeschutzmittel werden überall da verwandt, wo der Durchgang der Wärme unterbunden werden soll, sei es zur Verhinderung der Abkühlung warmer Räume, Kessel, Rohrleitungen und dergleichen oder zum Schutz von Kälte-Anlagen, sei es zur Vermeidung großer Temperaturspannungen in festen Materialien oder zur Verhütung von Taubildung.

A. Allgemeine Eigenschaften.

Die Eigenschaften, die man von einem guten Isoliermittel im allgemeinen zu fordern hat, sind folgende:

a) niedrige und zeitlich unveränderliche Wärmeleitzahl
b) niedriges Raumgewicht
c) niedrige spezifische Wärme
d) mechanische Widerstandsfähigkeit und Dauerhaftigkeit
e) Feuersicherheit
f) Anpassungsfähigkeit an beliebige Konstruktionsteile
g) Unschädlickeit
h) Wirtschaftlichkeit.

Diese große Zahl der zu beachtenden Eigenschaften eines Wärmeschutzmittels[1]) zeigt die Schwierigkeit, die richtige Auswahl gegenüber den auf dem Markt befindlichen minderwertigen Materialien zu treffen.[2])

a) Wärmeleitzahl.

Die Isolierfähigkeit eines Stoffes ist im allgemeinen nach der Wärmeleitfähigkeit λ zu beurteilen, die nach Abschnitt I definiert ist als diejenige Wärmemenge in kcal, welche durch einen Würfel des bestimmten Materials von der Seitenlänge 1 m in einer Stunde bei 1^0 C Temperaturdifferenz zweier Gegen-

[1]) Eine ausführliche Besprechung der Eigenschaften der wichtigsten Isolierstoffe enthält das Werk „Wärme- und Kälteschutz in Wissenschaft und Praxis" (1928) von den Deutschen Prioform Werken Bohlander & Co. G. m. b. H., Köln.

[2]) Vgl. „Die technisch-rechtliche Bedeutung von Garantieverträgen" und „Die Grundlagen für den Vergleich von Wärmeschutzangeboten", beide Werke gleichfalls erschienen 1928 im Selbstverlag der Deutschen Prioform Werke.

seiten hindurchgeht, wenn die übrigen Seiten vor Wärmeverlusten geschützt sind.

Die Wärmeverluste sind unter sonst gleichen Annahmen ein direktes Maß der Wärmeleitzahl λ (siehe Gleichungen 1, 2, 8, 9, 12 und 13). Je geringer aber die Verluste, desto geringer sind auch Temperatur- und Druckabfall sowie der Kondensatanfall und desto langsamer geht die Auskühlung des isolierten Objektes bei Betriebsunterbrechung vor sich, so daß auch diese Betriebsgrößen in erster Linie von λ abhängen.

Die Wärmeleitzahl ändert sich mit der Temperatur und dem Raumgewicht. Allgemein gültige Beziehungen sind bis heute nicht festgestellt worden, so daß man auf experimentelle Untersuchungen von Fall zu Fall angewiesen ist. Die Leitzahlen der meisten Stoffe ändern sich in gleichem Sinne wie die mittlere Temperatur, zum Teil so, daß bei der absoluten Temperatur 0 die Leitzahl auch 0 sein würde. Bei Kristallen steigt jedoch λ mit fallender Temperatur. In den Tabellen 2 bis 6 sind die Leitzahlen der bisher untersuchten Stoffe abhängig von der Temperatur eingetragen.

Es ist notwendig, daß die einmal beim Einbau der Isolierung vorhandene Wärmeleitzahl sich im Laufe der Zeit nicht verschlechtert. So ist beispielsweise in einer englischen Zeitschrift[1]) ein Fall veröffentlicht, in dem englische Schlackenwolle nach 14 Jahren eine 2½mal so große Wärmeleitzahl hatte als beim Einbau. Es gibt gut isolierende Stoffe, die allmählich durch den dauernden Temperaturwechsel versintern und so die Wärme besser leiten. Andere wieder sacken durch leichte Erschütterungen immer mehr zusammen und verlieren auf diese Weise ihre niedrige Leitfähigkeit. Der Zweck aller wärmeschutztechnischen Berechnungen aber, nämlich die Übersicht über den wirtschaftlichen und betriebstechnischen Endeffekt behufs zweckmäßigster Ausgestaltung der Anlage, kann nur dann erreicht werden, wenn die Wärmeleitfähigkeit der Isoliermaterialien, ausgedrückt durch die Wärmeleitzahl, mit hinreichender Sicherheit als zeitlich konstant angesehen werden kann.

Ein weiterer Feind mancher guten Isolierstoffe ist die Feuchtigkeit, die die Leitzahl stark vergrößert. Der Käufer von Wärmeschutzmassen muß also auch darauf bedacht sein, ein Material zu bekommen, das seine gute Isolierfähigkeit unter allen in Frage kommenden Betriebsverhältnissen beibehält.

---

[1]) Special report Nr. 5 at the Food Investigation Board, report on heat insulators 1920.

b) Raumgewicht.

Der Einfluß des Raumgewichts auf die Leitzahl ist ohne weiteres nicht zu übersehen. Bei allen Wärmeschutzstoffen spielen Größe und Gestalt der Poren sowie besonders deren Anteil am Gesamtvolumen eine ausschlaggebende Rolle. Die Porosität ist mit dem Raumgewicht R [kg/m³] eines Körpers und dem spezifischen Gewicht seiner festen Substanz γ [kg/m³] durch die Beziehung verknüpft

$$P = 1 - \frac{R}{\gamma}, \tag{101}$$

wobei P angibt, wieviel m³ Poren insgesamt in 1 m³ des porösen Körpers enthalten sind.

Die Leitzahl steigt im allgemeinen innerhalb gleichartigen Materials mit dem Raumgewicht erst langsamer, dann etwas schneller an. Im wesentlichen sind die Abweichungen in der mangelnden Einheitlichkeit der Schutzmaterialien begründet.[1]) Ein deutliches Minimum der Wärmeleitzahl zeigen alle pulver- und faserförmigen losen Füllstoffe, deren variables Raumgewicht durch die Stopfdichte gekennzeichnet wird. Bei solchen Isolierstoffen ändert sich das Volumen der einzelnen Poren mit der Stopfdichte. Wird diese zu gering, so werden die Poren so groß, daß sich besonders bei höherer Temperatur Konvektionseinflüsse und geringerer Widerstand gegen Strahlung bemerkbar machen. Bei kleinerem Raumgewicht, als dem Optimum der Wärmeleitfähigkeit entspricht, steigt die Wärmeleitzahl daher wieder an. Die günstigste Stopfdichte wächst mit der Temperatur.

Bei festen Isoliermaterialien ist die untere Grenze des Raumgewichtes nicht durch das erwähnte Minimum der Wärmeleitfähigkeit, sondern meistens durch den Kompromiß zwischen möglichst niedriger Wärmeleitzahl und noch ausreichender Festigkeit gegeben. Auch bei den festen Stoffen sind große Poren hauptsächlich infolge der Strahlungswirkung umso ungünstiger, je höher die Temperatur ist. Die beigefügten Bindemittel sind auf das notwendigste Maß zu beschränken, da sie Wärmeleitfähigkeit und Raumgewicht in nachteiliger Weise erhöhen.

In den Poren sind fast immer Luft, Wasserdampf oder Reste von Flüssigkeit eingeschlossen, die an der Wärmeübertragung durch Leitung und Strahlung ebenfalls beteiligt sind.

---

[1]) Im Heft 4 der Mitteilungen aus dem Forschungsheim für Wärmeschutz sind Versuche über die Einflüsse der Porosität und der Feuchtigkeit beschrieben.

Je größer die Hohlräume, desto weniger sind $\lambda = f$ (Temperatur) und $\lambda = f$ (Raumgewicht) lineare Funktionen. Auf jeden Fall ist mit Rücksicht auf niedrige Wärmeleitfähigkeit in jeder einzelnen Kategorie von Wärmeschutzmitteln solchen mit geringem Raumgewicht der Vorzug zu geben.

Proportional mit dem Raumgewicht steigt die stets unerwünschte Wärmespeicherung in der Isolierung [vgl. Gl. (71), S. 70], so daß bei unterbrochener Betriebsweise auch aus diesem Grund ein kleines Raumgewicht vorteilhaft ist. Auf den während der Betriebspausen verlorenen Teil der Speicherwärme wirkt sich das Raumgewicht nicht mehr proportional aus, weil es in der gleichfalls maßgebenden Kenngröße der Temperaturleitfähigkeit $a = \frac{\lambda}{c \cdot R}$ einen Einfluß in entgegengesetztem Sinn ausübt.[1])

Auch das absolute Gewicht einer Isolierung kann die Größe des Wärmeschutzes begrenzen.

In den Tabellen 3 und 15 sind die Raumgewichte einer Reihe von Materialien, in Tabelle 3 mit dem zugehörigen λ, eingetragen.

c) Spezifische Wärme.

Bei häufiger Betriebsunterbrechung spielt die in der Isolierung aufgespeicherte Wärme gegenüber dem Gesamtverlust eine entscheidende Rolle (vgl. Abschnitt II D). Je häufiger die Unterbrechungen sind, desto wichtiger ist es, neben dem Raumgewicht auch die spezifische Wärme der Schutzmasse gering zu halten. Die Wärmemengen, die beim Anstellen der Anlage von den Wärmeschutzmaterialien aufgenommen und beim Abstellen an die Atmosphäre abgegeben werden, können sehr beträchtlich sein. Hinsichtlich der Wirkung auf die Speicherverluste verhält sich die spezifische Wärme genau so wie das Raumgewicht (vgl. Absatz b).

d) Mechanische Widerstandsfähigkeit und Dauerhaftigkeit.

Die Isolierung muß gegen Druck und Stoß genügend fest sein, sodaß sie, falls mit Leitern oder ähnlichen Gegenständen unvorsichtig an sie gestoßen wird, nicht herunterfällt. Rohrleitungen müssen gelegentlich begehbar sein. Bei Kesseln ist auf eine ausreichende Festigkeit der Wärmeschutzmassen besonders zu achten, da dort oft Reparaturen auf der Isolierung ausgeführt werden müssen.

---

[1]) Vgl. Gröber, H., Einführung in die Lehre von der Wärmeübertragung, Verl. Springer 1926. Erster Teil, Abschnitt B.

Wo das eigentliche Isoliermaterial von diesen Beanspruchungen entlastet ist, wie beispielsweise bei abgestützten Stopfisolierungen, tritt an die Stelle der Festigkeit die Forderung der Elastizität und Volumenbeständigkeit. Das eingestopfte Isoliermaterial muß den Wärmedehnungen elastisch nachgeben und für beliebige Dauer die durch den Betrieb verursachten Erschütterungen ohne Schaden ertragen[1]) (vgl. Abs. a).

Bei allen Isolierungsarten muß die Außenhaut eine genügende Widerstandsfähigkeit durch harte Abglättung und Bandage oder Blechmantel, sowie Dauerhaftigkeit — in Innenräumen mittels eines Lackanstriches (vgl. Farbnorm, Tabelle 56), im Freien gegen Witterungseinflüsse mittels Schutzanstrichs (Asphalt usw.) oder Isolierpappenumhüllung — aufweisen.

e) Feuersicherheit.

Die besten Isoliermittel, die man am Markt haben konnte, bestanden bisher aus organischen Stoffen, die bei niedrigen Temperaturen bereits verbrannten; so kann man z. B. Kork nur bis 100° verwenden, ebenso Baumwolle, Seide und ähnliche Körper. Auch rein anorganische nicht brennbare Isolierstoffe sind dann bei hohen Temperaturen unbrauchbar, wenn sie Öle oder dergleichen als Bindemittel enthalten. Selbst bei niedrigen Temperaturen, z. B. Kälteanlagen, bieten die brennbaren Stoffe eine gewisse Feuersgefahr, deren Größe von der Art des Betriebes, in dem sie verwandt werden, abhängt.

f) Anpassungsfähigkeit an beliebige Konstruktionsteile.

Die Art der Wärmeschutzmasse muß es ermöglichen, sie nicht nur an ebenen Wänden oder glatten Rohren und Kesseln anzubringen, sondern sie auch dann zu verwenden, wenn unnormale Begrenzungsflächen vorliegen. Darüber hinaus besteht in der Praxis häufig das Bedürfnis, selbst schwierigste Armaturen und dergleichen mit guter Isolierung zu schützen. Manche Isolierverfahren und Materialien besitzen eine derartige Anpassungsfähigkeit überhaupt nicht oder in nur unbefriedigender Weise, und nur wenige sind in der Lage, allen verschiedenartigen Konstruktionsbedingungen gerecht zu werden.

g) Unschädlichkeit.

Abgesehen davon, daß die Schutzmassen keinen üblen, gesundheitsschädlichen Geruch verbreiten oder sonst irgend-

[1]) Besondere Maßnahmen zur Erreichung dieses Ziels vgl. in der Abhandlung von Dr. h. c. H. Bohlander: Über die Verwendung von Schlackenwolle als Wärmeschutzmittel, Zeitschrift Die Wärme, 1929, Heft 25.

welche Stoffe verflüchtigen dürfen, die innerhalb des Betriebes schädlich wirken, müssen sie frei von Bestandteilen sein, die den isolierten Körper im vorkommenden Temperaturbereich sowie auch bei zufällig auftretender Feuchtigkeit angreifen.

h) Wirtschaftlichkeit.

Unter Wirtschaftlichkeit sind hierbei möglichst niedrige Gesamt-Jahreskosten nicht nur bei Anwendung der wirtschaftlichsten Isolierstärke (vgl. Kapitel II, J.) zu verstehen, sondern auch bei Isolierstärken, die nach beliebigen anderen Gesichtspunkten festgesetzt sind. Je nach dem vorliegenden Fall kann es sich dabei um einen vorgeschriebenen Wärmeverlust oder Temperaturabfall, d. h. bei mehreren Angeboten um äquivalente Isolierstärken, um vorgeschriebene Temperatur der Isolierungsoberfläche oder bestimmte Isolierstärken handeln, die durch konstruktive Besonderheiten des zu schützenden Objektes bedingt sind.

Eine Isolierung, deren Haltbarkeit im Preis zum Ausdruck kommt, wird ferner um so wirtschaftlicher, je mehr sich die unter den jeweiligen Betriebsverhältnissen zu erwartende Lebensdauer bzw. die Zeit, für welche ihr garantierter Effekt unvermindert bestehen bleibt, der voraussichtlichen Lebensdauer der gesamten Anlage nähert.

Als Amortisationszeit wird häufig die Lebensdauer der Isolierung angenommen. Sie kann aber ebensogut durch rein betriebstechnische oder kaufmännische Erwägungen unabhängig von der Isolierung bestimmt werden. So wird man beispielsweise für einen provisorischen Betrieb, dessen Dauer von vornherein auf 1½ Jahre begrenzt ist, gleichzeitig mit den gesamten übrigen Betriebseinrichtungen auch die Isolierung in 1½ Jahren abschreiben, während man bei einem Kraftwerk oder einem Fernheiznetz mit voraussichtlich jahrzehntelanger Betriebsdauer für die Amortisationszeit rein finanzielle Erwägungen zugrunde legen wird. Als Regel kann gelten, daß die Amortisationszeit weder länger sein darf als die Lebensdauer der Isolierung, noch länger als die geplante Dauer des Bestehens der gesamten Anlage.

Nur wenn die angenommene Amortisationszeit mit der voraussichtlichen Nutzungsdauer der Isolierung bzw. — was häufig identisch ist — der gesamten Anlage einigermaßen in Einklang steht, ist es richtig, die wirtschaftlichen Gesamtkosten lediglich auf die Amortisationszeit zu beziehen. Ist hingegen beispielsweise die Amortisationszeit auf vier Jahre, die geplante Nutzungsdauer, für die voraussichtlich auch die Isolierung vorhält, auf zehn Jahre bemessen, so ist in Wirklichkeit diejenige Isolierung die wirtschaftlichste, für welche die Summe aus dem vierjährigen Kapitalaufwand und den zehnjährigen Wärmeverlustkosten (auch diese eigentlich mit Zinseszins zu bewerten) ein Minimum ergibt. Bei Anwendung wirtschaftlichster Isolierstärken wird von Fall zu Fall zu prüfen sein, ob für die hieraus sich ergebenden größeren Stärken genügend Anlagekapital zur Verfügung steht.

Mitunter spielt für die Wirtschaftlichkeit einer Isolierung auch der Wert des nach Ablauf der Benutzungsdauer anderweitig wiederverwendbaren Materials eine Rolle; dies gilt besonders in Betrieben, die nach verhältnismäßig kurzer Zeit wieder stillgelegt bzw. grundlegend verändert werden müssen.

Werden äquivalente Isolierstärken[1]), d. h. solche Stärken, die trotz verschiedener Wärmeleitzahlen bei gleichen Betriebsverhältnissen dieselben Wärmeverluste ergeben, miteinander verglichen, so können bei gleicher Amortisationszeit anstelle der Gesamtjahreskosten auch allein die Anlagekosten für die Isolierung als Vergleichsbasis benutzt werden. Die billigere Isolierung ist dann — gleiche Haltbarkeit und sonstige Eignung vorausgesetzt — auch die wirtschaftlichere. Dies gilt jedoch nur für nicht unterbrochene Betriebsweise, während bei häufigen Betriebsunterbrechungen auf jeden Fall die jährlichen Gesamtkosten — zuzüglich der Speicherverluste — zur Bewertung der Wirtschaftlichkeit heranzuziehen sind.

B. Vergleichsgrundlagen.

Hinsichtlich der vorstehend angeführten allgemeinen Eigenschaften der Wärmeschutzmaterialien hat sich der Käufer entsprechend den örtlichen Bedingungen der Wärmeanlage und dem speziellen Verwendungszweck der Isolierung über die besondere Bedeutung einzelner dieser Eigenschaften klar zu werden.

---

[1]) Vgl. Neues Näherungsverfahren für die Ermittlung äquivalenter Isolierstärken unter Berücksichtigung der Oberflächen-Temperaturänderung. Veröffentlichungen aus dem Arbeitsgebiet der Deutschen Prioform Werke, Heft 8.

Im allgemeinen gilt als oberster Grundsatz für Vergleich und Auswahl, daß den Isolierstoffen mit niedrigster Wärmeleitzahl der Vorzug zu geben ist, da man mit ihnen

1. den geringsten Wärmeverlust
2. die geringste Aufspeicherung der Wärme in der Isolierung und
3. die kleinste Gewichtsbelastung der Rohre

erzielt. Um z. B. bei einem Wärmeschutzstoff mit größerer Wärmeleitzahl denselben Wärmeverlust wie bei einem solchen mit niedriger Wärmeleitzahl zu erzielen, muß man wesentlich größere Isolierstärken aufwenden. Erfordert bei einer ebenen Wand die doppelte Wärmeleitzahl eine Verdoppelung der Isolierschicht, so wird dieses Dickenverhältnis mit abnehmendem Rohrdurchmesser um einen steigenden Betrag von mehr als 2 s/d_i vergrößert. Für ein Rohr von 400 mm l. W. und 80 mm Isolierstärke wäre bereits ein 2,5mal so starker Wärmeschutz (also etwa 200 mm) und bei einem Rohr von 50 mm l. W. und 50 mm Isolierstärke ein rund 4,4mal so starker Wärmeschutz (etwa 220 mm) erforderlich, wenn die Leitzahl doppelt so hoch ist. Diese Ziffern zeigen, daß der nachteilige Einfluß einer hohen Wärmeleitzahl praktisch häufig durch Isolierstärkenvergrößerung überhaupt nicht mehr ausgeglichen werden kann. Nicht die Isolierstärke ist wesentlich, sondern die Höhe der Wärmeschutzwirkung.

Bei gleichem Wärmeschutz muß man aber mit Materialien, deren Wärmeleitzahlen höher sind, nicht nur unverhältnismäßig größere „äquivalente" Isolierstärken anwenden, sondern es vergrößert sich hierdurch auch die Oberfläche der Isolierung ganz bedeutend. Will man daher aus den vorliegenden Angeboten das preiswerteste heraussuchen, so kann man nicht ohne weiteres die qm-Preise vergleichen, sondern man muß bei Rohrleitungen immer die Preise pro lfdm bzw. bei Kesseln, Armaturen usw. die Preise bezogen auf 1 m^2 des zu isolierenden Objektes der Wirtschaftlichkeitsbetrachtung zugrunde legen.

Wenn die Lebensdauer der zu isolierenden Anlage praktisch nicht begrenzt ist und keine besonderen Betriebsbedingungen gestellt sind, erkennt man am besten aus der Berechnung der wirtschaftlichsten Isolierstärke (siehe Kapitel II, Abs. J), welches Material das preiswürdigste ist. In ihr ist individuell sowohl der Wärmewert an einer bestimmten Stelle, als auch die mechanische Haltbarkeit jeder einzelnen Materialart berücksichtigt. Die Lebensdauer ist bei den einzelnen Isolierungen sehr verschieden. Mangels genauerer Unterlagen kann sie mit der Tilgungszeit gleichgesetzt und hieraus die Amortisationsquote bestimmt werden. Ein Material, daß eine wesentlich längere Haltbarkeit besitzt, kann trotz des höheren Preises dennoch das wirtschaftlichere sein.

Die wirtschaftlichste Isolierstärke ist um so größer,
je größer der Durchmesser des zu isolierenden Objektes,
je höher seine Temperatur,
je höher der Wärmewert,
je billiger die Isolierung,
je schlechter das Isoliermaterial und
je länger die gewählte Amortisationszeit (bzw. je niedriger die Tilgungsquote), ist.

Aus der absoluten Höhe der wirtschaftlichen Gesamtkosten (Minimum der Summenkurve, Seite 83) ist ohne weiteres ersichtlich, welches Isoliermaterial vorteilhafter ist. Die Wärmeleitzahl ist bei diesen Betrachtungen nicht immer ausschlaggebend, sondern es kann ein Material mit einer etwas schlechteren Leitzahl so billig sein, daß es das preiswürdigste, d. h. das wirtschaftlichste ist.

Für Isolierungen, deren Güte nicht viel voneinander abweicht, kann die Wirtschaftlichkeitsberechnung näherungsweise durch einen Kostenvergleich pro lfdm bei äquivalenten Isolierstärken ersetzt werden.

Bei unterbrochenem Betrieb gewinnt die in der Isolierung aufgespeicherte Wärmemenge eine erhöhte Bedeutung. In einem solchen Falle wird man besonders Wärmeschutz-Materialien mit niedrigster spezifischer Wärme und geringstem Raumgewicht den Vorzug geben.[1])

Gelegentlich können für die Bemessung der Isolierung jedoch auch andere Grundsätze maßgebend sein als die oben angegebenen wirtschaftlichen. Häufiger vorkommende Fälle, in denen rein betriebstechnische Forderungen gegenüber den wirtschaftlichen bestimmend wirken, sind folgende:

1. Der Temperaturabfall des Wärmeträgers (Gas, Dampf oder tropfbare Flüssigkeit) in einer Leitung darf, mit Rücksicht auf die Verbrauchsapparate oder auf Auskristallisieren, Einfrieren oder Kondensieren des Wärmeträgers nur eine bestimmte Größe erreichen.
2. Das isolierte Objekt darf nur eine bestimmte Wärme abgeben (z. B. mit Rücksicht auf die Raumtemperatur).

[1]) Eingehende Betrachtungen über den Vergleich von Angeboten finden sich in der Abhandlung „Die Grundlagen für den Vergleich von Wärmeschutzangeboten“, Deutsche Prioform Werke Bohlander & Co. G. m. b. H., Köln (im Selbstverlag).

3. Die wärmestauende Wirkung der Isolierung darf die Temperatur des isolierten Objektes nicht gefährlich erhöhen (Isolierung von Kohlenstaubfeuerungen).
4. Die Stärke der Isolierung ist durch den verfügbaren Raum begrenzt (z. B. auf Schiffen).

Auch in diesen Fällen ist dasjenige Material das vorteilhaftere, das nicht nur die betreffende Forderung erfüllt, sondern außerdem auch die niedrigsten wirtschaftlichen Gesamt-Jahreskosten verursacht.

V. Garantien und Garantieverträge.[1])

Der Prüfstein für die Leistungsfähigkeit eines wärmeschutztechnischen Unternehmens ist die Garantie. Schon aus der Gestaltung des Garantievertrages lassen sich Rückschlüsse auf das Werk ziehen, das diese Sicherung gewährt.

Die bloße Erklärung, daß Garantien übernommen würden, schafft noch nicht ein Verhältnis, aus dem für den Garantieempfänger irgendwelche Sicherheiten entspringen. Vor allem muß ins Auge gefaßt werden, daß diejenigen Werte und Leistungen, die Gegenstand des Vertrages sein sollen, auch garantiefähig sind. Wenn beispielsweise für ein genau bestimmbares Isoliermaterial eine Wärmeleitzahl zugesagt wird, so muß es sowohl chemisch wie physikalisch möglich sein, den angegebenen Leitzahlwert bei den Eigenschaften des Stoffes tatsächlich zu erreichen. So wäre ein Vertrag, in dem für ein Material, das nach dem heutigen Stande der wärmewissenschaftlichen Erkenntnis einen Mindestzahlwert von 0,12 kcal/mh^0 besitzt, eine Garantie für eine Wärmeleitzahl von 0,05 kcal/mh^0 ausgesprochen würde, auf eine von vornherein unmögliche Leistung gerichtet und daher rechtsunwirksam.

Um ein anderes Moment herauszugreifen, genügt es des ferneren nicht, daß die Garantie für den Augenblick des Überganges der Gefahr auf die belieferte Firma ausgesprochen wird; vielmehr muß der Vertrag eine Gewähr dafür bieten, daß die zugesicherten Eigenschaften des Isoliermaterials auch noch eine bestimmte Zeit nach Inbetriebnahme in vollem Umfang vorhanden sind. Als Mindestfrist hat die Zeit zu gelten, innerhalb welcher die für die Anlage aufgewandten Kosten durch die Betriebsersparnisse herausgewirtschaftet werden.

Ein weiteres Kennzeichen eines brauchbaren Garantievertrages, in dem die Interessen des Käufers wirksam wahrgenommen werden, liegt darin, daß die Garantie nicht allgemein gegeben wird — eine allgemeine Garantie für verschiedene Betriebsbedingungen ist heute noch undenkbar — sondern daß alle Einzelheiten, die garantiert werden sollen, genau, eindeutig und ausführlich bezeichnet werden. Begrifflich genommen werden manche Eigenschaften und Leistungen als Funktionen eines übergeordneten Gesamtbegriffes anzusehen sein. Jedoch wäre, wenn im Streitfalle ein derartiger allum-

[1]) Vgl. die umfassende Behandlung dieses Themas in der Schrift „Die technisch-rechtliche Bedeutung von Garantieverträgen“ von den Deutschen Prioform Werken.

fassender Begriff richterlichem Urteil unterworfen würde, seine praktische Wertlosigkeit sehr schnell erwiesen. An einer Aufführung der einzelnen Eigenschaften und Wirkungen ist daher in einem guten Vertrage nicht vorbei zu kommen.

Die ausschlaggebende Rolle muß selbstverständlich die Wärmeleitzahl spielen. Die Technik verfügt heute, seitdem sich der Wärmeflußmesser des Münchener Forschungsheims im Gebrauch bewährt hat, über genügend verfeinerte Prüfmittel, so daß die Feststellung dieses Wertes auch dann keine Schwierigkeiten mehr bereitet, wenn die Isolieranlage im Betriebe ist.

Es darf daher als weiteres, unbedingtes Erfordernis eines Garantievertrages angesprochen werden, daß die Nachprüfung der Wärmeleitzahl mit dem Wärmeflußmesser innerhalb einer bestimmten Frist nach Aufbringung der Isolierung vereinbart wird. Wesentlich ist außerdem, daß auch die Nachmessung nach längeren Zeiträumen betrieblicher Verwendung vertraglich erfaßt wird.

Die beste Sicherung sowohl für die Erreichung der wärmetechnischen Leistung wie auch für die Stichhaltigkeit des Garantieabkommens selbst bilden aber die Strafbestimmungen, durch die das garantiegewährende Werk verpflichtet wird, für jede vertragswidrige Überschreitung der Garantie eine Vergütung (Vertragsstrafe) zu zahlen.

Erst wenn diese Mindesterfordernisse erfüllt sind, verfügt der Garantieempfänger über tatsächliche Sicherheiten. Eine Firma, die bei Nichtinnehaltung der Vertragsbestimmungen Gefahr läuft, sich finanzielle Auswirkungen gefallen lassen zu müssen, bindet sich durch derartige Garantien in so wirkungsvoller Weise, daß eine Schädigung des Käufers ausgeschlossen erscheint. Der Inhalt eines Garantievertrages von rechtlicher Stichhaltigkeit, der gleichzeitig eine materielle Sicherung der belieferten Werke bedeutet, bestimmt sich demgemäß wie folgt:

1. Der Auftragsumfang muß scharf umrissen sein, d.h., die zu isolierenden Teile der Anlage müssen durch Pläne oder Aufstellungen genau abgegrenzt und nach Lage, Verwendungszweck, Gestalt und Abmessungen hinreichend gekennzeichnet sein.
2. Die Isolierstärke und die Stärke des Mantels müssen für jedes der zu isolierenden Objekte festgelegt werden.
3. Sämtliche Materialien müssen nach ihrer Zusammensetzung, Mischung und physikalischen Beschaffenheit eindeutig bezeichnet werden.

4. Die Unschädlichkeit der Isoliermaterialien in Bezug auf das zu isolierende Objekt sowie auf den Betrieb ist zu gewährleisten.

5. Die höchstzulässigen Temperaturen müssen angegeben werden.

6. Die normale betriebliche Inanspruchnahme muß begrenzt werden. Soweit sie überschritten wird, z. B. durch Betreten eines Rohres, sind die in Betracht kommenden Isolierungsstellen genau zu bezeichnen.

7. Der Zeitraum der Garantie für die Haltbarkeit ist anzugeben.

8. Die wärmetechnische Leistung der betriebsfertigen Isolierung bedarf eingehender Bestimmung.

Die Wärmeleitzahl der kompletten Isolierung ist in Abhängigkeit von der mittleren Temperatur in der Isolierung zu gewährleisten. Ferner müssen die Zeiträume angegeben werden, innerhalb deren die garantierte Wärmeleitzahl Geltung hat.

9. Die zur Verwendung gelangenden Messungsmethoden sowie die Termine für die Nachprüfungen müssen festgelegt werden.

10. Die garantierten Zahlenwerte müssen mit einer bestimmten Toleranz ausgestattet werden, die eine Über- oder Unterschreitung in einer gewissen Prozentzahl erlaubt.

11. Die finanzielle Sicherung geschieht durch die Vereinbarung von Konventionalstrafen.

Wird beispielsweise die vereinbarte Wärmeleitzahl um eine bestimmte Prozentzahl überschritten, so wird davon eine finanzielle Auswirkung abhängig gemacht, die in einer prozentualen Kürzung der Rechnungssumme für den betreffenden Anlageteil besteht.

Wenn die Überschreitung einen bestimmten prozentualen Wert übersteigt (angenommen 10% über den größten Toleranzwert), so tritt an Stelle der Rechnungskürzung die Pflicht zur kostenlosen Nachisolierung.

Neben der gründlichen Sachkenntnis der garantierenden Lieferfirma ist auch für den Auftraggeber ein gewisses Verständnis für die Fragen der Wärmeschutztechnik unerläßlich, da er sonst leicht in die Gefahr gerät, durch ungeeignete oder übertriebene Forderungen die Sicherheit der Garantie-Erfüllung zu gefährden. Der Hauptzweck jeder Garantie ist ja nicht der Ersatz eines Schadens, sondern die möglichst vollkommene Übereinstimmung der aufgestellten Berechnungen mit dem späterhin im Betriebe erreichten Dauereffekt.

VI. Die Prioform-Isolierung

8 D. R. P. u. Patente in fast allen Kulturstaaten.

Die Prioform-Isolierung hat sich in ihren verschiedenen Ausführungsformen seit vielen Jahren glänzend bewährt und beispiellos rasch in der deutschen Großindustrie eingeführt. Sie ist die einzige Trockenstopfisolierung, die sich den Wärmedehnungen der isolierten Objekte elastisch anpaßt und unter dauernden, selbst starken Vibrationen in keiner Weise leidet.

Die günstige Wärmeleitzahl der Prioform-Isolierung erlangt noch eine besondere Bedeutung durch den Umstand, daß sie zeitlich unveränderlich ist, wie zahlreiche exakte Kontrollmessungen immer wieder bestätigen.

A. Das Konstruktionsprinzip.

Von einer vollkommenen Isolierung sind sämtliche Eigenschaften zu fordern, die im Abschnitt IV zusammengestellt sind. In einem einzigen Material lassen sich diese Fähigkeiten nicht vereinigen. Im besonderen widersprechen sich aus physikalischen Gründen

die mechanische Haltbarkeit und
die wärmetechnische Höchstleistung;

denn die Isolierwirkung nimmt mit der Porosität eines Stoffes zu, während die mechanische Festigkeit ein dichtes Gefüge verlangt. Steigert man daher die Isolierwirkung, so schädigt man die Haltbarkeit und umgekehrt.

Die Prioform-Isolierung befriedigt diese sich widersprechenden Forderungen dadurch in technisch-wirtschaftlich vollkommendster Weise, daß sie beide Aufgaben zwei verschiedenen Konstruktionsteilen aus jeweils bestgeeignetem Material überweist. Für die wärmetechnische Leistung benutzt sie einen losen, teils faser-, teils pulverförmigen Füllstoff, also ein Material mit niedrigster Leitzahl, während die mechanische Haltbarkeit durch eine besondere Hartmantel-Konstruktion gewährleistet wird.

Aus theoretischen Gründen ist die Wirksamkeit der Isolierung eines jeden Körpers in den inneren, dem Wärmeträger zugewendeten Schichten am größten. Die Anordnung der Prioform-Isolierung, bei der der Mantel aus einer durch besondere Zusätze gehärteten Wärmeschutzmasse und die inneren Schichten aus hochwertigem Isoliermaterial bestehen, stellt daher zur bestmöglichen Ausnutzung des letzteren den pysikalisch richtigen Aufbau dar.

Dieses Prinzip besitzt auch den Vorzug, daß man jeweils auf die verschiedensten technischen Besonderheiten Rücksicht nehmen kann und selbst so schwierige isoliertechnische Probleme wie Steigleitungen von Dampfhämmern, Auspuffleitungen von Groß-Gasmaschinen und rotierende Kugelkocher in der Papierfabrikation einwandfrei zu lösen in der Lage ist.

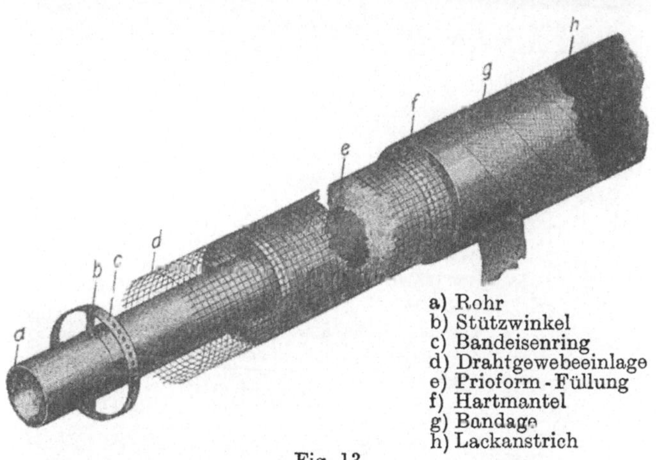

a) Rohr
b) Stützwinkel
c) Bandeisenring
d) Drahtgewebeeinlage
e) Prioform - Füllung
f) Hartmantel
g) Bandage
h) Lackanstrich

Fig. 13.
Prioform-Hartmantelisolierung für Rohrleitungen mit Bandeisenstützringen (D. R. P. a.).

Eine logische Ergänzung des Konstruktionsgedankens der Prioform-Isolierung stellt die Maßnahme der Wärmespielräume (D.R.P.) dar. Es sind dies durch Gleitmanschetten abgedeckte Unterbrechungen im Mantel, die an geeigneten Stellen den Dehnungsunterschied zwischen Rohr und Mantel aufnehmen. Auf diese Weise werden mit Sicherheit Spannungen und Risse im harten Schutzmantel vermieden.

Ein weiterer Vorteil der Prioform-Isolierung ergibt sich aus der großen Anpassungsfähigkeit an unnormale Konstruktionsteile. Es ist ohne weiteres möglich, mit ihr Dampfmesser, Wasserabscheider, Ventilatorengehäuse, Rohrbündel, Stutzen und dergleichen ebenso gut vor Wärmeverlusten zu schützen wie eine glatte Rohrleitung; dabei bleibt die Isolierfüllung in allen Fällen wiederverwendungsfähig.

Die Montage der Prioform-Hartmantelisolierung für Rohrleitungen geschieht in der Weise, daß man in Abständen von etwa 0,5 m besonders konstruierte Stützringe aus Bandeisen oder gebrannte Kieselgurringe von 40 bis 50 mm Breite auf das Rohr aufbringt, die als Distanzträger von engmaschigem, verzinktem Drahtgewebe dienen, in welches die Prioform-Füllung von oben hineingestopft wird. Nach vollendeter Stopfung wird das Drahtgewebe mit Bindedraht vernäht

Fig. 14.
Prioform-Kesselisolierung auf dem Kopf eines Ruthsspeichers während der Montage.
(An die noch nicht mit dem Hartmantel versehene Isolierung des Kopfes grenzt links eine freilegbare Nietnaht.)

und sodann der harte Schutzmantel, der aus Wärmeschutzmasse mit Härtungszusätzen besteht, in feuchtem Zustande aufgetragen. Zum Schluß erfolgt die Bandagierung mit Jute und entweder für Innenräume ein Anstrich mit dauerhaftem, glänzendem Isolierlack[1]) oder für Objekte im Freien eine Umkleidung mit Isolierpappe. Der harte Schutzmantel ist besonders widerstandsfähig, weil die am meisten beanspruchten Randfasern im Innern durch die Drahtnetzeinlage und außen durch die Jutebandagierung verstärkt sind.

[1]) Vgl. DIN-Farbnorm, Tabelle 56.

Bei der Isolierung von Kesseln werden über die Oberfläche zunächst eiserne Bänder mit Stützen gespannt, die im gleichmäßigen Abstand der Füllungsstärke von der Wandung ein Gitterwerk aus Rundeisen tragen. Dieses gibt der gesamten Isolierung einen soliden Halt und verleiht dem harten Schutzmantel eine außerordentliche Festigkeit, sodaß er den betrieblichen Beanspruchungen absolut standhält. Der Mantel besitzt innen das engmaschige Drahtgewebe, das vor dem Stopfen über das Rundeisengitter gespannt wird, und außen ebenfalls eine Jutebandage mit Lackanstrich[1]).

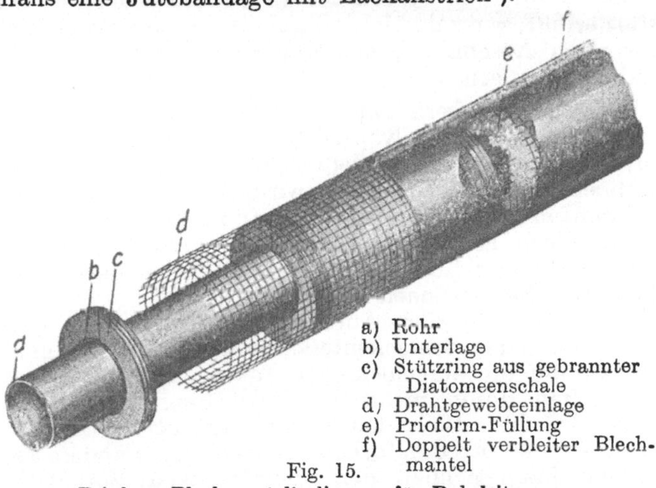

a) Rohr
b) Unterlage
c) Stützring aus gebrannter Diatomeenschale
d) Drahtgewebeeinlage
e) Prioform-Füllung
f) Doppelt verbleiter Blechmantel

Fig. 15.
Prioform-Blechmantelisolierung für Rohrleitungen.

Die Eigenart der Prioform-Isolierung ermöglicht es, etwa freizulassende Nietreihen entsprechend den Vorschriften der Dampfkessel-Überwachungsvereine mit leicht abnehmbaren Kissen zu isolieren, um auch für diese Teile einen absolut einwandfreien Wärmeschutz zu gewährleisten.

Ein gesondertes Prioform-Blechmantelverfahren (D.R.P.) erfreut sich in neuerer Zeit ebenfalls großer Beliebtheit. Der Aufbau dieser Isolierungsart weist wie die Hartmantelisolierung die Prioform-Füllschicht mit Stützringen in einer Drahtgewebehülle auf, die in diesem Falle jedoch direkt unter dem Blechmantel liegt. Gegenüber anderen Trockenstopfisolierungen hat das Verfahren den großen Vorzug, daß der Blechmantel entfernt werden kann, ohne daß die Isolierschicht abfällt.

[1]) Vgl. DIN-Farbnorm, Tabelle 56.

B. Die Prioform-Füllung.

Das Konstruktionsprinzip der Prioform-Isolierung findet dann seine idealste Verwirklichung, wenn die wärmeschutztechnische Leistung einem Stoff zugewiesen wird, der die denkbar niedrigste Wärmeleitzahl besitzt, gleichviel welche Festigkeit er hat; er muß nur unbedingt volumenbeständig sein, unter allen technischen Verhältnissen seine Isolierwirkung beibehalten und darf sie auch im Laufe der Zeit nicht verlieren.

Diese Forderung ist von der Prioform-Füllung D.R.P. restlos erfüllt, wie zahlreiche Ergebnisse in der Praxis an den im vorigen Abschnitt genannten schwierigen Objekten einwandfrei beweisen.

Die geringste überhaupt bekannte Wärmeleitfähigkeit hat man bei staubförmigen Köpern gefunden, wenn sie so gelagert sind, daß sie in feinster Verteilung zahlreiche kleine Luftporen einschließen. Ein solches Gefüge wird mit bester Annäherung in der Prioform-Füllung verwirklicht. In ihr dient als Träger des staubförmigen Körpers mechanisch aufgelockerte Flugwolle, die als leichtestes Endprodukt in dem Erzeugungsprozeß der Schlackenwolle gewonnen wird.[1])

Bei der maschinellen Aufbereitung werden die der Flugwolle anhaftenden Schlackenteilchen durch Siebsichtung entfernt, worauf die aufgelockerten Fasern mit pulverförmigen Isolierstoffen durch mehrfache Wirbelung innig vermengt werden. Auf diese Weise hat man ein homogenes Material erzielt, das seine unbedingte Überlegenheit über andere Isolierfüllungen hauptsächlich dem gleichzeitigen Vorhandensein folgender Vorzüge verdankt:

1. niedrigste, zeitlich unveränderte Wärmeleitzahl (vgl. Abs. D),
2. absolute Volumen- und Hitzebeständigkeit
3. kleinstes Raumgewicht und dadurch äußerst geringe Speicherverluste (vgl. Abs. E)
4. natürliche Bildung kleinster Poren
5. unbedingte Vermeidung von Rissen
6. keinerlei Fugen
7. größte Widerstandsfähigkeit gegen Erschütterungen
8. völlig indifferentes chemisches Verhalten.
9. Montage auch auf kaltem Objekt.

Die Prioform-Füllung kommt in drei verschiedenen Ausführungen auf den Markt.

---

[1]) Vgl. Dr. h. c. H. Bohlander: Über die Verwendung von Schlackenwolle als Wärmeschutzmittel. Zeitschrift „Die Wärme", 1929, Heft 25.

Die **Prioform-Füllung „Normal“** besteht aus einer Mischung von Flugwolle mit kalzinierter Kieselgur,

die **Prioform-Füllung „105“** aus Flugwolle mit staubförmiger kohlensaurer Magnesia und

die **Priopneu-Isolierfüllung** aus den letztgenannten Bestandteilen in etwas anderem Mischverhältnis; sie wird nach einem neuen pneumatischen Verfahren (D.R.P.a.), das ein beispiellos leichtes und lockeres Endprodukt liefert, hergestellt.[1])

Da die Zusammensetzung der Prioform-Füllung ein äußerst feinporiges Produkt gewährleistet und die Bildung von größeren Hohlräumen unmöglich macht, läßt sie auch eine sehr lockere Stopfung zu, ohne die Gefahr von Konvektionsströmungen und vermehrter Strahlungs-Übertragung in den Poren herbeizuführen. Dies bewirkt die sowohl außerordentlich niedrige als auch gleichmäßige Wärmeleitzahl und macht den wärmeschutztechnischen Effekt von der Hand des Monteurs in weiten Grenzen unabhängig.

C. Die Prioform-Flanschenisolierung.

Von einer Flanschen-Isolierung ist zu fordern, daß sie

leicht zu montieren,

wärmetechnisch gleichwertig mit der Isolierung des glatten Rohres und

bei Undichtwerden der Flanschen nach Instandsetzung wieder verwendbar ist.

Besonders der wärmeschutztechnische Effekt der meisten Flanschenkappen läßt infolge Verwendung stark wärmeabführender Blechteile, sowie auch infolge Luftaustausches durch undichten Abschluß der Flanschen viel zu wünschen übrig. Eine allen Forderungen weitgehend genügende Konstruktion stellt die patentierte Prioform-Flanschenisolierung dar.

Bei ihr wird zunächst der Spalt zwischen den Flanschen durch einen mit Tropfröhrchen versehenen Blechstreifen mit Asbestdichtungsschnur von der eigentlichen Flansch-Isolierung abgedichtet, so daß etwa austretender Dampf entweicht und selbst die kleinste Undichtigkeit sofort anzeigt. Der von den Kappen umschlossene Hohlraum wird in der üblichen Aus-

[1]) Zur Zeit der Drucklegung dieses Buches sind die Vorversuche für die praktische Herstellung der Priopneu-Füllung beendet.

führung mit kissenartigen Körpern aus verzinktem Draht- oder Asbestgewebe mit hochwertiger Isolierfüllung, die sich an Flansch und Rohr dicht anlegen, vollständig ausgefüllt.

Durch diese Konstruktion wird eine Isolierung der Flanschen-Verbindungen erreicht, die insbesondere nachstehende Vorteile bietet:

Gleichwertigkeit mit der Rohr-Isolierung,
sofortiges Anzeigen undichter Flanschen,
Schonung der Isolierung bei undichten Flanschen und
einfachste und schnellste Demontierung.

Außer den vorstehend beschriebenen einwandigen Prioform-Kappen finden auf Wunsch auch doppelwandige Flanschenkappen mit Prioform-Isolierfüllung Verwendung.

Die Wichtigkeit einer sorgfältigen Isolierung der Flanschen geht aus der Tatsache hervor, daß ein nackter Flansch etwa gleichviel Wärme verliert, wie 5 bis 8 m isolierte Leitung.

D. Mittlere Wärmeleitzahlen der Prioform-Isolierung.

Die nachstehenden mittleren Wärmeleitzahlen werden von den Deutschen Prioform Werken mit ±10% Toleranz garantiert. (Näheres über Garantieverträge siehe Abschnitt V.)

Mittlere Wärmeleitzahlen in kcal/mh°.

Mittl. Temp. in der Isolierung	Prioform-Isolierfüllung		Prioform-Isolierung mit Hartmantel	
	„Normal“	„105“	„Normal“	„105“
0°	0,048	0,043	0,052	0,047
50°	0,052	0,047	0,056	0,051
100°	0,056	0,051	0,061	0,055
150°	0,061	0,055	0,065	0,059
200°	0,065	0,059	0,069	0,063
250°	0,070	0,063	0,074	0,067

Die Werte für die komplette Isolierung beziehen sich auf den betriebsfertigen Zustand und können mit dem Wärmeflußmesser des Forschungsheims für Wärmeschutz in München jederzeit nachgeprüft werden.

Die Priopneu-Füllung ergibt etwa 5% niedrigere Wärmeleitzahlen als Prioform 105.

E. Raumgewicht der Prioform-Isolierung.

Das Raumgewicht des Füllmaterials, das den wärmetechnischen Hauptbestandteil der Isolierung bildet, beträgt im Mittel:

für Prioform „Normal" $R = 320$ kg/m³
„ „ „105" $R = 290$ „
„ „Priopneu" $R = 200$ „

Das mittlere Raumgewicht der Gesamtisolierung ist je nach der Isolierstärke und dem Rohrdurchmesser etwas verschieden und schwankt zwi chen 350 und 450 kg/m³, wobei jedoch zu berücksichtigen ist, daß für die Wärmespeicherung praktisch nur die innen liegende Prioform-Isolierfüllung mit ihrem geringen Raumgewicht maßgebend ist.

F. Meßergebnisse an ausgeführten Prioform-Isolierungen und Garantievergleich.

Häufig wird seitens der Wärmeschutzfirmen übersehen, daß die Garantie nicht nur dazu dient, dem Auftraggeber eine Gewähr für die Einhaltung der zugesicherten Toleranzgrenzen zu bieten, sondern auch zur möglichst sicheren Vorausbestimmung der zu erwartenden Betriebsdaten. Die Deutschen Prioform Werke vertreten den Standpunkt, daß die Nennziffern der Garantie stets die erfahrungsgemäß richtigen Durchschnittswerte darstellen sollen und daß die zulässige Inanspruchnahme der Toleranz weder ganz noch teilweise in den Nennwert einbezogen werden darf. Nur unter dieser Bedingung behält die Toleranz der Garantie die ihr ursprünglich zukommende Bedeutung einer Sicherung gegen gelegentlich unvermeidliche Abweichungen vom Durchschnitt.

Daß in diesem Sinne die Garantie-Nennwerte für die Wärmeleitfähigkeit der Prioform-Isolierung tatsächlich mit größter Vorsicht und Gewissenhaftigkeit festgelegt sind, zeigt das nachstehende Schaubild, in das für die bedeutendsten letzten Aufträge die Ergebnisse der Abnahmeprüfungen mit dem Wärmeflußmesser des Forschungsheims für Wärmeschutz in München als Versuchspunkte eingetragen sind. Die ausgezogene Mittellinie stellt die Nennwerte der Garantie dar, während die gestrichelten Linien die Toleranzzonen von $\pm 10\%$ abgrenzen.

Die von den Deutschen Prioform Werken getätigten Garantieabkommen, die weitgehende Bestimmungen enthalten, sind das Ergebnis sorgfältiger technischer und rechtlicher Erwägungen. Trüge nicht der Erfindungsgedanke, der den Prio-

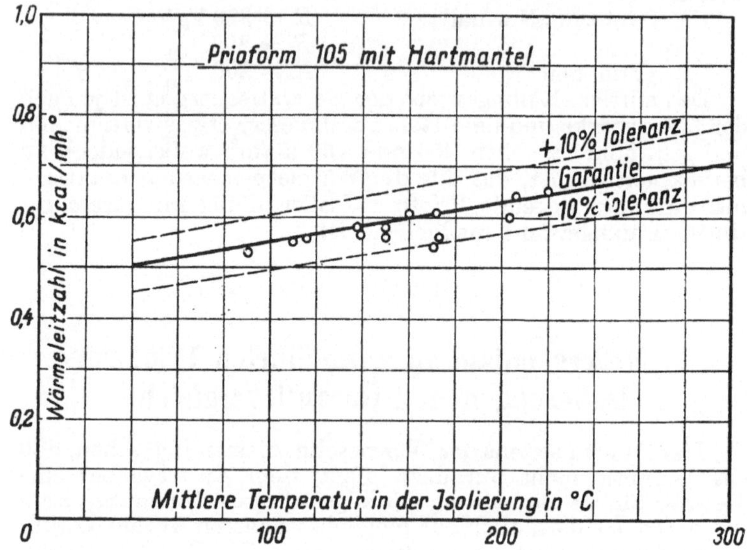

Fig. 16.
Ergebnisse der Prüfung ausgeführter Prioform-Isolierungen.

form-Verfahren zugrunde liegt, alle Bedingungen einer modernen technischen Höchstleistung in sich, dann wäre es auch kaum möglich, Garantien von einer Tragweite zu geben, wie sie in den Prioform-Abkommen gewährt werden.

ZWEITER TEIL.

Zusammenstellungen, Tabellen und Diagramme.

ZUSAMMENSTELLUNG 1.

Die Maßsysteme.

Das Maß für jede beliebige Größe besteht aus dem Produkt aus einer absoluten Zahl (Anzahl, Dimension 1) und einer Maßeinheit von der Dimension der zu messenden Größe. Die absolute Zahl gibt an, wievielmal die Einheit in der zu messenden Größe enthalten ist.

Es gibt zweierlei Maßsysteme:

Das Physikalische Maßsystem.[1]) Seine Grundeinheiten, von denen alle anderen abgeleitet werden, stellen dar:

die Länge
die Masse
die Zeit.

Die Masse ist die in einem Körper enthaltene Menge der Materie und als solche unabhängig von der Erdschwere.

Das Technische Maßsystem. Es ist dadurch gekennzeichnet, daß nicht für die Masse, sondern für die Kraft eine Grundeinheit gewählt wird. Diese Einheit ist gleich dem Gewicht der Masseneinheit des physikalischen Systems an der Stelle von Paris, wo seit der Meter-Konvention von 1875 die Urmaße aufbewahrt werden.[2]) Die Grundeinheiten des technischen Systems bezeichnen demnach:

die Länge
die Kraft
die Zeit.

Die Masse wird im technischen System durch eine aus den drei Grundeinheiten abgeleitete Dimension ausgedrückt.

In beiden Maßsystemen werden mit Ausnahme der Temperatur (vgl. später) die anderen Einheiten durch Kombinationen der drei Grundeinheiten dargestellt. Der Ausdruck, zu dem sich die Grundeinheiten dabei zusammenfügen, heißt auch in diesem Falle die Dimension der betreffenden Größe.

---

[1]) Auch absolutes Maßsystem oder CGS-System (Centimeter, Gramm, Sekunde) genannt.

[2]) Da die Schwerkraft — wenn auch nur bis zum Höchstbetrag von etwa 0,5 % — von Breitengrad und Höhe über Meeresspiegel beeinflußt wird, haben die Gewichte zur Bestimmung von Kräften keine allgemeine Gültigkeit.

Zusammenstellung 1.

DIE MASSEINHEITEN.

Für das physikalische Maßsystem haben die drei Grundeinheiten

Zentimeter	[cm]	für die	Länge
Gramm	[g][1])	„ „	Masse
Sekunde	[s]	„ „	Zeit

internationale Geltung erlangt.

Innerhalb des technischen Maßsystems sind in den verschiedenen Ländern zahlreiche Maßeinheiten gebräuchlich, die in einem bestimmten, festen Umrechnungsverhältnis zu dem Normalmeter und Normalkilogramm des Bureau International in Paris stehen. In Deutschland sind auch für das technische Maßsystem das Zentimeter und das Gramm bzw. dezimale Teile oder Vielfache[2]) davon eingeführt worden. Neben der Sekunde als Zeiteinheit finden sich häufig die Minute und bei langsamer verlaufenden Vorgängen, wie z. B. in der Wärmetechnik, die Stunde.

1. Länge.

Die absolute Längeneinheit ist das Zentimeter [cm]. Ein Zentimeter ist der hunderste Teil des Meters [m]. Ein Meter ist definiert als der 40000000. Teil des Erdumfanges. Als endgültiges Normalmaß gilt der in Paris aufbewahrte Prototyp aus Platin-Iridium bei der Temperatur des schmelzenden Eises, der entsprechend der ursprünglichen Definition um 0,0856 mm zu kurz ist.

Im technischen System werden nach Bedarf hauptsächlich folgende Einheiten verwandt

1 m = 10 dm = 100 cm = 1000 mm
1 cm = 10 mm
1 mm = 10^3 μ (Mikron) = 10^6 $\mu\mu$ (Millimikron) = 10^7 Å. E. (Ångström-Einheiten),
1 km = 1000 m
1 deutsche Landmeile = 7,5 km
1 geographische Meile = 7,420 km
1 Seemeile = 1,852 km
1 inch (in.) = 2,54 cm (engl. Zoll),
1 foot (ft) = 30,48 cm = 12 inch (engl.)
1 yard = 3 ft. = 0,914 m.

---

[1]) Zum Unterschied gegen die technische Krafteinheit werden das Massengramm und Massenkilogramm oft mit g* bzw. kg* bezeichnet.

[2]) Die Teilung bzw. Vervielfältigung wird zum Teil durch Vorsilben angegeben; es bedeuten:

mikro	[μ ...]	das 10^{-6}	fache,	deka	[deka ...]	das 10	fache
milli	[m ...]	„ 10^{-3}	„	hekto	[h ...]	„ 10^2	„
centi	[c ...]	„ 10^{-2}	„	kilo	[k ...]	„ 10^3	„
dezi	[d ...]	„ 10^{-1}	„	mega	[M ...]	„ 10^6	„

2. Fläche.

Die Einheit ist das Quadrat über der Längeneinheit, im absoluten Maßsystem also das Quadratzentimeter [cm^2]. Im technischen Maßsystem sind folgende Flächenmaße am häufigsten angewandt

$1\ m^2 = 100\ dm^2$ zu $100\ cm^2$

$1\ mm^2 = \frac{1}{100}\ cm^2$

$1\ km^2 = 10^6\ m^2 = 100$ ha

1 ha (Hektar) = 100 a (Ar) zu $100\ m^2$

1 sq. in. (Quadratzoll) = 6,4516 cm^2 (engl.)

1 sq. ft. (Quadratfuß) = 0,0929 m^2 (engl.).

3. Raum.

Als Einheit gilt der Würfel mit der Längeneinheit als Kante, im absoluten System also das Kubikzentimeter [cm^3]. Die wichtigsten Raummaße sind

1 m^3 (Kubikmeter) = 1000 dm^3 (Kubikdezimeter, Liter, l) zu je 1000 cm^3

1 mm^3 (Kubikmillimeter) = $\frac{1}{1000}\ cm^3$

1 hl (Hektoliter) = 100 l

1 cu. in. (Kubikzoll) = 16,3866 cm^3 (engl.)

1 cu. ft. (Kubikfuß) = 28,317 dm^3 (engl.).

4. Masse.

Die absolute Masseneinheit ist das Gramm [g] oder [g*]. 1 g ist der tausendste Teil des in Paris aufbewahrten Kilogramm-Prototyps, der ungefähr gleich ist der Masse eines dm^3 Wasser von 4^0 C bei einem Druck von 760 mm Quecksilbersäule (genau gleich 0,999974 kg).

Die technische Einheit (1 kg = 1000 g) der Masse ist diejenige, welche von der Kraft 1 kg die Beschleunigung 1 m/s^2 erhält. Ihre Dimension ist $\frac{kg \cdot s^2}{m}$.

Da das absolute Massenkilogramm durch sein Gewicht (1 kg im technischen Maßsystem) die Beschleunigung 9,80665 m/s^2 erfährt, ist nach der Newtonschen Grundgleichung

Kraft = Masse × Beschleunigung

im technischen System

1 kg = Masseneinheit × 9,80665,

oder die Masseneinheit = $\frac{1\ kg}{9{,}80665}$.

Diese technische Masseneinheit, die also 9,80665 mal kleiner ist, als die Masse des Kilogramm-Prototyps, hat keinen Namen. Sie dient dennoch in der Technik allgemein als Maß, indem die Masse eines Gewichtes G [kg] durch den Ausdruck G/g dargestellt wird ($g = 9{,}80665\ m/s^2$).

5. Zeit.

Die absolute Zeiteinheit ist die Sekunde [s]. Sie ist definiert als der 86400. Teil des mittleren Sonnentages.

Technisch ist gebräuchlich

1 Tag = 24 Stunden [h]
1 h = 60 Minuten [min]
1 min = 60 Sekunden [s].

Der Sterntag, (die Zeit zwischen 2 aufeinanderfolgenden Kulminationen eines Fixsternes) ist um 3,932 min kürzer als der mittlere Tag.

6. Geschwindigkeit.

Die Einheit der Geschwindigkeit ist die in der Zeiteinheit zurückgelegte Wegstrecke von der Länge eins.

Die absolute Einheit ist 1 cm/s. Technisch verwendet man

1 m/s = 100 cm/s
1 km/h = 0,2778 m/s
1 Seemeile/h = 1852 m/h = 1 Knoten
1 ft. per min. = 0,00508 m/s.

7. Beschleunigung.

Die Einheit der Beschleunigung ist die Änderung der Geschwindigkeit um ihren Einheitsbetrag in der Zeiteinheit.

Die absolute Einheit der Beschleunigung ist die Geschwindigkeitszunahme von 1 cm/s in einer Sekunde; ihre Dimension ist cm/s^2.

Technisch verwendet man nach Bedarf größere oder kleinere Einheiten, meistens m/s^2.

8. Kraft.

Die Kraft ist durch die Newtonsche Grundgleichung der Dynamik definiert zu

$$\text{Kraft} = \text{Masse} \times \text{Beschleunigung}$$
$$k = m \cdot b.$$

Die absolute Einheit der Kraft ist das Dyn. 1 Dyn ist die Kraft, die 1 g* Masse die Beschleunigung von 1 cm/s^2, oder einem ruhenden g* Masse die Geschwindigkeit 1 cm/s erteilt, wenn sie 1 Sekunde lang wirksam ist. Durch das kg-Gewicht des technischen Maßsystems ausgedrückt ist 1 Dyn $= 1{,}0197 \cdot 10^{-6}$ kg.

Die technische Krafteinheit ist das Kilogramm [kg], d. h. die Kraft, die das kg-prototype in Paris auf seine Unterlage ausübt.

1 kg = 1000 g (= 980665 Dyn)
1 Tonne [t] = 1000 kg
1 pound [lb] = 0,4536 kg (engl.)
1 ton = 1016,04 kg (engl.).

Das Gewicht eines Körpers ist von derselben Dimension wie die Kraft und ist gleich dem Produkt aus der Masse und der Beschleunigung durch die Schwere.

9. Arbeit, Energie, Wärmemenge.

Die absolute Einheit der Arbeit ist das Erg. 1 Erg. wird geleistet, wenn die Kraft von 1 Dyn ihren Angriffspunkt in ihrer Richtung um 1 cm verschiebt. Die technische Einheit ist das Meterkilogramm [mkg]. Es ist die Arbeit, die nötig ist, 1 kg gegen die Anziehungskraft der Erde um 1 m zu heben, vor und nach der Bewegung Ruhezustand vorausgesetzt.

1 Erg = 1,02 $\cdot 10^{-8}$ mkg
1 Joule = 10^7 Erg = 0,102 mkg
1 mkg = 9,80665 $\cdot 10^7$ Erg = 9,80665 Joule
1 Joule = 1 Wattsec.
1 Wattstunde (Wh) = 3600 Wattsec.
1 kWh = 1000 Wattstd. = 367000 mkg
1 PS-st = 270000 mkg = 0,736 kWh
1 footpound = 0,13825 mkg.

Die **Wärme** ist eine Arbeit und wird in Kalorien gemessen. Die physikalische Einheit ist die Grammkalorie [cal], d. h. diejenige Wärmemenge, die nötig ist, um 1 g* Wasser von 14,5^0 C auf 15,5^0 C zu erwärmen. In der Technik verwendet man die Kilokalorie [kcal].

1 kcal = 1000 cal
1 kcal = 427 mkg (mech. Wärmeäquivalent)
1 Erg = 2,3887 $\cdot 10^{-8}$ cal
1 Joule = 0,23887 cal = 0,102 mkg
1 mkg = 2,342 cal
1 cal = 4,184 Joule = 0,42 mkg = 4,186 $\cdot 10^7$ Erg
1 PS–st = 632,5 kcal
1 kWh = 860 kcal
1 B.T.U. = 0,252 kcal (British Thermal Unit)
1 B. T. U. per lb. = 0,555 kcal/kg (Wärmeinhalt)
1 B. T. U. per cu.ft. = 8,899 kcal/m^3 (Wärmeinhalt).

10. Leistung.

Die Leistung oder der Effekt ist die in der Zeiteinheit geleistete Arbeit. Die absolute Maßeinheit ist 1 Erg/s; sie wird geleistet, wenn die Kraft eines Dyn ihren Angriffspunkt in 1 s in ihrer Richtung um 1 cm verschiebt.

In der technischen Praxis verwendet man verschiedene Einheiten

1 Joule/s = 10^7 Erg/s = 1 Watt
1 PS = 75 mkg/s = 736 Watt
1 mkg/s = 9,81 Watt = 9,81 Joule/s
1 kW = 1000 Watt = 10^{10} Erg/s
1 kW = 1,36 PS = 102 mkg/s
1 HP (horsepower) engl. = 76,04 mkg/s = 1,0139 PS = 746 Watt.

11. Temperatur.

Die Temperatur kennzeichnet die Intensität der Wärmeschwingung eines Körpers. Die Darstellung der Temperatur durch die drei Grundeinheiten der Maßsysteme ist mangels ausreichender theoretischer Erkenntnis der Strahlungsgesetze zurzeit nicht möglich. Es ist deshalb nötig, für die Temperatur eine selbständige Einheit anzunehmen. Eine solche wurde einwandfrei auf der Grundlage der thermodynamischen Skala geschaffen.[1]) Diese Temperaturskala ist dadurch definiert, daß im Carnotschen Kreisprozeß (Abführung von Q_1 kcal bei T_1^0 während isothermischer Kompression, anschließend adiabatische Kompression, Zuführung von Q_2 kcal bei T_2 während isothermischer Expansion, anschließend adiabatische Expansion bis auf T_1) das Temperaturverhältnis

$$\frac{T_1}{T_2} = \frac{Q_1}{Q_2}$$

ist. Durch den sogenannten Joule-Thomson-Effekt läßt sich die thermodynamische Skala theoretisch und experimentell in Verbindung bringen mit der Temperaturskala des Gasthermometers[2]), die — abgesehen von sehr tiefen Temperaturen — von der thermodynamischen nur wenig abweicht und am genauesten ermittelt werden kann.

Eine identische Definition der thermodynamischen Skala ist diejenige, daß für ein vollkommenes Gas direkte Proportionalität zwischen Temperatur und Volumen bei gleichbleibendem Druck sowie zwischen Temperatur und Druck bei gleichem Volumen besteht. Die Änderung beträgt für 1^0 (s. u.)

[1]) u. [2]) Vgl. u. a. Henning, Temperaturmessung, Verl. Vieweg u. S.

rund $\frac{1}{273,2}$ des Druckes bzw. Volumens beim Gefrierpunkt des Wassers.

Die thermodynamische Skala wird zwischen dem Eispunkt und Siedepunkt des Wassers bei einem Normaldruck von 760 mm Quecksilbersäule von 0^0 C in 100 Teile geteilt und beginnt mit dem absoluten Nullpunkt, bei dem ein ideales Gas das Volumen 0 haben würde. Vom absoluten Nullpunkt an zählt die absolute Temperatur, und zwar ergibt sich für die 100teilige thermodynamische Skala

absoluter Nullpunkt ....$T = 0^0$ abs.
Gefrierpunkt des Wassers ....$T = 273{,}2^0$ abs.
Siedepunkt des Wassers ......$T = 373{,}2^0$ abs.

Die Temperatureinheit heißt Grad und wird mit ^{0} bezeichnet, meist mit dem Zusatz abs. oder K (Kelvin).

In der Celsius-Skala, die heute in der Technik allgemein gebräuchlich ist, wird der Gefrierpunkt des Wassers mit 0^0 bezeichnet, so daß sich ergibt

absoluter Nullpunkt ....$t = -273{,}2^0$
Gefrierpunkt des Wassers ....$t = 0^0$
Siedepunkt des Wassers ......$t = +100^0$.

Auch die Ausdehnung fester und flüssiger Körper erfolgt mit sehr guter Annäherung in linearer Abhängigkeit von der Temperaturskala, so daß auch die technischen Thermometer lineare Skalen besitzen.

Eine der thermodynamischen möglichst nahekommende Temperaturskala, die durch eine Reihe unveränderlicher Fixpunkte bestimmt wird, hat die physikalisch Technische Reichsanstalt in den Angaben geeichter Platinwiderstandsthermometer als Normalskala für die Eichung von Thermometern eingeführt.

Außer der Einheit der 100teiligen Celsiusskala [^{0}] existiert noch die bei uns nicht mehr gebrauchte 80teilige Réaumurskala und die in England und Amerika übliche Fahrenheitskala (Eispunkt = 32^0 F, Siedepunkt 212^0 F). Vgl. Tab. 51.

$$\text{Temp. Celsius} = 5/4 \times \text{Temp. Réaumur}$$
$$= 5/9 \times [\text{Temp. Fahrenheit} - 32].$$

Für die absolute Temperatur T, in t^0 Celsius ausgedrückt, gilt
$$T = 273 + t.$$

12. Der Druck.

Der Druck ist definiert als Quotient aus einer gleichmäßig über eine Fläche verteilten, rechtwinklig zu ihr wirkenden Kraft und der Fläche selbst. Die absolute Einheit des Druckes ist die Wirkung eines Dyns auf 1 cm^2; sie führt keinen Namen.

Praktisch wird der Druck gemessen durch die Höhe einer Flüssigkeitssäule, welche ihm das Gleichgewicht hält.

Den Druck von 760 mm Quecksilbersäule von 0^0 C bezeichnet man als physikalische Atmosphäre [Atm.]. Als technische Atmosphäre gilt der Druck von 1 kg auf 1 cm^2 oder von 735,5 mm QS von 0^0.

1 Atm. = $1{,}013250 \cdot 10^6$ Dyn/cm^2 = 1,0332 kg/cm^2 (physik. Atm.)

1 at = 735,52 mm Q.S. = 1 kg/cm^2....(techn. Atm.)

1 kg/cm^2 = 10 m Wassersäule (von 4^0)

= $0{,}980665 \cdot 10^6$ Dyn/cm^2

1 mm Q.S. = 13,6 mm W.S.

1 lb per sq. in. = 0,0703 kg/cm^2.

1 lb per sq. ft. = 4,88 mm W.S.

13. Das spezifische Gewicht.

Das spezifische Gewicht ist das Gewicht der Raumeinheit eines Körpers. Es wird ausgedrückt in g/cm^3, kg/dm^3 oder kg/m^3. Die ersten beiden Maße geben zugleich wieder, wieviel mal der Körper schwerer ist, als das gleiche Volumen Wasser von 4^0. Bei porösen Körpern unterscheidet man vom spezifischen Gewicht, das sich auf die feste Substanz des Körpers bezieht, das Raumgewicht. Dieses stellt das mittlere spezifische Gewicht des Körpers in seinem gegenwärtigen Zustande einschließlich der Poren und eventuell darin enthaltener Feuchtigkeit dar. Die Dichte [d] ist die Masse der Volumen-Einheit oder der Quotient aus Masse [m] und Volumen [V].

14. Wärmeleitzahl.

Unter der Wärmeleitzahl eines Körpers versteht man diejenige physikalische Konstante, die angibt, welche Wärmemenge durch einen Würfel von der Kantenlänge 1 in der Zeiteinheit bei dem Temperaturgefälle 1 parallel hindurchströmt. Ihre Dimension beträgt $\frac{\text{kcal.}}{\text{m h}^0}$.

Im englischen Maßsystem sind zwei Ausdrücke gebräuchlich, eine ältere, sogen. Commercial conductivity, die sich auf eine Schichtstärke von 1 Zoll und eine neuere amerikanische, die sich auf eine 1 Fuß dicke Schicht bezieht.

Wärmeleitzahl (Handelseinheit)

$$1 \frac{\text{BTU-Zoll}}{\text{Quadratfuß} \cdot \text{h} \cdot {}^0\text{F}} = 0{,}124 \frac{\text{kcal}}{\text{m h}^0}$$

Wärmeleitzahl (neue, amerik.)..$1 \frac{\text{BTU}}{\text{Fuß} \cdot \text{h} \cdot {}^0\text{F}} = 1{,}49 \frac{\text{kcal}}{\text{m h}^0}$.

Elektrische Einheiten.

15. Elektrizitätsmenge.

Die Einheit der Elektrizitätsmenge ist das Coulomb, auch Amperesekunde genannt; es ist die Elektrizitätsmenge, die der Einheitsstrom von 1 Ampere in 1 s transportiert.

1 Coulomb = 1 Amp · 1 s.

Eine Amperestunde ist daher gleich $60 \times 60 = 3600$ Coulomb.

Die sogenannte elektrostatische Einheit ist die Elektrizitätsmenge, die auf eine gleichgroße Menge im Vakuum in 1 cm Entfernung eine Kraft von 1 Dyn ausübt.

1 Coulomb = 0,1 [$cm^{1/2} g^{1/2}$] = $3{,}00 \cdot 10^9$ elektrostatische Einheiten.

16. Stromstärke.

Die Einheit der Stromstärke ist das Ampere. 1 Ampere wird dargestellt durch den unveränderlichen Strom J, der beim Durchgang durch eine wässerige Lösung von Silbernitrat in 1 s 1,118 mg Silber niederschlägt. 10 Ampere sind praktisch gleich 1 absoluten Einheit von der Dimension [$cm^{1/2} g^{1/2} s^{-1}$]

1 Amp = 1 Coulomb/s.

17. Widerstand.

Die Einheit des elektrischen Widerstandes ist das Ohm. 1 (internationales) Ohm wird dargestellt durch den Widerstand einer Quecksilbersäule von 0^0 und 1 mm^2 Querschnitt, deren Masse bei 106,28 cm Länge 14,4521 g beträgt. In dieser entwickelt der Strom von 1 Amp. den Wärmeeffekt von 1 Watt (vgl. Abs. 10). 1 Ohm ist sehr nahe 10^9 [cm/s].

18. Spannung.

Das Volt ist die Einheit der elektromotorischen Kraft [EMK] oder Spannung und wird dargestellt durch die elektromotorische Kraft, welche in einem Leiter von 1 Ohm Widerstand den Strom 1 Amp. erzeugt.

1 Volt = 10^8 [$cm^{3/2} g^{1/2} s^{-2}$].

Bei 1 Volt hat der Strom 1 Amp. die Leistung 1 Joule/s = 1 Watt. Folglich ist

$$\text{Volt} = \frac{\text{Watt}}{\text{Amp}}$$

oder

$$\text{Watt} = \text{Volt} \cdot \text{Amp}.$$

19. Kapazität.

Die Einheit der Kapazität besitzt ein Leiter, der die Elektrizitätsmenge 1 enthält, wenn er zum Potential (Spannung) 1 oder von der EMK 1 geladen ist, während die Leiter der Umgebung das Potential 0 haben.

Die Kapazität eines Kondensators, der durch 1 Coulomb auf 1 Volt geladen wird, heißt 1 Farad (von Faraday). In der Technik rechnet man mit Mikro-Farad. $1\,\mu F = 10^{-6}$ Farad.

TABELLE 2.

Wärmeleitzahlen von Metallen und Legierungen

in kcal/mh°.

Stoff	Temp. in °C	Wärmeleitzahl λ in kcal/mh°	Beobachter
Aluminium, käuflich . . .	— 252	136	Schott
	— 188	164	Eucken
	0	168	
99%; γ = 2,70[1])	— 160	185	Lees
	18	182	
	100	178	Angell
	200	200	
	300	235	
	400	275	„
	500	315	
	600	360	
Aluminiumlegierungen			
Amerik. Legierung 8% *Cu*	30	112	Czochralski
	70	115	
Deutsche Legierung . . .	30	126	
10% *Zn*, 2% *Cu* . . .	70	130	„
Silumin 11—14% *Si* . . .	30	140	
	70	144	
Skleron-Metall	30	88	
	70	97	
Antimon.	— 190	21,2	Eucken und Gehlhoff
	— 79	16	
	0	13,7	
elektrolyt.	— 190	38,4	Gehlhoff und Neumeier
	— 77	22,4	
	0	19,5	
	100	18,6	
aus Pulver gepreßt . . .	— 80	11,8	„
	0	10,4	
	100	9,0	
	200	13,7	
	300	14,4	Konno
	400	15,6	
	500	17,3	„
	600	20,5	
Antimon-Cadmium, 50% *Sb*, 50% *Cd*	— 190	4,6	Eucken und Gehlhoff
	— 79	2,3	
	— 0	1,9	
Antimon-Wismut, 50% *Sb*, 50% *Bi*	— 190	6,3	Gehlhoff und Neumeier
elektrolyt. dargest. . . .	— 77	6,4	
sehr rein	0	7,1	
„ „	+ 100	8,3	
Blei, rein, γ = 11,29	— 160	33	Lees
	— 18	29	
	0	29,5	Lorenz

[1]) γ bedeutet das spez. Gewicht in gr/cm^3.

ZU TABELLE 2.

Wärmeleitzahlen von Metallen und Legierungen
in kcal/mh⁰.

Stoff	Temp. in ⁰C	Wärme-leitzahl λ in kcal/mh⁰	Beobachter
Blei, rein, $\gamma = 11{,}29$	100	27,5	Lorenz
	200	27,6	Konno
flüssig	400	13,7	
	700	13,0	
Cadmium, gereinigt	— 253	202	Schott
	— 251	144	Eucken
	— 186	89,0	
	0	81,0	
rein („Kahlbaum"). . . .	— 253	160	„
	— 251	157	
	— 186	88,0	
	0	84,0	
	— 190	106	Eucken und Gehlhoff
	— 79	87,5	
	0	88,0	
Cadmium, $\gamma = 8{,}64$	— 170	86,5	Lees
	18	78,0	
	0	80,0	H. F. Weber
	0	79,5	Lorenz
	100	73,5	
rein	18	79,5	Jaeger und Diesselhorst
	100	77,5	
Eisen,			
Gußeisen			
$\gamma = 6{,}85$	8	42	Beglinger
$\gamma = 7{,}28$	30	53,6	Hall u. Eyres
schmiedbares Eisen			
Schwedisches „ . . .	0	48,2	Honda und Simuda
	100	47	
	200	44,5	
	400	38	„
	600	31,4	
	900	28,2	
Schweißeisen			
$\gamma = 7{,}74$	0	79	Forbes
	100	56	
	200	49	
	275	45	
Stahl			
Kohlenstoffstahl			
mit 1 % C			
$\gamma = 7{,}84$	— 160	41	Lees
	18	41,5	
	100	39	Diesselhorst
Blechpakete für elektr. Maschinen und Transformatoren			
Pakete aus gewöhnlichen Blechen, lack., senkr. zur Fläche	20	0,49	Taylor

ZU TABELLE 2.

Wärmeleitzahlen von Metallen und Legierungen

in kcal/mh°.

Stoff	Temp. in ° C	Wärmeleitzahl λ in kcal/mh°	Beobachter
Eisen,			
Pakete aus gewöhnlichen Blechen, lackiert und asphaltiert, senkr. z. Fläche	20	1,70	Taylor
unlackiert, parallel zur Fläche	40	36,5	
„ senkrecht zur Fläche	40	0,53	„
„ asphaltiert, senkrecht zur Fläche	40	2,29	
Pakete aus gewöhnlichen Blechen (0,5 mm stark mit 0,05 mm dickem Papierbelag, einseitig):			
Blechoberfläche glatt, senkrecht zur Fläche . .		0,9	Ott
Blechoberfläche etwas rauh, parallel zur Fläche . . .	60	49,3	
senkrecht zur Fläche . .			
0,5 at Flächendruck .	50	0,432	„
3,5 at „ „ .	50	0,468	
Pakete aus legiert. Blechen (Siliziumblechen):			
lackiert senkr. zur Fläche	60	0,457	Taylor
lackiert und asphaltiert senkrecht zur Fläche .	60	1,67	
unlack., parallel zur Fläche	40	14,2	„
unlack, senkr. zur Fläche	20	0,483	
unlackiert, asphaltiert senkrecht zur Fläche . .	20	1,51	
Bessemerstahl $\gamma = 7{,}87$	8	35,5	Beglinger
	15	34,7	Kirchhoff und Hansemann
Martinstahl $\gamma = 7{,}87$	8	41	Beglinger
Puddelstahl	15	52	Kirchhoff und Hansemann
Thomasstahl $\gamma = 7{,}92$	8	44,5	Beglinger
Tiegelgußstahl $\gamma = 7{,}9$	8	49	„
Eisenlegierungen:			
Chromstahl a) langs. von 900° C gekühlt b) schnell von 1100° C gekühlt		a b	
Chromgehalt: 0 % . .	30	36 35,3	Matushita
0,5 % . .	30	35,6 32	

ZU TABELLE 2.

Wärmeleitzahlen von Metallen und Legierungen

in kcal/mh°.

Stoff	Temp. in ° C	Wärmeleitzahl λ in kcal/mh°		Beobachter
Chromstahl		a	b	
Chromgehalt: 1 % . .	30	34,6	31,7	Matushita
2 % . .	30	34,2	31,4	
3 % . .	30	32	20,5	
5 % . .	30	26,3	15,8	„
10 % . .	30	18,7		
13 % . .	30		11,9	
15 % . .	30	15,8		
20 % . .	30	15,5		
Manganstahl 10 % *Mn*		10,8		Schulze
Nickelstahl				
Nickelgehalt: 0 % . .	30	36		Honda und Jakob
5 % . .	30	25		
10 % . .	30	22		
20 % . .	30	14		
30 % . .	30	11		
40 % . .	30	9		
50 % . .	30	11		„
60 % . .	30	14		
75 % . .	30	22		
85 % . .	30	25		
95 % . .	30	29		
Gold	— 252,8	1300		Meißner
	— 183	277		
sehr rein, 0,001 %	0	268		
Verunreinigungen	100	266		
	200	266		
Gold, rein	10—97	269		Gray
	18	252		Jaeger und Diesselhorst
	100	252		
Gold-Platin				
40 *Au* + 60 *Pt*	25	22,4		Schulze
10 *Au* + 90 *Pt*	25	65,3		
Kalium	5	84,2		Hornbeck
	21	83,8		
	58	78,0		
Kobalt, mit 0,24 % *C* + 1,4 *Fe* + 1,1 *Ni* + 0,14 *Si*	30	59,6		Honda
Kupfer, elektrolyt. dargest., besonders rein	— 253	1620		Meißner
	— 183	310		
	0	338		
	100	337		„
	200	337		
elektrolyt. dargest., sehr rein	— 253	1480		
	— 183	365		

ZU TABELLE 2.

Wärmeleitzahlen von Metallen und Legierungen

in kcal/mh⁰.

Stoff	Temp. in ⁰ C	Wärme-leitzahl λ in kcal/mh⁰	Beobachter
Kupfer, elektrolyt. dargest., sehr rein	0	332	Meißner
	100	332	
	200	332	
natürlicher Kristall	— 253	10400	Schott
	— 200	702	Eucken
	— 190	510	
	0	352	
gewöhnlich, technisch	— 251	1130	„
	— 188	408	
	— 77	346	
	0	340	
rein, $\gamma = 8{,}84$	— 160	390	Lees
	18	330	
rein, $\gamma = 8{,}92$	18	336	Grüneisen
m. Spuren *As* $\gamma = 8{,}72$	18	122	
rein	18	321	Jaeger und Diesselhorst
	100	315	
	20	336	Schaufelberger
elektrolyt, rein	30	326	Pfleiderer
Kupfer mit groben Verunreinigungen	20	122	Gray
Kupferlegierungen			
Bronze: 85,7 *Cu* + 7,15 *Zn* + 6,39 *Sn* + 0,58 *Ni*	18	51	Jaeger und Diesselhorst
	100	61	
Kupfer-Nickel, Constantan 60 *Cu* + 40 *Ni*	18	18,4	Jaeger und Diesselhorst
	100	23,0	
54 *Cu* + 46 *Ni*; $\gamma = 8{,}89$	18	17,4	Grüneisen
Kupfer-Phosphor, mit 0,63 % *P*	30	90,0	Pfleiderer
mit 1,98 % *P*	30	45,0	
Kupfer-Zink. Messing rot	0	89,0	Lorenz
	100	100,0	
gelb	0	73,0	
	100	92,0	
	17	97,0	Lees
	24	91,0	Eumorfopoulos
Messing mit über 80 % *Cu*, sogen. Tombak	18	104	
Lithium	— 203	740	Meißner
	— 183	295	
	0	255	
	102	260	
Lipowitzsche Legier., $\gamma = 9{,}66$	— 160	14,7	Lees
	18	16,0	
Magnesium	0	135	Lorenz
	100	135	

ZU TABELLE 2.

Wärmeleitzahlen von Metallen und Legierungen

in kcal/mh⁰.

Stoff	Temp. in ⁰C	Wärmeleitzahl λ in kcal/mh⁰	Beobachter
Manganin, $\gamma = 8{,}42$	— 160	12,0	Lorenz
	18	19,0	Jaeger und Diesselhorst
	100	23,0	
Natrium	6	115	Hornbeck
	22	114	
	42	110	
	62	108	
	89	104	
Neusilber	0	25,0	Lorenz
	100	32,0	
$\gamma = 8{,}665$	— 160	15,0	Lees
	18	21,5	
Nickel, 96,8 proz.	0	47,5	Honda und Simidu
	100	47,5	
	200	47,0	
	400	42,5	
	600	47,0	
	900	51,1	
Nickelstahl, Kruppscher . . .	29	10,5	Jakob
$\gamma = 8{,}125$	71	11,0	
Palladium, rein	18	00,5	Jaeger und Diesselhorst
	100	65,5	
Platin, sehr rein	— 253	335	Meißner
	— 183	65,5	
	0	60,2	
	100	60,2	
	200	60,2	
rein	18	60,0	Jaeger und Diesselhorst
	100	62,2	
Platin-Silber, 30 *Pt* + 70 *Ag* .	25	26,5	Schulze
10 *Pt* + 90 *Ag* .	25	85,0	
Quecksilber, fest	— 270	144	Onnes und Holst
	— 269	97,0	
	— 193	42,0	Gehlhoff und Neumeier
	— 116	33,5	
	— 79	28,0	
	— 45	24,0	
flüssig	— 38	7,9	
	— 21	8,4	„
	0	8,9	
	50	10,7	
	100	12,5	
	150	13,8	
	16	7,2	Nettleton
	17	7,1	R. Weber
	50	6,4	Ångström
Rotguß, 85,7 *Cu* + 7,15 *Zn*	18	51	Jaeger und Diesselhorst
+ 6,39 *Sn* + 0,58 *Ni* . .	100	61	
Silber, 99,90 proz., $\gamma = 10{,}47$.	— 160	360	Lees
	18	350	
	0	365	H. F. Weber

ZU TABELLE 2.

Wärmeleitzahlen von Metallen und Legierungen

in kcal/mh⁰.

Stoff	Temp. in ⁰C	Wärmeleitzahl λ in kcal/mh⁰	Beobachter
Tantal.	1427	62,8	Worthing
	1827	71,3	
Wismut, elektrolyt. dargestellt,	— 190	22,4	Gehlhoff und
gegossen, sehr rein .	— 77	9,3	Neumeier
	0	8,8	
	100	8,3	
aus Pulver gepreßt, sehr rein; γ um 1 % kleiner als von gegossenem *Bi*. . . .	— 190	18,0	"
	0	7,0	
	100	4,4	
rein	— 186	20,0	Giebe
	— 79	9,0	
	18	6,9	
	0	6,4	Lorenz
	100	5,9	
	200	6,1	Konno
flüssig	400	13,3	
	700	13,3	
Wismut-Zinn, 75 *Bi* + 25 *Sn*	13	8,3	Wiedemann u.
50 *Bi* + 50 *Sn*	13	20,0	Franz
25 *Bi* + 72 *Sn*	13	37,0	
Lipowitzmetall, 50 *Bi* + 25 *Pb* + 14 *Sn* + 11 *Cd*, γ = 9,66; Schmelzpunkt 65⁰	— 160	15,1	Lees
	18	15,8	
Roses Metall, 33¹/₃ *Bi* + 33¹/₃ *Pb* + 33¹/₃ *Sn*	13	14,4	Wiedemann u. Franz
Woodmetall, 48 *Bi* + 26 *Pb* + 13 *Sn* + 13 *Cd*	7	11,5	H. F. Weber
Wolfram.	0	138	S. Weber
	1227	84,0	Worthing
Zink, rein γ = 7,10	— 170	100	Lees
	18	97,0	
	0	97,0	Konno
	100	95,0	
	300	88,0	
flüssig	700	48,5	
Zink-Zinn, 70 Vol. *Zn* + 30 Vol. *Sn*	44	80,5	Schulze
8,9 Vol. *Zn* + 91,1 Vol. *Sn*	44	56,5	
Zinn, rein γ = 7,28	— 170	70,0	Lees
	18	56,5	
	0	57,0	Konno
	200	51,5	
flüssig	300	28,8	
	600	27,7	

TABELLE 3.

Wärmeleitzahlen fester Stoffe.

(Ausgenommen Metalle und Legierungen.)

Material	Raumgewicht in kg/m³	Temperatur in ° C	Wärmeleitf. in kcal/mh°	Beobachter
Aluminiumoxyd (gepr. Pulver)	1840	47	0,583	Kresta
Amygdaloid		22—83	1,22	Peirce
Anhydrit (Jura)		0	4,43	R. Weber
Asbeste:				
Asbest, weiße, flock. Fasern .	57	15	0,054	Biquard 1912
Asbest, flockig	72	78,5	0,0794	Desvignes
Asbest, ausgeglüht		10—200	0,0391	Randolph
sehr leicht, doch noch fest	116	10—300	0,0576	
		10—400	0,0684	
Asbestwolle	200	10—500	0,0782	
Asbestfasern, weiß, m. Säure behand.	201	10—500	0,0705	
Asbest, lufth., 350° Höchst-		100	0,122	Skinner
temperatur „aircell" . . .	232	200	0,155	
		300	0,18	
Asbest, porös (300°) „aircell"	250	10—100	0,0795	Randolph
		10—200	0,0852	
		10—300	0,0957	
Asbestfaser, weiß, b. 350° C getrockn.	279	10—500	0,0705	
Asbest, lange Fasern, b. 350° getrockn.	203	10—500	0,0619	
Asbest, lose gepackt	383	0	0,096	Gröber 1910 (Kugel)
		50	0,099	
		100	0,102	
	470	—200	0,072	
		—150	0,102	
		—100	0,117	
		— 50	0,127	„
		0	0,132	
		50	0,137	
		100	0,139	
Asbest, feuerbehand., reine	575	10—100	0,0707	Randolph
lange Asbestfasern b. 500°		10—300	0,0692	
12 St. l. getr.		10—500	0,0704	
Asbest, rein trocken, lose, bei		0	0,130	Nußelt 1908 (Kugel)
hoher Temper. entfärbt .	576	100	0,167	
		200	0,180	
		300	0,186	
		400	0,192	
		500	0,198	
		600	0,204	
Asbest (andere Probe)	579	0	0,171	Gröber 1910 (Kugel)
		50	0,177	
		100	0,182	
		150	0,187	
		200	0,190	
Asbest, Handpackung, hart .	702	—200	0,136	„
		—150	0,182	
		—100	0,189	

ZU TABELLE 3.

Wärmeleitzahlen fester Stoffe.

(Ausgenommen Metalle und Legierungen.)

Material	Raumgewicht in kg/m³	Temperatur in ° C	Wärmeleitf. in kcal/mh°	Beobachter
Asbest, Handpackung, hart .	702	— 50 0 50 100	0,195 0,201 0,207 0,213	Gröber 1910 (Kugel)
Asbest, gepreßt	1240	15	0,220	Biquard
Asbest, gezupft	540	50 250	0,125 0,133	Knoblauch, Raisch, Reiher
Asbestfabrikate:				
Asbestpappe, gewellt, mit Luftzellen, 12,7 mm	140	30	0,054	Bur. of St.
Dieselbe 25,4 mm stark . . .	140	30	0,0612	
Dieselbe 25,4 „ „ . . .	327		0,0532-0,0594	Willard und Lichty
Asbestpappe, eben u. gew., Luftzellen, 86 mm tief längs des Rohres, J. M. m. Luftzellen f. Mitteldruckrohre	172,8	70	0,0889	McMillan
Asbestpappe, Wellen der Länge nach, Lagen von eben. Wollfilz, Carey Duplex, Niederdruck- u. Heißwasser-Rohrschutz	208	70	0,0787	„
Asbestwellpappe	260	15	0,072	Biquard
Asbestpappe, gewellt, Wellungen 3,2 mm tief, der Länge n. auf d. Rohr laufend, f. Mittel- u. Niederdruckdampfrohre „Carey Carocel“	344,5	70	0,0668	McMillan, veröffentl. i. A. S.R.E. Jan. 1916. Rohrt. 190° Raumt. 27°
Dasselbe, Wellungen etwa 3 mm		50 100 200	0,0608 0,0695 0,0868	Heilmann
Asbestpappe mit organischen Bindern a. dünnen Lagen hergestellt	500	30	0,0612	Bur. of St.
Asbestpappe			0,1549	Lees u. Chorlton
Asbestpappe, je Lage 0,6 mm stark, Gesamtst. 7,8 mm .	980	20 22—100	0,1242 0,135	Taylor
Asbestpappe, je Lage 0,9 mm stark, Gesamtst. 9 mm . .	1930	20 20—80	0,240 0,247	
Asbestfilz, feuerfest, dicht, biegsam	420	30	0,0738	Bur. of St.
Asbestfilz, schwer, Carey, gekerbt, Lagen m. Einkerbungen, für Hochdruckdampfrohre	635	70	0,0845	

ZU TABELLE 3.

Wärmeleitzahlen fester Stoffe.

(Ausgenommen Metalle und Legierungen.)

Material	Raumgewicht in kg/m³	Temperatur in °C	Wärmeleitf. in kcal/mh°	Beobachter
Asbestfilz, feuerf. Platte mit Zement überkl., starr . .	680	30	0,0792	Bur. of St.
Asbest in Blöcken mit Gips, sehr porös, Insulex . . .	290	30	0,0698	
Dasselbe, dichter	470	30	0,111	
Asbest, Vitribest. Höchsttemp. 600°	362	100	0,176	
		200	0,238	Skinner
		300	0,285	
		400	0,324	
		500	0,367	
Asbestschwamm, verfilzt, Asbestpapierlagen, 41 Lagen auf 25 mm St. für Hochdruckdampf, bei 150° C .		10—100	0,0337	
getrocknet		10—200	0,0390	Randolph
Dasselbe, ohne Trocknung . .	380	70	0,058	McMillan
Tafelasbest, 60 Lagen zu je 0,4 mm, insgesamt 28 mm .	773,5		0,0335–0,0384	Willard und Lichty
Asbestisolierung „Multiply", aufeinandergelegtes geripptes Asbestpapier		50	0,0434	
		100	0,0502	Heilmann
		200	0,0645	
Dasselbe		50	0,0585	
		100	0,0639	Mc Millan
		200	0,0756	
Asbestisolierung „Sponge felt", aufeinandergelegte Asbestschichten u. feinstes poröses Material		50	0,049	Heilmann
		100	0,0544	
		200	0,0645	
Dasselbe		50	0,0508	Mc Millan
		100	0,0558	
		200	0,0756	
Dasselbe	300	70	0,058	
Asbest, naß, Sall-Mo, lufthaltig, ähnlich J. M. lufthaltig	187	70	0,0994	McMillan
Asbest J. M., Rohrschutz, Lagen v. ebener u. gewellter Asbestpappe um das Rohr f. Mitteldruck (Wellen 3,2 mm tief).	193,5	70	0,0614	„
Asbestisolierung „Asbestocel" aus abwechselnden Schichten von ebenem und geripptem Asbestpapier, Rippen 4 mm tief um d. Rohr laufend	194	70	0,074	„

ZU TABELLE 3.

Wärmeleitzahlen fester Stoffe.

(Ausgenommen Metalle und Legierungen.)

Material	Raumgewicht in kg/m³	Temperatur in ° C	Wärmeleitf. in kcal/mh°	Beobachter
Asbestisolierung, wie vorstehend, Rippentiefe etw. 8 mm		50 100 200	0,0667 0,0844 0,114	Heilmann
Asbestisolierung „Aircell" aus glattem gerippten Asbestpapier, 8 mm Rippentiefe.		50 100 200	0,0695 0,0829 0,110	
Asbestisolierung „Pyre", aufeinandergelegte, festverbundene Schichten aus geripptem Asbestpapier. .		50 100 200	0,0543 0,0620 0,0763	„
Asbest und Magnesia, 85 % . (nicht scharf getr.) . . .	216	10—100 10—400 10—600	0,0583 0,0602 0,0714	Randolph
Derselbe			0,0575–0,162	Hutton-Blard
Asbest-Magnesia-Platte, 39 mm stark	216,3		0,0619–0,0644	Willard und Lichty
Asbestfasern, „Zenitherm", in Platten f. Kessel, hergest. 1917 bis 1920	260	30	0,0612	Bur. of St.
Asbest, Carey, aus 85 % Magnesia, Rohrschutz f. Hochdruckdampf	273	70	0,0676	Mc Millian
Asbest und Diatomeenerde, Nonpareil, Hoch-Druck, Rohrschutz f. Hochdruck und überhitzten Dampf. .	278	70	0,0673	„
Asbest u. Magnesia n. 1915 .	279	70	0,062	
Asbest u. Magnesia, 85 %, starr	310	30	0,063	Bur. of St.
Asbest, Lagen von Filz, mit Einkerb., J. M. gezackt .	338,2	70	0,0849	Mc Millan
Asbestmasse, Sall-Mo, aufgebläht, für Rohrschutz, schmale längliche Lufträume f. Hoch- u. Mitteldruckdampf	353	70	0,0742	„
Asbest, J. M. feuerfest, für überhitzte Dampfrohre . .	421,4		0,135	

ZU TABELLE 3.

Wärmeleitzahlen fester Stoffe.

(Ausgenommen Metalle und Legierungen.)

Material	Raumgewicht in kg/m³	Temperatur in °C	Wärmeleitf. in kcal/mh°	Beobachter
Asbestwaggonauskleidung Dicke Bez. Tats.				
1/8" 5,6 mm			0,0514	
1/4" 8,1 „	434		0,0576	Bur. of St.
3/8" 11 „			0,0612	1909
3/16" 7,3 „			0,0612	f. Sam. Cabot,
1/2" 13,8 „			0,0619	Boston
Asbest, J. M. Vitribest, verglast, mit Luftzellen, 6,4 mm tief, der Länge nach gewellt für überhitzten Dampf, Rauchrohr. usw.	474	70	0,1348	McMillan
Asbestf., J. M. zermahlen, Nieder- und Mitteldruck (and. feuerfest. Material beigemengt)	477	70	0,0964	„
Asbest, Zusammensetzung m. Diatomeenerde, gekörnt, Kork, Stroh und Binder, gem., i. losem Zustand, plast. Rohrverkleid., mit Wasser lagenweise aufzutragen	405	0 50 100 150 200	0,060 0,070 0,076 0,079 0,081	Nußelt 1908 (Kugel)
Dasselbe, mit Wasser verfestigt	690	150 220	0,10 0,12	
Asbest und Wollfilz, Niederdruck u. Heißwasserrohrschutz, J. M. Eurika . .	660	70	0,068	McMillan, veröffentl. i. A. S. R. E. Jan. 16
Asbest zum Schutz f. Hochdruckdampfrohre, J. M., 85 % Magnesia.	297,7	70	0,0682	Temp. Rohr 190° Raum 27°
Asbest und 85 % Magnesia, J. M. plast.	357,3	70	0,0727	
Asbestband, geflochten, 9,5 mm stark			0,0997–0,1398	Bacon
Dasselbe, tatsächl. Stärke 8,77 mm	894	22—80	0,142	Taylor
Asbestband, geflocht., a. gebr. Asbest, zieml. biegsam.	970	30	0,104	Bur. of St.
Asbest-Rohrverputz, 19 mm stark, trocken		0 20	0,14 0,15	Hencky
Asbest, Block u. Gips, . . .	1145	15	0,350	Biquard
Asbestschiefer	1783	50	0,19	Poensgen

ZU TABELLE 3.

Wärmeleitzahlen fester Stoffe.

(Ausgenommen Metalle und Legierungen.)

Material	Raumgewicht in kg/m³	Temperatur in °C	Wärmeleitf. in kcal/mh°	Beobachter
Asbestschiefer	1790	0 60	0,13 0,17	Knoblauch, Raisch, Reiher
Asbestplatte, 13 mm stark . .	1930	20 20—90	0,641 0,702	 Taylor
Asbestholz (Asbest u. Zement stark gepreßt, sehr hart und fest	1970	30	0,334	Bur. of St.
Asbesttuch		20	0,24	Taylor
Asbestlage, 12,7 mm stark .			0,25	Bacon
Asche, fest, tr.	870	0 20	0,24 0,25	 Hencky
Asche (von Weichholz) . . .		etwa 20	0,08	Melmer
Asphalt (Straßenasphalt) . .	2120	0 10 20 30	0,52 0,56 0,60 0,64	 Poensgen
Asphaltdecke, Grundgeflecht m. Asphalt gesättigt . . .	880	30	0,0864	Bur. of St.
Asphaltmischung (Bitumen, Komposition) für Bodenbelag		26,5	0,72	Griffiths
Basalt		0 20 20—100	1,14 2,42 1,87	R. Weber Stadler Hecht
Baumwolle, hygrosk.	29	77,4	0,0678	Desvignes
Baumwolle, mittel gepackt .	80	30	0,036	Bur. of St.
Baumwolle	81	—200 —100 0 100 0 100	0,0275 0,0375 0,048 0,059 0,0471 0,0591	Gröber Nußelt
Baumwolle, gepr.	101	10—100	0,0256	Randolph
Baumwolle, lose	21	10—100	0,0401	
Baumwolle, Spinnereiabfälle .	81	0 50 100	0,047 0,054 0,059	Nußelt 1908
Baumwolle, Verbandwatte . .	10	18 100	0,0335 0,0396	Jaeger und Diesselhorst
Fasern von den Samenhüllen der Baumwolle, lose gestopft	71	30	0,0389	Bur. of St.
Baumrinde, Platten	337 346	0 40 0 38	0,062 0,065 0,053 0,057	Knoblauch Raisch, Reiher

ZU TABELLE 3.

Wärmeleitzahlen fester Stoffe.

(Ausgenommen Metalle und Legierungen.)

Material	Raumgewicht in kg/m³	Temperatur in °C	Wärmeleitf. in kcal/mh°	Beobachter
Bauxit		etwa 600	0,478	Hering
Bergkristall, senkr. zur Achse		—252 —250 —185 — 77	245 184 17,6 8,2	Eucken
Beton:				
Beton, mit etwa 10,2 Vol.-% Feuchtigkeit	1600 2300	0 0	0,72 1,04	Knoblauch, Raisch, Reiher
Kiesbeton 10,2 Vol.-% Feuchtigkeit	2270	20	1,10	
Beton aus 1 Teil Zement, 5 R. T. Sand, 5 cm stark, 7,6 Vol.-% Feuchtigkeit .	1900	0	0,95	Kreüger und Eriksson
10 cm stark, 8,6 Vol.% Feuchtigkeit	1900	0	1,17	
20 cm stark, 8,6 Vol.-% Feuchtigkeit	1900	0	1,15	
40 cm stark, 8,0 Vol.-% Feuchtigkeit	1900	0	1,20	
Beton, 1 Teil Portlandzement, je 2 Teile gewaschener und geworfener Grubensand u. Grubenkies, ½ Jahr getrocknet	2180	20 23	0,65 0,66	Gröber
Betonwand, 1 Teil Zement, 2 Teile Sand, 4 Teile Kies	2240		0,98 bis 1,08	Willard und Lichty
Kiesbeton, 9 Teile Kies, 2 Teile Sand, 1 Teil Portlandzement	1985	90	0,55	Desvignes
Betonsteine (in Mauer). . . .		31	1,01	Griffiths
Betonsteine, trocken.	1660	0 20	0,57 0,60	Hencky
Beton, Gemisch aus gekörnt. Kork 3 Teile, feinem Sand 2 Teile, Portlandzement 1 Teil	1269	85,2	0,222	Desvignes
Schlackenbeton:				
Hochofenschlackenbeton, mit 90Vol.-% Schlacke, 10Vol.-% Zement = 62 Gew.-% Schlacke, 38 Gew.-% Zem.	550	50	0,189	Nußelt
Dasselbe, 9 Vol. Teile mit 1 Teil Zement gemischt, Mischverh. 1 zu 0,61, zwei Monate alt	550	20—90	0,19	

ZU TABELLE 3.

Wärmeleitzahlen fester Stoffe.

(Ausgenommen Metalle und Legierungen.)

Material	Raumgewicht in kg/m³	Temperatur in °C	Wärmeleitf. in kcal/mh°	Beobachter
Schlackenbeton, trocken . . .	870	0 20	0,24 0,25	Hencky
Schlackenbetonsteine	1115	0 10 20	0,218 0,236 0,255	Forschungsheim für Wärmesch.
Schlackenbetonsteine	1150	0 10 20	0,229 0,242 0,253	Dasselbe
Mauer aus **Schlackenbetonhohlsteinen,** 25 × 25 × 50 cm groß, mit zwei hintereinander liegenden Lufträumen, beiderseits verputzt, 26 cm stark, 3,5 Monate alt, 2,7 Vol.-% Wass.-Verlust seit Herstellung .	1216	10	0,55	Schmidt und Großmann
Schlackenbetonsteine, Normalziegelformat, trocken . .	1250	10	0,26	
Mauer aus vorsteh. **Schlackenbetonsteinen,** mit Kalkmörtel vermauert und beiderseits verputzt, 26 cm, 4 Monate alt, 5,2 Vol.-% Wasserverlust seit Herstellung	1372	10	0,59	Schmidt und Großmann
6,3 Monate alt, 5,5 Vol.-% Wasserverlust seit Herstellung	1369	10	0,57	
Schlackenbetonplatten, trocken	1400	0 10 20	0,237 0,255 0,273	Forschungsheim für Wärmesch.
Schlackenbetonplatten . . .	1490	0 10 20	0,333 0,350 0,366	Forschungsheim für Wärmesch.
Schlackenbeton, 9 T. Schlacke, 2 Teile Feinsand, 1 Teil Zement	1516	86,7	0,254	Desvignes
Gemisch aus Portlandzement, Feinsand und Asche bzw. Stein				
mit Asche 1:2:4		50	0,29	Norton, Boston Journal, Juni 1913
„ Stein 1:2:4		50	0,40 – 0,58	
Desgl.		200 500 1000	0,76 0,83 0,97	
mit Stein 1:2:5		35	0,78	
Bimssteinkiesel, rheinischer, 12,7—19 mm groß, lose, in der Hitze getrocknet, Luftzirk. in den Lücken . . .	292	20—65	rd. 0,20	Nußelt 1908

ZU TABELLE 3.

Wärmeleitzahlen fester Stoffe.

(Ausgenommen Metalle und Legierungen.)

Material	Raumgewicht in kg/m³	Temperatur in °C	Wärmeleitf. in kcal/mh°	Beobachter
Bimssteinsand, rheinischer, Korngröße 0,8—20 mm, welche die Luftzwischenräume vermindert und die Schutzwirkung erhöhen. .	300	0 20 30	0,075 0,079 0,081	Gröber
Bimssteinwärmeschutz, rheinischer	300	0 20	0,075 0,080	Desvignes (Kugel)
Bimssteinkies, gew. trocken .	600	0 20	0,15 0,16	Hencky
Bimsstein			0,215	Hersch, Ledebour u. Dunn
Bimsstein			0,216	H. L. D.
Bimsbeton, mit etwa 10,3 Vol.-% Feuchtigkeit . . .	850	0	0,290	Knoblauch, Raisch, Reiher
Schwemmstein, rheinisch., zusammengesetzt aus Bimssteinsand u. Kiesel m. Zem.	630	0 20 30	0,11 0,13 0,14	Gröber
Schwemmstein, Bimskies und Zement	790	81,3	0,20	Desvignes
Bimsbeton aus 9 Teilen Bimskies, 8 bis 10 mm Korngröße, 2 Teilen Feinsand, 1 Teil Portlandzement . .	1167	85,9	0,20	
Siehe auch unter Schwemmsteine.				
Bitumen, Zusammensetzung als Dielenbelag u. zum Bau verwendet		20—33	0,72	Griffiths
Bleiglätte, Bleioxyd; gepr. Pulver	5842	45	0,625	Kresta
Bromsilber		0	0,885	Giacomini
Cadmiumoxyd, gepreßtes Pulver	3385	47	0,586	Kresta
Calorox, flockig, miner., fein vert.	64	30	0,027	Bur. of St.
Cabot's car quilt Nr. 1 el. grass eingeschl. in Burlap, 21 mm st. . .	250	30 30	0,0389 0,0396	Sam. Cabot Bur. of St.
Car quilt, (Asb.) Nr. 2, 22 mm st.		30	0,041	
Car quilt Nr. 3; 22 mm st.. .		30	0,0414	Bur. of St. for Cabot 1919
Carborundum.		etwa 600	3,35	Hering
Celluloid, weiß	1400	30	0,180	Bur. of St.

ZU TABELLE 3.

Wärmeleitzahlen fester Stoffe.

(Ausgenommen Metalle und Legierungen.)

Material	Raumgewicht in kg/m³	Temperatur in °C	Wärmeleitf. in kcal/mh°	Beobachter
Cellulose	1425	15	0,21	Biquard
Chlorkalium		0	5,97	Giacomini
kristallinisch		0	5,13	
Chlorsilber		0	0,935	„
Chromoxyd, gepreßtes Pulver .	2348	48	0,385	Kresta
Chromstein 36,4% Cr_2O_3; 14,6% MgO; 1,9% SiO_2; 19,5% Al_2O_3; 1,8% Fe_2O_3; 0,9% CaO; Schmelztemp. 1790°, spez. Wärme 0,172	3030	50	1,41	Tadokoro
Chromstein 31,9% Cr_2O_3; 16,5% MgO; 8,3% SiO_2; 24,9% Al_2O_3; 16,9% Fe_2O_3; 0,3% CaO	3200	75 300 500 700 900	1,62 2,07 2,16 1,95 1,71	„
Celotex, Baustoff zum isolieren, 11,1 mm stark, aus Abfallfasern der Zuckerrohre hergestellt	263,5		0,0409	Gebhardt Chicago
Cornell-Wood-Board, 4,8 mm stark, hergest. a. Mark v. Grundholz (Papierbrei), erstarrt, Feuchtigkeitsgehalt nicht festgestellt	458		0,062	Herter
Dachpappe (Filz m. Asphalt) .	880	30	0,086	Bur. of St.
Dachpappe		unter 0	0,12	G. Forbes
Decke („Roofing")		ungef. 0	0,12	„
Decke, 3,8 mm st., m. Sand bedeckt, zus. etw. 6,5 mm stark (Bewurf)			0,16	Willard u. Lichty
Dinasstein (s. a. Schamottestein), 2 Sorten mit 64,5% SiO_2 + 32% Al_2O_3 (im Mittel) (s. a. Silicastein) . . .		200 600 1000	0,744 0,93 1,13	van Rinsum
Dinasstein, 96,9% SiO_2 + 1,6% Al_2O_3; gepr., 96 Std. gebrannt, Brenntemp. 1650°		200 800 1200	0,486 0,613 0,865	Heyn, Bauer u. Wetzel
Dinasformstein	1817	200 300 400 500	1,04 1,30 1,34 1,38	Schmidt u. Wrede
Eis, parall. zur Gefrierrichtung			2,05 1,87	Neumann Straneo
senkr. zur Gefrierrichtung			0,803 0,708	G. Forbes „

ZU TABELLE 3.

Wärmeleitzahlen fester Stoffe.

(Ausgenommen Metalle und Legierungen.)

Material	Raumgewicht in kg/m³	Temperatur in °C	Wärmeleitf. in kcal/mh°	Beobachter
Eisenoxyd, gepreßtes Pulv. . .		200 400 600 720 800 1050	0,51 0,682 0,848 0,945 1,06 1,4	Bidwell
Eisenoxydul, gepreßt. Pulv. .	2240	50	0,478	Kresta
Erde, trocken			0,12	Lees u.
Erde, feucht			0,58	Chorlton
Erde, gewöhnl. (in München ausgegraben), enthält Steine von 25 bis 77 mm	2040	0 20 70	0,43 0,45 0,50	Gröber (Kugel)
Erdboden, gewachsen, lehmiger, toniger Feinsand, mit 28,3 Vol.-% = 13,9 Gew.-% Feuchtigkeit	2000	6	1,98	Redenbacher
Faserstoff aus Baumwollsamenschalen hergestellt, lose gepackt	71	30	0,0389	Bur. of St.
Federn m. Luft		0—1	0,0207	Rubner 1895
Elderdaunen, bei 150° C getrocknet	2,1 79 109	80 80 80	0,056 0,022 0,0169	Randolph
Federn	80	0 25	0,0305 0,032	Forschungsheim für Wärmeschutz
Feldspat, Mittel a. 2 Sorten .		17—72	2,02	Ayrton und Perry
Feldspat			2,09	H. F. Weber
Feuerstein			0,875	Hersch, Ledebour u. Dunn
Fiber, weiß, 9,5 mm st. . . .	1220	20 20—80	0,239 0,250	Taylor
Fiber, rot	1290	20 100	0,403 0,428	Barrat
Filz (Haarfilz), Wärmestrom quer z. d. Fasern	270	30	0,0306	Bur. of St.
Filz		rd. 0	0,0313	Forbes
Filz (Wollfilz), dunkelgrau, Wärmestrom quer z. Fas., Stärke d. Probe 25 mm .	150	40 40—100	0,0536 0,063	Taylor
Filz (Haarfilz) Keystone (m. and. Faserstoffen), zus. m. Packpap., biegsam. . . .	300	30	0,0335	Bur. of St.
Filz aus pflanzl. Fasern, 9,5—25,4 mm st.	180	30	0,0407	"

ZU TABELLE 3.

Wärmeleitzahlen fester Stoffe.

(Ausgenommen Metalle und Legierungen.)

Material	Raumgewicht in kg/m³	Temperatur in °C	Wärmeleitf. in kcal/mh°	Beobachter
Flachsleinen, Flachsfaser . .	208	32	0,0385	Bur. of St.
Flachsfasern, verfilzt zwisch. Papierlagen („Fibrofelt", „Flachslinum")	180	30	0,0407	„
Flachsfasern, Linofelt, verarbeitet m. Papier 9,5 u. 19 mm st., biegsam und weich	180	30	0,0371	„
Flachs und Papierleinen zum Auskl. v. Eisenbahnw. a. Stahl.				
Probe-Nr. / Nom.-Stärke / Tats. Stärke				
U 2 ¾" 20 mm			0,0428	Versuche d.
U 4 ½" 12,7 „			0,0443	Bur. of St.
U 4 ¾" 21 „			0,0446	1919 f.Sam.
U 4 ¼" 9,5 „			0,0454	Cabot,
U 1 1" 29 „			0,0464	Boston
U 7 1" 25 „		rd. 30	0,0441	
U 5 ¼" 11,5 „			0,0525	
U 6 ¼" 12,5 „			0,0565	
Flanell		rd. 0	0,0128	Forbes
Flußspat (Kristall)		—190	33,5	Eucken
		— 78	12,95	
		0	8,9	
		100	6,9	
Fuller's Erde, ton. Pulv. . .	530	30	0,0864	Bur. of St.
Gipsplatte, mit kleinen Faserteilchen	660	0	0,117	Knoblauch
		20	0,120	Raisch, Reiher
		50	0,124	
Gipsblock, gekörnt. Kork enthaltend	685	0	0,21	Noell (Würfel)
		20	0,23	
		30	0,24	
Gipsdeckenbewurf, Feuchtigkeitsgehalt etw. 7,6 Vol.-%	840	20	0,22	Schenk
Dasselbe mit Kanälen (beacht. Dichteänderung durch Lufträume)	625	20	0,22	„
Gipsputz	740	30	0,288	Bur. of St.
Gipsputzwand (w. Sheet-Rock, Adamant) m. Papier v. ung. 0,5 mm St. überzogen. Stärke 6,5–12,5 mm. Feuerbeständ. Wand gen. 810 × 920 oder 1220 mm .	970 990		0,322	Herter
Gipswand, zusammengesetzt 800 × 920 mm, 6,5-12,5 mm st., 3 Lagen Mörtel mit 4 Lagen Papier	1040– 1090		0,341	

ZU TABELLE 3.

Wärmeleitzahlen fester Stoffe.

(Ausgenommen Metalle und Legierungen.)

Material	Raumgewicht in kg/m³	Temperatur in °C	Wärmeleitf. in kcal/mh°	Beobachter
Baugips, lufttr., 3 Wochen	1250	0	0,36	
		20	0,37	
		50	0,38	Poensgen
Gips, gebrannt (pulverisiert) .			0,252	Lees und
			0,936	Chorlton
Gips, künstlicher		0	0,324	R. Weber
natürlicher		0	1,12	
mit 58,8 % Luftgehalt, Baugips. 3 Wochen . . .		etwa 20	0,051	Melmer
Glas:				
Gewöhnliche Gläser				
Crownglas		13	0,586	Meyer
Flintglas		13	0,515	
Spiegelglas		13	0,645	
Jenenser Gläser				
a) 71 SiO_2 + 14 B_2O_3 + 10 Na_2O + 5 Al_2O_3 . . .		22	0,817	Paalhorn
b) 79 PbO + 21 SiO_2 . . .		28	0,389	
Boratflintglas S 399		—190	0,311	Eucken
		0	0,650	
Borosilicatcrownglas O 3453 .		—190	0,426	
		0	0,962	„
O 3572 .		—190	0,425	
(802) .		— 78	0,911	
		0	1,05	
		100	1,165	
Borosilicatprismencrownglas		—190	0,43	„
O 3832 .		0	1,03	
Crownglas		23	0,659	Paalhorn
Flintglas		24	0,515	
(gewöhnl.) O 118		—190	0,312	Eucken
		0	0,684	
(schweres) O 102		—190	0,306	
		0	0,672	
(schweres) O 165		—190	0,291	
		0	0,611	„
		100	0,652	
Phosphatcrownglas S 367 . .		—190	0,316	
		0	0,646	
		100	0,722	
25 verschiedene Gläser .		etwa 45	0,57 ÷ 0,978	Focke
Crownglas		10—15	0,587	Meyer 1888
Flintglas		10—15	0,515	
Natronglas	2590	20	0,619	
		100	0,655	Barrat
Glasplatte, 65 mm stark . . .	2490	20	0,642	
		20—100	0,70	Taylor
„ 7,3 „ „ . . .	2600	20	0,686	
		20—120	0,725	

ZU TABELLE 3.

Wärmeleitzahlen fester Stoffe.

(Ausgenommen Metalle und Legierungen.)

Material	Raumgewicht in kg/m³	Temperatur in °C	Wärmeleitf. in kcal/mh°	Beobachter
Glaswolle		0	0,030	
Glaswolle, gekräuselt	64 160	32 32	0,036 0,036	Bur. of St.
Glasgespinst, Fasern senkrecht zum Wärmestrom	186	50 100 200 300	0,038 0,047 0,068 0,092	Labor. für Techn. Physik, München
Glasgespinst, wie vorstehend	219	0 50 100 200	0,030 0,037 0,043 0,057	
Glasgespinstschalen-isolierung, regellos gestopft mit Drahtverstärkungen u. äußerem Schutzmantel. .	307	50 100 200	0,087 0,108 0,149	Forschungsheim für Wärmesch.
Glimmer		42	0,309	Symons und Walker
Glimmerpräparate:				
Mikanitrohr mit 19% Schellack		52	0,089	
Mikanitrohr mit 11% Schellack		62	0,101	
Preßglimmerplatten, 6 Sorten . . . . Mittel	2260– 2430	60	0,196– 0,26	Taylor
Gneiß			2,95 3,31	H. F. Weber
„ (Tessin)		20	2,94	Stadler
Granit		100 200 500	1,62-1,8 1,55-3,49 1,44	Stadler Poole 1912
Granit			1,837– 1,980 2,700 2,878 3,490	Hersch., Ledebour u. Dunn F. Weber 1911
Granit			2,7 2,88 3,5	H. F. Weber
Graphitstein, (vgl. auch Kohle)		300– 700	8,64	Wologdine
Gummi: (vgl. Kautschuk)				
Ebonit		0 etwa 6-90	0,136 0,137	Giacomini Dina
schwarz		49	0,133	Hersch., Ledebour u. Dunn

ZU TABELLE 3.

Wärmeleitzahlen fester Stoffe.

(Ausgenommen Metalle und Legierungen.)

Material	Raumgewicht in kg/m³	Temperatur in °C	Wärmeleitf. in kcal/mh°	Beobachter
Hartgummi	1190	—190 — 78 0	0,119 0,131 0,133	Eucken
Hartgummi	1190	38	0,137	Taylor
Gummi (Ebonit)	1190	20 100	0,0504 0,0468	Barrat
Gummi (Textan), Mischg. . .	1300	30	0,144	Bur. of St.
Gummi (Hartgummi), 9,5 mm	1190	25—50	0,137	Taylor
Gummi (Weichgummi), vulkan.	1100	30	0,122– 0,185	Hersch., Ledebour u. Dunn
			0,151	Bur. of St.
Gummi, porös (n. d. Vulkanisieren u. hoh. Gasdruck entsp.) Probe nur 1/8", Zellen geschlossen	59– 120		0,0306	Griffiths
Gummi (Schwammgummi) i. der Tapeziererei verw. Vulkan. Gummi m. Amm. Carb. gem. Zellen gebrochen, 25,4 mm st.	224		0,047	Griffiths
Gurit, Patentgurit, Deutsch. Rohrschutzzem. m. Wasser gemischt u. lagenw. aufgetrag., untersucht in Plattenform	540– 680	100 200	0,072 0,088	Gröber
Haare:				
Roßhaar, gepreßt	172	20 65	0,0438 0,0472	Knoblauch, Raisch, Reiher
Säugetierhaare, mit Luft gemischt		9	0,0207	Rubner
ohne Luft.		9	0,173	
Haar (Pferdehaar), gepreßt .	172	0 20	0,0151 0,0148	Nußelt 1908
Haargewebe		rd. 0	0,0145	Forbes
Haarfilz (tierische Faser) . .	176 208	32 32	0,0323 0,0323	Bur. of St.
Haarfilz (Wärmestrom senkr. zur Faser)	270	30	0,0306	„
Hölzer:				
Ahorn, senkr. z. Faser . . .	710	30	0,137	„
Ahorn, senkr. z. Faser . . .	720	20—80	0,156	Taylor
Ahorn, in Faserrichtung, 18,5 mm st.	720	20 20—80	0,365 0,373	
Balsa-Holz, senkr. z. Faser .	186	0 25 50	0,042 0,054 0,066	Forschungsheim für Wärmesch.

ZU TABELLE 3.

Wärmeleitzahlen fester Stoffe.

(Ausgenommen Metalle und Legierungen.)

Material	Raumgewicht in kg/m³	Temperatur in °C	Wärmeleitf. in kcal/mh°	Beobachter
Balsa-Holz, senkr. z. Faser	211	0 20 50	0,052 0,057 0,066	Laboratorium für Techn. Physik
Balsa-Holz, senkr. z. Faser, imprägniert	259	3 23 50	0,058 0,062 0,068	
Balsa-Holz, senkr. z. Faser, sehr leicht, roh	113	30	0,0385	Bur. of St.
Dasselbe, Probe mit 13% imprägn. Stoff.	128	30	0,0428	
Balsa-Holz, senkr. z. Faser, roh	118	30	0,0428	„
Balsa-Holz,				
Probe D, 13 mm, bearb.			0,0436	
12 mm, roh			0,0439	
Probe B, 19,5 mm, bearb.			0,0479	Bur. of St.
19,5 mm, roh.		30	0,049	
7 mm, roh			0,050	1919 f.
Probe A, 19,5 mm, bearb.			0,025	Welin Marine Equipment
Probe E, 7 mm, roh . . .			0,0525	
Balsa-Holz, leicht	117	32	0,0409	Bur. of St.
Balsa-Holz, mittelschwer . .	141	32	0,0471	
Balsa-Holz, schwer	320	32	0,0720	
Balsa-Wolle, chem. behandelte Holzfaser	35	32	0,0335	
Buchsbaum-Holz	900	20 100	0,129 0,147	Barrat
Ceiba-Holz, senkr. z. Faser, roh	113	30	0,0407	Bur. of St.
Cypresse, senkr. z. Faser . . .	465	32	0,0831	
Eiche (Weißeiche), senkr. z. Faser, 13 mm	600	20—80	0,164	Taylor
Eiche (Weißeiche), längs in Faserrichtung, 19 mm . .	600	40—70	0,340	
Eiche, senkr. z. Faser	610	32	0,127	Bur. of St.
Eiche, trocken, in Faserrichtung	650	20 100	0,21 0,22	Barrat
Eiche, trocken, senkr. z. Faserrichtung	825	0 15	0,17 0,18	Poensgen
Eiche, in Faserrichtung, trocken	819	12 20 50	0,30 0,31 0,37	Poensgen
Fichte, senkr. z. Faser, 27 mm stark	534		0,110– 0,125	Willard u. Lichty
Greenhart (Grünholz)	1080	20 100	0,403 0,396	Barrat

ZU TABELLE 3.

Wärmeleitzahlen fester Stoffe.

(Ausgenommen Metalle und Legierungen.)

Material	Raumgewicht in kg/m³	Temperatur in °C	Wärmeleitf. in kcal/mh°	Beobachter
Guajakholz (lignum vitae)	1160	20	0,216	
		100	0,259	
Kiefer		—190	0,212	Eucken
		0	0,405	
Kiefer (Pechkiefer), gute Qualität, senkr. z. Faser		26	0,128	Griffiths
Kiefernholz, senkr. z. Faser	546	0	0,12	Poensgen
		15	0,13	(eingef.
		30	0,14	Platten)
Kiefernholz, trocken, in Faserrichtung	551	20	0,30	Poensgen
		25	0,32	
Mahagoni, senkr. z. Faser	544	32	0,112	Bur. of St.
Mahagoni	550	20	0,184	Barrat
		100	0,216	
Nußbaum, parallel zur Faser		70	0,238	Ott
Sperrholzplatte	588	0	0,091	Knoblauch,
		20	0,099	Raisch, Reiher
Pitch-Pine, gute Qualität, senkr. z. Faser		26	0,129	Griffiths
Pinienfichte (Yellow pine), senkr. z. Faser			0,129	Bacon
Tanne (Weißtanne), senkr. z. Faser, „schwedisch" tr.	407	82	0,119	Desvignes
Tanne (Weißtanne), senkr. z. Faser, 13,5 mm	450	20—120	0,092	Taylor
Tanne (Weißtanne), in Faserrichtung, 18,5 mm st.	450	30—80	0,221	„
Tanne (Weißtanne), senkr. z. Faser	500	30	0,097	Bur. of St.
Tanne (Virginiatanne), senkr. z. Faser	550	30	0,119	
Tanne, senkr. z. Faser			0,0316	Forbes
Tanne, längs d. Fasern			0,108	
Teakholz, trocken, senkr. z. Faser	642	0	0,14	
		15	0,15	
		50	0,17	Poensgen
Teakholz, trocken, in Faserrichtung	604	12	0,32	
		18	0,33	
		50	0,34	
Teakholz, senkr. z. Faser			0,231	Bacon
Virginiakiefer, quer zur Faser	544	32	0,121	Bur. of St.
Weißholz (Pappel)	580	20	0,147	Barrat
		100	0,162	
Zypresse, Wärmestrom senkr. z. Faser	460	30	0,083	Bur. of St.

ZU TABELLE 3.

Wärmeleitzahlen fester Stoffe.

(Ausgenommen Metalle und Legierungen.)

Material	Raumgewicht in kg/m³	Temperatur in °C	Wärmeleitf. in kcal/mh°	Beobachter
Holzprodukte:				
„Beaver Board", eine vierfache Platte aus Fasern der Rottanne hergest., 4,8 mm st.	500		0,12	Herter
„Burrash", eingewebt	140	30	0,042	Bur. of St.
Hobelspäne, verschied.. . . .	140	30	0,050	
Holzwollfilz, biegsam, papierartig	330	30	0,045	
Sägemehl, versch.	190	30	0,050	
Sägemehl, trocken	215	0 20	0,060 0,062	Nußelt
Sägemehl, Fichte, fein, trocken, lose	25	74,5	0,071	Desvignes
Dasselbe	58	77,6	0,075	
Sägemehl, Rotholz	175	32	0,052	Bur. of St.
Sägemehl, Tanne, gepr. . . .			0,044	Forbes
Sägespäne aus Kiefernholz, komprimiert			0,042	G. Forbes
Sperrholz	588	0 20	0,094 0,098	Hencky
„Universal Insulite", gepr. Holzbrei, als wasserdicht bezeichnet, als Wandbekleidung angepriesen, 12,7 und 6,4 mm	190	30	0,037	Bur. of St.
Zementholzplatte	697	5 30	0,15 0,16	Knoblauch, Raisch, Reiher
mit 0,4 Vol. % Feuchtigkeit	715	0	0,11	
m. 12,4 Vol. % Feuchtigkeit	824	0	0,14	
Zementholz, Sägemehl und Portlandzement, trocken	715	0 20	0,11 0,12	Nußelt
Zementholz, 11 Vol. % feucht, Platten 30 × 70 cm, 2, 4 u. 6 cm st., feuerbest., 1910 i. Österreich hergestellt	824	20	0,15	„
Zenitherm C28 (gekörnt. Kork), Magnesia u. Bindestoffe fest, feuerbest.	280	20	0,055	Herter
Zenitherm S 75 (kl. Holzschnitzel, Magnesia und Bindestoffe feuerbest. Ersatz für Travertine stone	1100	20	0,099	

ZU TABELLE 3.

Wärmeleitzahlen fester Stoffe.

(Ausgenommen Metalle und Legierungen.)

Material	Raumgewicht in kg/m³	Temperatur in °C	Wärmeleitf. in kcal/mh°	Beobachter
Horn		unter 0	0,0313	G. Forbes
Hornsilber (Silberchlorid)		0	0,936	Giacomini
Jod Kalium		0	4,32	
Kaliumchromalaun		0	0,476	Eucken
Kalk, hart			3,13	H. F. Weber
tonig			2,81	
sehr tonig			2,41	
Kalk			0,79	Hersch., Ledebour u. Dunn
Kalksandstein, mit 15,3 Vol. % Feuchtigkeit	1650	24	0,80	Knoblauch, Raisch, Reiher
Kalksandstein, feinkörnig	1987	25	0,80	Poensgen
		40	0,85	
Kalksandstein, Mauerwerk, trocken (Kurven a. Versuchen abgeleitet)	1600	0	0,50	Hencky
		20	0,54	
	1700	0	0,56	
		20	0,60	
	1800	0	0,63	
		20	0,67	
	1900	0	0,70	
		20	0,74	
	2000	0	0,76	
		20	0,80	
Kalkspat, senkr. zur Achse		—190	13,6	Eucken
		— 78	4,96	
		0	3,70	
		101	0,306	
parallel zur Achse		9	0,346	Tuchschmid
senkr. zur Achse		9	0,284	
Kalkstein, fein gekörnt, trocken	1662	0	0,54	Poensgen
		15	0,57	
		25	0,59	
		40	0,62	
Kalkstein, Villers-Adam, weich	1805	90	0,52	Desvignes
Kalkstein, fein gek., trock. z. Mauern		0	0,55	Hencky
		20	0,58	
Kalkstein, grob gek., trock.	1987	0	0,72	Poensgen
		25	0,80	
		40	0,85	
Derselbe z. Mauern, trock.		0	0,70	Hencky
		20	0,75	
Kalkstein, Lerouville, hart	2550	94	1,11	Desvignes
Kalkstein (Caen-Stein)			1,55	Hersch., Ledebour u. Dunn

ZU TABELLE 3.

Wärmeleitzahlen fester Stoffe.

(Ausgenommen Metalle und Legierungen.)

Material	Raumgewicht in kg/m³	Temperatur in ° C	Wärmeleitf. in kcal/mh⁰	Beobachter
Kalkstein		40	1,66	Poole 1912
		100	2,05	
			1,40	
			1,76	
		350	1,15	
			1,26	
Kalkstein	2555	100	1,08	Lab. f. Techn.
		200	1,11	Physik,Münch.
		300	1,14	
Kapok, lose, ganze Pflanzen-Faser	14	20—40	0,0295	Bur. of St.
Kapok, Java.	15,7	15	0,034	Biquard
Karborundstein		150	1,15	Wologdine
		1200	9,72	
Kautschuk, vulkanisiert,				
hart, grau		49	0,198	Herschel
weich, grau		49	0,158	Ledeb.u.Dunn
weich, rot		49	0,122	
Kesselstein, 1. Sorte		65,5	1,13	Ernst
2. Sorte		56	2,76	
Kesselschlacke siehe unter Schlacke				
Kies, lose, trocken	1850	0	0,29	Gröber
		20	0,32	
Kies, gewaschen, 3—8 cm st.,		0	0,29	
Schotter, trocken	1850	20	0,32	
		40	0,35	
Kies, 4—9 mm Korngröße. .	1464	85	0,20	Desvignes
Kieselgur (Silikaterde) . . .	150	15	0,046	Biquard
Kieselgur, kalziniert	245	0	0,0455	Forschungs-
		50	0,048	heim für
		100	0,052	Wärmesch.
		200	0,058	
Kieselgur	248	0	0,049	
		50	0,053	
		100	0,0575	
		200	0,066	
		0	0,050	„
Kieselgur, kalziniert, hellrosa.	267	50	0,0545	
		100	0,059	
		200	0,0675	
Kieselgur in Pulverform . .		0	0,050	
	270	20	0,052	Hencky
Kieselgur, grün	291	0	0,051	Forschungs-
		50	0,053	heim für
		100	0,057	Wärmesch.
		200	0,062	

ZU TABELLE 3.

Wärmeleitzahlen fester Stoffe.

(Ausgenommen Metalle und Legierungen.)

Material	Raumgewicht in kg/m³	Temperatur in ° C	Wärmeleitf. in kca /mh°	Beobachter
Kieselgur, trocken	319	75,7	0,0807	Devignes
		0	0,0485	Forschungsheim für Wärmesch.
		50	0,054	
Kieselgur	324	100	0,059	
		200	0,070	
Kieselgurpulver, kalziniert, trocken, vegetab. Substanzen herausgebrannt .	350	0	0,052	Nußelt 1908 (Kugel)
		50	0,060	
		100	0,066	
		150	0,070	
		200	0,074	
		250	0,076	
		300	0,078	
		350	0,079	
Kieselgur	480	—11—9	0,0695	
		14—32	0,0774	
		30—115	0,0806	Griffiths
		23—64	0,0821	
Kieselgurerde, *Sil-O-Cel.* in natürlichen Stücken . . .	450	30	0,072	Bur. of St.
Dieselbe, dichter	500	30	0,071	
Dieselbe, pulverförmig . . .	170	32	0,0385	
Kieselgurerde, naturl.	506	100	0,115	Skinner
		200	0,122	
		300	0,144	
Dieselbe, hart gepr. Blöcke, Höchsttemperatur 400° .	321	100	0,103	
		200	0,104	
		300	0,119	
		400	0,129	
Kieselgurpulver m. Wasser, fest u. üb. 100° getrocknet	580	150	0,083	Nußelt 1908 (Kugel)
		350	0,123	
Kieselgur u. Asbest, schwach getrocknet	330	10—100	0,0878	Randolph
		10—200	0,0716	
		10—300	0,0646	
		10—400	0,0579	
		10—500	0,0742	
Dasselbe, vorher 3 Tage bei 300° getrocknet	330	10—200	0,0619	„
		10—300	0,0628	
		10—400	0,0585	
Kieselgur, Höchsttemp. 600°	326	100	0,101	Skinner
		200	0,115	
		300	0,133	
		400	0,151	
		500	0,166	
Kieselgurstein, mit Bindemittel gebrannt, porös, hygr. f. Kessel	200	0	0,064	Nußelt 1908 (Kugel)
		50	0,071	
		100	0,078	
		150	0,085	
		200	0,092	
		250	0,099	
		300	0,106	

ZU TABELLE 3.

Wärmeleitzahlen fester Stoffe.

(Ausgenommen Metalle und Legierungen.)

Material	Raumgewicht in kg/m³	Temperatur in °C	Wärmeleitf. in kcal/mh°	Beobachter
Kieselgurstein, mit Bindemittel gebrannt, porös, hygr. f. Kessel		350 400 450	0,113 0,120 0,127	Nußelt 1908 (Kugel)
Kieselgurstein, gebrannt . . .	295	50 100 200	0,072 0,079 0,096	Knoblauch, Raisch, Reiher
Kieselgurstein, gebrannt, Probe Nr. 1	296	15 50 100 200 300	0,057 0,066 0,075 0,089 0,104	Poensgen 1912
Probe Nr. 2	333	15 30 50 75 100 150	0,068 0,070 0,072 0,075 0,078 0,084	"
Probe Nr. 3	366	20 50 100 200 300	0,066 0,071 0,078 0,090 0,103	"
Probe Nr. 4	451	20 50 100 150 200	0,075 0,080 0,087 0,093 0,100	
Kieselgurstein, gebrannt . . .	308	50 100 150	0,078 0,089 0,104	Knoblauch, Raisch, Reiher
Kieselgurstein, gebrannt . . .	507	50 100 150	0,10 0,11 0,12	Knoblauch, Raisch, Reiher
Kieselgurstein, gebrannt . . .	748	50 100 150	0,132 0,158 0,186	"
Kieselgurstein, gebrannt . . .	326	100 200 300 400 500	0,101 0,115 0,133 0,151 0,166	Skinner
Kieselgurstein, gebrannt . .		6	0,0803	Griffiths
Kieselgurstein, zu Pulverstein gemahlen		3	0,108	
Kobaltoxyd, gepreßt. Pulver .	1959	49	0,36	Kresta
Kohle:				
Graphit:				
Graphitpulver, ges. durch 20 bis 40 Maschen pro Zoll	700	20	1,025	Taylor
40 Maschen pro Zoll . . .	420	40	0,332	
100 Maschen pro Zoll . . .	480	40	0,158	

Wärmeleitzahlen fester Stoffe.

(Ausgenommen Metalle und Legierungen.)

Material	Raumgewicht in kg/m³	Temperatur in °C	Wärmeleitf. in kcal/mh°	Beobachter
Graphit		7	4,21	Cellier
Graphit, fest	1580	50	37,8	Taylor
Graphit, synthetisch dargestellt homogen z. Achse		79 142 261 292 423 536 555	13,3 15,3 28,2 33,0 59,6 93,1 100,0	Icole „
Holzkohle:				
Holzkohle, lose	184	15	0,045	Biquard
Holzkohle von Ahorn, Birke u. Buche, grob	212	32	0,0447	Bur. of St.
6 Maschen	244	32	0,0459	
12 Maschen	308	32	0,0484	
Holzkohle (Blätterholzkohle Cartvale), lose	185	25 0	0,052 0,050	Knoblauch u. Poensgon
Holzkohle (Blätterholzkohle)	215	40 80	0,055 0,060	Nußelt 1908
Holzkohle, flockig	241		0,0755	Desvignes
Holzkohle, gekörnt, 1 mm — 10 mm gesiebt	242	79	0,088	
Holzkohle, Probe Nr. 1		—5 bis 17	0,0432	Griffiths
Holzkohle, Probe Nr. 2		—2	0,0457	
Holzkohle (Blätterholzkohle Cartvale), m. Bindern in Plattenform (Irisplatte)	204	20 50	0,048 0,049	Knoblauch u. Poensgen
Holzkohle, zus.-ges. Platte	230	15	0,046	Biquard
Natürliche Kohle und Kohlenprodukte:				
Kohle		unter 0	0,146	G. Forbes
unbehandelt		1427 1827	7,24 7,55	Worthing
Gaskohle	1420	20 100	3,06 3,42	Barat
Retortenkohle		0	3,71	R. Weber
Steinkohle		20—100	0,155	Hecht
Kohlenstoffstein mit 89,0 % C; Porosität = 0,38	1190	150 550 950	0,71 1,05 1,36	Goerens
Kohlenstaub, Probestärke 12 mm	730	30 30—150	0,0954 0,1073	Taylor
Koksstaub, trocken	1000	0 20	0,12 0,13	Hencky

ZU TABELLE 3.

Wärmeleitzahlen fester Stoffe.

(Ausgenommen Metalle und Legierungen.)

Material	Raumgewicht in kg/m³	Temperatur in °C	Wärmeleitf. in kcal/mh°	Beobachter
Kork:				
Korkschrot, d. Wärme stark aufgebläht (Expansitschrot) Korngröße 3—5 mm . . .	45,4	20	0,033	Gröber
		65	0,037	
Korngröße 1—2 mm . . .	47,6	20	0,029	
		100	0,036	
Korkschrot, gewöhnliches . .	78	15	0,040	Biquard
Desgl., Korngr. 3—5 mm	85	0	0,038	Gröber
		20	0,042	
		60	0,050	
Desgl., grobkörnig	86	—5	0,0396	Griffiths
		+3	0,0403	
Desgl., mittl. Korngr. . .	87	78	0,0679	Desvignes
Desgl., grobkörnig	117	—3,5	0,0425	Griffiths
Desgl. (Abfälle von Reinkorkplatten, zerklein.), Korngr. etwa 5 mm . .	130	32	0,0385	Bur. of St.
Korkmehl				
Korngröße unter 1,5 mm .	150	32	0,0372	
Korngröße 1—3 mm . . .	161	0	0,031	Nußelt 1908
		50	0,041	
		100	0,048	
		150	0,052	
		200	0,055	
Desgl., Trockentemp. 180°	168	100	0,054	Skinner
		200	0,068	
Korkplatte aus Naturkork gepreßt	204	30	0,044	Poensgen
Korkplatten (Expansitstein), hergest. aus gekörnt. Kork (überhitzt. Dampf ausgesetzt), ohne Fremdstoffe,		0	0,033	
		20	0,035	Nußelt
Probe Nr. 1	61	100	0,042	(Würfel)
Dasselbe Nr. 2	150	0	0,037	
„ „ 3	154	15	0,043	Poensgen
		50	0,044	
„ „ 4	160	0	0,037	
„ „ 5	163	0	0,040	
„ „ 6	166	15	0,041	
		30	0,043	
		45	0,046	
„ „ 7	169	0	0,036	„
„ „ 8	171	0	0,037	
„ „ 9	175	0	0,039	
„ „ 10, aus Expansitschrot, imprägniert.	180	15	0,041	Noell
		50	0,042	
Dasselbe Nr. 11	184	0	0,039	
„ „ 12	186	0	0,042	

ZU TABELLE 3.

Wärmeleitzahlen fester Stoffe.

(Ausgenommen Metalle und Legierungen.)

Material	Raumgewicht in kg/m³	Temperatur in ⁰ C	Wärmeleitf. in kcal/mh⁰	Beobachter
Dasselbe Nr. 13	189	0	0,041	Noell
„ „ 14	189	0	0,042	
„ „ 15	193	15	0,043	Poensgen
		25	0,044	
„ „ 16	195	0	0,043	
„ „ 17	199	10	0,043	
		25	0,044	
		35	0,045	
Korkplatten, mit Asphalt imprägniert, das überschüssige Bindemittel unt. Vacuum beseitigt, Nr. 19 .	202	0	0,042	Nußelt (Würfel)
Dasselbe Nr. 20	202	0	0,043	
„ „ 21	215	10	0,042	
		15	0,045	
		30	0,046	
„ „ 22	219	0	0,043	
„ „ 23	220	0	0,061	„
„ „ 24	226	0	0,040	
„ „ 25	227	0	0,048	
„ „ 26	228	0	0,044	
„ „ 27	220	0	0,044	
„ „ 28	242	0	0,059	
„ „ 29	248	0	0,043	
„ „ 30	254	0	0,048	Poensgen
		15	0,049	
		25	0,050	
		45	0,051	
		65	0,052	
„ „ 31	259	0	0,039	
„ „ 32	265	0	0,048	
„ „ 33	266	0	0,050	
„ „ 34	269	0	0,050	
„ „ 35	289	0	0,054	„
„ „ 36	301	0	0,044	
„ „ 37	324	0	0,046	
„ „ 38	335	0	0,039	Nußelt (Würfel)
		15	0,048	
		25	0,054	
		35	0,057	
		45	0,059	
„ „ 39	350	0	0,055	Poensgen
		10	0,056	
		25	0,057	
		60	0,058	
„ „ 40	354	0	0,055	
„ „ 41	434	0	0,063	
„ „ 42	483	0	0,094	

ZU TABELLE 3.

Wärmeleitzahlen fester Stoffe.

(Ausgenommen Metalle und Legierungen.)

Material	Raumgewicht in kg/m³	Temperatur in ° C	Wärmeleitf. in kcal/mh°	Beobachter
Auslandversuche:				
Korkplatte „Nonpareil", lufttrocken, ohne künstliches Bindemittel	144	55 73 88	0,0372 0,0406 0,0432	Wood u. Grundhofer Pa. State College
Korkplatte, ohne Verwend. künstl. Binder, kleine Dichte. λ-Werte unter 30° und über 70° gradlinig extrapoliert	110,5	0 10 20 30 40	0,0310 0,0318 0,0326 0,0334 0,0342	Bur. of St.
Dasselbe, schwerer . . .	160	30	0,0374	
„ noch schwerer .	180	30	0,0382	
„ sehr schwer, (Extrapolation wie oben) .	224	0 10 20 30 40 60 80	0,0392 0,040 0,0408 0,0415 0,0423 0,0438 0,0453	„
Korkplatte, Kork gekörnt, ohne fremdes Bindemittel	175	75	0,0674	Desvignes
Bindemittel Wasserglas .	195	76	0,0674	
„ Kasein . . .	203	75	0,0689	
„ Pech . . .	270	78	0,0874	
mit Kieselgur gemischt u. kalziniert	318	80	0,0888	
Korkplatte, Kork gekörnt, Bindemittel Asphalt . . .	232	32	0,0397	Bur. of St.
„ Pech	87 112 170 224 250	32 32 32 32 32	0,0310 0,0335 0,0372 0,0422 0,0436	
Korkplatte, gekörnt, m. Kasein gem., 100 mm stark . . .	148	5 15 30	0,042 0,0437 0,0477	Biquard
Dieselbe, nach 20tägigem Liegen im Wasser . . . . (Volumenvermehr. 4 %) .	280	7,5 20	0,082 0,093	
Dieselbe, trock., m. Harz überzogen	185	30	0,049	
Korkplatte, 120 mm	285	5 15 30	0,0495 0,053 0,0585	„
Korkplatte, 150 mm	275	5 15 30	0,049 0,053 0,058	
Dieselbe, nach 20tägigem Liegen im Wasser	310	7,5 20	0,073 0,078	
Korkplatte m. Pech getränkt.	275	15	0,052	„
Dieselbe, feucht	310	15	0,076	

Wärmeleitzahlen fester Stoffe.

(Ausgenommen Metalle und Legierungen.)

Material	Raumgewicht in kg/m³	Temperatur in °C	Wärmeleitf. in kcal/mh°	Beobachter
Korkplatte, 65 mm dick, bedeckt mit 5 mm Zement auf jeder Seite	446	10 15 50	0,056 0,058 0,059	Poensgen
Korkersatzplatten	240	0 20	0,048—0,063 0,05—0,065	Hencky
Korkersatzplatten, schwerer .	480	0 20	0,088 0,090	
Kork mit Kieselgur gemischt (geformter Zustand) . . .	323	10 20 60	0,065 0,067 0,073	Knoblauch, Raisch, Reiher
Kork mit Baumrinde und Tannennadeln	434	0 25 50	0,063 0,069 0,075	
Korkment-Linoleum (Isolierunterlage unter Linoleum)	535	20	0,069	Gröber
Korkmörtel		—1	0,049	Griffiths
Kreide			0,79	Herschel, Ledebour u. Dunn
Kupferoxyd, gepreßt, Pulv. .	2189	46	0,87	Kresta
Kupfersulfid, synthetisch dargestellt, gegoss., sehr homog.		0	0,38	Icole
Lampenruß	165	40	0,0561	Taylor
Lampenruß, Cabots Nr. 5 . .	193	10—100 10—300 10—500	0,0272 0,0332 0,0392	Randolph 1912
Lava		16—99	0,725	Morano
(Vulkanit)		unter 0	0,03	G. Forbes
Leder (Chamoix)			0,054	Lees und Chorlton
Leder (Sohlen)	1000	30	0,137	Bur. of St.
Leder (Kuhhaut)		72—97	0,151	Lees u. Chorlton
Sohlenleder	1000	etwa 30	0,136	van Dusen
Lehm m. Stroh gem., trock. .	1505	0 20	0,35 0,38	Hencky
Lehmstein				
7,4 Vol. % Feuchtigkeit .	1775	25	0,60	Knoblauch,
10,0 Vol. % Feuchtigkeit .	1775	25	0,80	Raisch, Reiher
Lehmstein, gestampft. . . .		5	0,54	
5,7 Vol. % Feuchtigkeit .	1900	45	0,66	
Lehmstampfmauer in fertigem Haus			0,82	Hencky
Leim, pulverisiert			0,105	Hutton-Blard
Leinen			0,0756	Lees u. Chorlton
Leinenband (gefirnißt und im Ofen getrocknet)		30	0,126	Symons und Walker

ZU TABELLE 3.

Wärmeleitzahlen fester Stoffe.

(Ausgenommen Metalle und Legierungen.)

Material	Raumgewicht in kg/m³	Temperatur in °C	Wärmeleitf. in kcal/mh°	Beobachter
Liassteln (s. a. Schiefertonstein) mit 53 % SiO_2 + 45,3 Al_2O_3; Porosität = 0,39 .	1750	50 500 950	0,72 0,756 0,843	Goerens
Linoleum	1183	0	0,15	Knoblauch, Raisch, Reiher
Linoleum, trocken, 7,5 mm .	1183	0 20	0,15 0,16	Gröber
Linoleumkorkunterlage . . . (Korkmentlinoleum)	535	20	0,069	
Löschpapier			0,054	Lees u. Chorlton
Luftzellengips („Insulex“ oder „Pyrocel“, amerik.) . . .	128 192 288 384 480	32 32 32 32 32	0,0434 0,0546 0,0732 0,0956 0,1240	Bur. of St.
„Lyxhair“, Bast v. Eukalypt.-Baum, Ersatz f. tier. Haar, norm. Feuchtigkeitsgehalt 12 %, n. 24stünd. Liegen i. Wasser 66 % Gewichtszun., verkohlt ab 150° C .		0	0,0385	Griffiths
Magnesiumcarbonat: Höchsttemperatur 300°. .	450	100 200 300	0,0828 0,090 0,090	Skinner
Magnesiumoxyd (Magnesia usta), gepreßtes Pulver .	797	48	0,522	Kresta
Magnesia mit Asbestzusatz, lose	189	0 50 100	0,049 0,0513 0,0524	Knoblauch, Raisch, Reiher
Magnesia, 85 % basisches Magnesiumkarbonat u. 15 % Asbestfaser	216	10—100 10—400 10—600	0,0583 0,0602 0,0714	Randolph
Magnesia Rohrisolierschale .	266	50 100 200	0,063 0,066 0,072	Forschungsheim für Wärmesch.
Magnesia Rohrisolierschale, 85 % Magnesia, 15 % Asbest	273	70	0,0678	Mc Millan
Magnesia Rohrisolierschale .	279	70	0,062	
Magnesia Rohrisolierschale, 85 % Magnesia, 15 % Asbest	298	70	0,0683	
Desgl.	310	30	0,063	Bur. of St.
Desgl.		50 100 200	0,0527 0,0573 0,0670	Heilmann
Desgl.		50 100 200	0,0562 0,0608 0,0697	„

ZU TABELLE 3.

Wärmeleitzahlen fester Stoffe.

(Ausgenommen Metalle und Legierungen.)

Material	Raumgewicht in kg/m³	Temperatur in °C	Wärmeleitf. in kcal/mh°	Beobachter
Magnesiaisolierung „Hi-Temp" aus basischem Magnesiumkarbonat, Asbest u. feuerbeständigen Zusätzen. . .		50 100 200	0,061 0,065 0,073	Heilmann
Magnesitstein.		600 1000	1,29 1,45	van Rinsum
Magnesitstein, 88,8% *MgO*; 0,2% SiO_2; 0,2% Al_2O_3; 9,3% Fe_2O_3; 0,3% *CaO*; gepreßtes Material; vor der Messung auf 1200° erwärmt	2350	20 400 800 1200	0,43 0,50 0,57 0,65	Heyn, Bauer u. Wetzel
Dasselbe, vor der Messung mehr. Stunden auf 1360° erwärmt	2350	20 400 800 1200	0,35 0,41 0,48 0,55	
Magnesitstein, 53,5% *MgO*; 22,5% SiO_2; 14,8% Al_2O_3; 2,5% Fe_2O_3; 4,9% *CaO*; spez. Wärme 0,206 . . .	2010	50 300 600 900	2,39 1,98 1,56 1,35	Tadokoro
Magnesitstein, 74,4% *MgO*; 18,3% SiO_2; 2,6% Al_2O_3; 0,8% Fe_2O_3; 0,2% *MnO*; Schmelztemperatur 1790° spez. Wärme 0,193 . . .	2370	45	1,41	Tadokoro
Magnesitstein, Bendorfer Fabrikat, 86,4% *MgO*; 2,7% SiO_2; 6,5% Al_2O_3; 4,4% Fe_2O_3; Porenvol. 34% . .	2340	20 250 500 750 1000	4,35 4,04 3,67 3,25 2,78	Goerens
Magnesitstein, 92,1% *MgO*; 5,0% SiO_2; 0,4% Al_2O_3; 1,6% Fe_2O_3; 1,7% *CaO* . .	2400	20 400 800 1200	8 5,7 3,5 3,1	Dougall, Hodsman u. Cobb
Magnesitstein, 81,8% *MgO*; 5,2% *CaO*; 1,9% Fe_2O_3 . .	2630	500 700 900 1100	0,63 0,612 0,594 0,576	A.T. Green
Magnesitstein, 87,9% *MgO*; 4,7% *CaO*; 2,6% Fe_2O_3 . .	2560	500 700 900 1100	1,14 1,01 0,972 0,900	„
Magnesitstein.		50 1130	0,972 2,59	Wologdine
Marmor, weiß			2,81	Hecht
„ „			2,95	H. F. Weber
„		—190 — 78 0	5,22 3,03 2,57	Eucken
		0	1,94	R. Weber

ZU TABELLE 3.

Wärmeleitzahlen fester Stoffe.

(Ausgenommen Metalle und Legierungen.)

Material	Raumgewicht in kg/m³	Temperatur in ° C	Wärmeleitf. in kcal/mh°	Beobachter
Marmor, amerikanischer				
schwarz		30	2,15	Peirce und
weiß		30	2,14	Willson
Marmor, weiß	2706	0	1,4	Forbes
		95	1,112	Desvignes
Marmor, grau, belgisch . . .	2694	96	1,21	
Marmor, carar.		30	1,8	Peirce u. Willson
Mörtel:				
Mörtel, fein (4—9 mm) . . .	1464	85	0,20	Desvignes
„ lose, trocken	1850	0	0,29	Gröber
		20	0,32	
„ gewaschen, trocken,		0	0,29	
v. 25—77 mm	1850	20	0,32	
		40	0,35	
Mörtel, 3 Teile Schweißsand, 1 Teil Kalk, 1,4 Vol. %	1820	0	0,57	Knoblauch,
Feuchtigkeit		20	0,58	Raisch, Reiher
Verputz, 12 Teile Kiessand, 4 Teile Kalk, 1 Teil Zement, 2 Vol. % Feuchtigkeit . .	1870	0	0,46	„
Gußmörtelblock (Betonstein), trocken	1660	0	0,57	Hencky
		20	0,60	
Gußmörtelblock (Bauelement)		31	1,01	Griffiths
Kalkmörtelverputz, 38 mm st., einige Monate getrocknet	1690	20	0,68	Gröber
Kalkmörtel, gewöhnlich, trocken (Verputz)	1339	90	0,30	Desvignes
Kalkmörtel (Beffes Nr. 31) .	1745	89	0,312	
Gußmörtel, Gemisch 1-2-4,			0,976—	Willard u.
81 mm	2240		1,081	Lichty
Verputzzement, wird zum Bewurf von Korkplatten verwandt (Magnesium-Oxychlorid).		—3	0,137	Griffiths
Zementmörtel s. Zement				
Mühlsteine, trocken	1258	81	0,416	Desvignes
Naphtalin		—190	1,025	Lees
		—78	0,471	
		0	0,324	
		35	0,342	
α-Naphtol		35	0,274	
β-Naphtol		35	0,288	
Natriumchlorat (Kristall) . .		—78	1,35	Eucken
		0	0,96	
Nickeloxyd, gepreßt. Pulver .	1445	47	0,806	Kresta

ZU TABELLE 3.

Wärmeleitzahlen fester Stoffe.

(Ausgenommen Metalle und Legierungen.)

Material	Raumgewicht in kg/m³	Temperatur in °C	Wärmeleitf. in kcal/mh°	Beobachter
Onyx (Mexiko)		30	2,00	Peicre und Willson
Pappe (als Wandbelag)	690	30	0,061	Bur. of St.
Pappe (Strohpappe)			0,119	Barrat
Pappe (Deckelpappe)		unter 0	0,163	G. Forbes
Pappwand, gewellt, 35 Lag., je 5 mm St., zus. 175 mm stark		7,5 15 20	0,048 0,052 0,054	Biquard
Paraffin		—190 —78 0	0,298 0,319 0,248	Eucken
Schmelzpunkt 50,4° C		17 etwa 20	0,17 0,102	R. Weber Melmer
Schmelzpunkt 66° C	920	23	0,23	Jakob u. Erk
Paraffin „Parowax", Schmelzpunkt 52°	890	30	0,198	Bur. of St.
Pflanzenfasern,				
mit Luft gemischt		9	0,023	Rubner
ohne Luft		9	0,51	
Poplox, bei 500° getrocknet	93	10—200 10—300 10—400 10—500	0,0331 0,0359 0,0438 0,0584	Randolph
Poplox aus Wasserglas durch Verpuffen	23	10—200 10—300	0,0350 0,0482	„
Porphyr		20	3,05	Stadler
Porzellan		95	0,893	Lees u. Chorlton
Porzellan-Sèvres		165 1055	1,405 1,692	Wologdine
Preßspan, nicht imprägn.		54	0,214	Symons u. Walker
Preßzellulose	1425	15	0,210	Biquard
Quarz, parallel zur Achse		—190 — 78 0 100	42,1 16,8 11,7 7,75	Eucken
		9	9,48	Tuchschmid
Quarz, senkrecht zur Achse		—190 — 78 0 100	21,1 8,68 6,25 4,80	Eucken
		0	5,69	R. Weber
		9	5,77	Tuchschmid
Quarzglas		—190 — 78 0 100	0,569 0,99 1,194 1,64	Eucken
Desgl.	2100	20	1,195	Singer

ZU TABELLE 3.

Wärmeleitzahlen fester Stoffe.

(Ausgenommen Metalle und Legierungen.)

Material	Raumgewicht in kg/m³	Temperatur in °C	Wärmeleitf. in kcal/mh°	Beobachter
Quarz, fein gemahlen durch 200 Maschensieb, bei 500° getrocknet . . .	1050	10—500	0,086	Randolph
Quarz, körnig, 1,6 mm ⌀ . .	1640	10—500	0,224	
Quarz, grob, rd. 3 mm ⌀ . .	1550	10—500	0,258	
Retortenkohle vgl. Kohle				
Ruß vgl. Lampenruß				
Sand, fein, Korngröße kleiner als 2 mm, trocken . . .	1600	89,0	0,266	Desvignes
Sand, weiß, trocken			0,334	H. L. D.
Flußsand, feinkörnig, durch Hitze vollst. getrocknet . .	1520	0 20 160	0,26 0,28 0,33	Gröber(Kugel) „
Derselbe, m. norm. Feuchtigkeitsgehalt, 6,9 Gew.-% 11 Vol.-%	1640	20 50	0,97 0,99	
Natursandstein, frisch gebrochen, grau	2259	10 20 40	1,33 1,44 1,58	Poensgen
Derselbe, 6 Mon. luftgetr. . .	2251	0 10 20 30	1,05 1,08 1,11 1,14	
Schamottesteine für Winderhitzer.	1653	50 100 200 400 600	0,33 0,37 0,46 0,65 0,83	Schmidt und Wrede
Schamottestein, (s. a. Dinasstein, Halbschamottestein, feuerfester Ton)	1716	10 60	0,49 0,53	Poensgen
Schamottestein	1730	20 100	0,39 0,39	Barrat
Schamottestein, Mittel aus 2 Sorten		200 600 1000	0,51 0,66 0,82	van Rinsum
Schamottestein, mit 67,7% SiO_2 u. 28,2% Al_2O_3; Porosität = 0,29.	1800	50 450 850	0,74 0,89 1,10	Goerens
Halbschamottestein (s. auch Schamottestein) m. 73,1% SiO_2 u. 22,8% Al_2O_3; Porosität = 0,30	1830	50 450 850	0,79 0,88 1,05	„
Schamottestein	1857	80	0,418	Desvignes

ZU TABELLE 3.

Wärmeleitzahlen fester Stoffe.

(Ausgenommen Metalle und Legierungen.)

Material	Raumgewicht in kg/m³	Temperatur in °C	Wärmeleitf. in kcal/mh°	Beobachter
Schamottestein, 4 Sorten mit 64,2 % SiO_2 u. 29,9 % Al_2O_3 (im Mittel)		200 600 1000	0,577 0,703 0,789	Heyn, Bauer u. Wetzel
Schamottestein	1865	200 300 400 500	1,00 1,12 1,14 1,16	Schmidt und Wrede
Schamotte		125 1220	1,15 1,94	Wologdine
Schamottestein, 67,5 % SiO_2; 27,1 % Al_2O_3	1920	500 700 900 1100	0,36 0,43 0,54 0,756	A.T. Green
Schamottestein, 57,9 % SiO_2; 33,0 % Al_2O_3	2000	700 900 1100	0,432 0,576 0,864	„
Schamottestein, 68,4 % SiO_2; 26,1 % Al_2O_3; 2,5 % Fe_2O_3	2030	500 700 900 1100	0,360 0,468 0,594 0,90	„
Schiefertonstein, (s. a. Liasstein), mit 53,9 % SiO_2 + 40,2 % Al_2O_3; Poros. = 0,31	1810	50 500 950	0,78 1,01 1,18	Goerens
Schiefer, quer z. Schicht			1,13 bis 1,30	Herschel, Ledebour u. Dunn
Schiefer, längs d. Schicht			1,98 bis 2,34	
Schiefer		94	1,28	Lees u. Chorlton
Schlacke:				
Schlackenbeton (s. Beton)				
Kohlenschlacke	697	0	0,12	Knoblauch, Raisch, Reiher
Kesselschlacke	750	0 20	0,13 0,14	Hencky
Hochofenschaumschlacke, tr. Körner v. 2—5 mm Gr.	360	0 20	0,088 0,090	
Dasselbe, Körner 30 mm	360	0 20	0,12 0,13	„
Mischung	304	0 20	0,10 0,11	„
Hochofenschaumschlacke, por., lose	360	-75	0,095	Nußelt (Kugel)
Schlackensteine	1400	15	0,4	Biquard
Dasselbe 16,6 Vol. % = 9,4 Gew. % Feuchtigkeit	1775	0 15 30	0,40 0,42 0,44	Laboratorium für Techn. Physik

ZU TABELLE 3.

Wärmeleitzahlen fester Stoffe.

(Ausgenommen Metalle und Legierungen.)

Material	Raumgewicht in kg/m³	Temperatur in °C	Wärmeleitf. in kcal/mh°	Beobachter
Schlackenwolle:				
Schlackenwolle, locker . . .	137	76	0,0723	Desvignes
Dieselbe, lose gestopft . . .	192	30	0,0324	Bur. of St.
Dieselbe. „ „ . . .	200	30	0,0342	
in Blöcken, verfilzt, Fasern senkrecht z. Wärmestrom	290	30	0,0356	
Dieselbe, gestopft	300	0	0,0495	Forschungsheim
		50	0,055	
		100	0,0605	
		200	0,072	
Dieselbe, fester gestopft . . .	360	0	0,042	
		50	0,046	
		100	0,050	
		200	0,059	
Dieselbe, fester gestopft . . .	450	0	0,0435	
		50	0,048	
		100	0,0525	„
		200	0,062	
Schlackenwollrohrisolierungen in Schalenform	400	50	0,061	
		100	0,067	
		200	0,080	
Schlackenwollrohrisolierung		50	0,0625	
mit Versteifungen und äu-		100	0,070	
ßerem Schutzmantel . . .	790	200	0,085	
Schlackenwolle, fest gepackt	340	30	0,0367	
v. Eimer u. Amend *NY* (bei 350° getr.)	427	250	0,060	Randolph
(engl.) Probe Nr. 1 . . .	rd. 210	+1	0,0374	Griffiths
Probe Nr. 2	rd. 337	—7	0,036	
Probe Nr. 3, nach 14jähr. Gebrauch a. Kriegssch.		0	0,0436	
Probe Nr. 4, durch Vibrationen stark zertrümmert		—1	0,0522	„
Schlackenwolle, Probe Nr. 5, verflochten		—1	0,0378	Griffiths
mit organ. Bindemitteln		27	0,0403	
Schlackenwolle m. pflanzl. Fas. u. wasserd. Binder, starr, wasserdichte Lith.-Wand	200	30	0,0472	Bur. of St.
„Rock-Kork", Bindemittel, wasserdicht, fest, hohe Dichte	250	30	0,0407	
Schnee	50		0,0061	Abels
	100		0,0216	
	450		0,493	
	900		1,97	

Wärmeleitzahlen fester Stoffe.

(Ausgenommen Metalle und Legierungen.)

Material	Raumgewicht in kg/m³	Temperatur in ° C	Wärmeleitf. in kcal/mh°	Beobachter
Schnee	179 239 250 271		0,086 0,144 0,162 0,115	Okada, Abe, Yamada
Schwefel, rhombisch-kristallin		— 0	0,549 0,252	Eucken
siedend, in Form gegossen, großenteils amorph (plast.)		—190 0	0,139 0,169	
		20—100	0,226	Hecht
Schwemmsteine, siehe auch unter Bims.				
Schwemmsteine, rheinische, trocken	630	0 20 30	0,11 0,13 0,14	Gröber
Mauerwerk hieraus . . .		0 20	0,20 0,22	Hencky
Hochofenschwemmsteine . .	298	0—30	0,072	Knoblauch
Hochofenschwemmsteine . .	785	10 25	0,15 0,10	Forschungsh. f. Wärmesch.
Schwemmsteine, Hochofenschwemmsteine, trocken	785	0 20	0,14 0,16	Hencky
Mauerwerk hieraus . . .		0 20	0,22 0,24	
Kalkschwemmsteine, trocken	630	0 10 20	0,087 0,111 0,135	Forschungsh. f. Wärmesch.
Zementschwemmsteine, rheinische, trocken	735	0 10 20 50	0,133 0,147 0,160 0,201	„
Zementschwemmsteine, rheinische, trocken	764	0 10 20 50	0,132 0,140 0,148 0,173	
Zementschwemmsteine, rheinische, in Normalziegelformat, trocken	780	0 10 20 50	0,15 0,16 0,17 0,200	Schmidt und Großmann
Mauer aus vorstehenden Zementschwemmsteinen, mit Kalkmörtel vermauert und beiderseits verputzt, 27 cm stark, 2,4 Monate alt, 3,8 Vol. = % Wasserverlust seit Herstellung . . .	1165	10	0,44	Schmidt und Großmann
4,3 Mon. alt, 4,5 Vol. = % Wasserverlust seit Herst. .	1158	10	0,40	

ZU TABELLE 3.

Wärmeleitzahlen fester Stoffe.

(Ausgenommen Metalle und Legierungen.)

Material	Raumgewicht in kg/m³	Temperatur in °C	Wärmeleitf. in kcal/mh°	Beobachter
Seegras, lufth.		9	0,0222	Rubner 1895
Seegras, zwischen starkem	55	32	0,0310	Bur. of St.
Papier	74	32	0,0323	
Seide			0,0342	Lees u. Chorlton
Seide, Spinnereiabfall, f. Rohr-		0	0,038	Nußelt 1908
schutz	100	50	0,045	
		100	0,051	
Seidenzopf, aus vorstehendem Material	147	0	0,039	„
		50	0,047	
		100	0,052	
Seide, Spinnereiabfall, f. Rohr-		—200	0,020	Gröber 1910
schutz	100	—150	0,027	(Kugel)
		—100	0,032	
		— 50	0,0375	
		0	0,0425	
		+ 50	0,0480	
Seide, mit Luft		9	0,0221	Rubner
Seide, ohne Luft		9	0,319	
Serpentin		20	0,865	Hecht
		20	3,04	Stadler
Serpentin (Cornwall rot)			1,59	H. L. D.
Silicastein, Mittelwerte aus 2 Sorten mit 95,5 % SiO_2 u. 1,5 % Al_2O_3		200	0,58	van Rinsum
		600	0,88	
		1000	1,17	
Silicastein, aus amorphem Quarzit		200	0,51	„
		600	0,88	
		1000	1,24	
Silicastein, 94 % SiO_2; 1,8 % Al_2O_3, 2,6 % CaO	1510	700	0,396	A. T. Green
		900	0,522	
		1100	0,72	
Silicastein, 95,4 % SiO_2; 0,9 % Al_2O_3, 1,7 % CaO	1770	500	0,270	
		700	0,342	„
		900	0,396	
		1100	0,576	
Silicastein, 93,4 % SiO_2; 3 % Al_2O_3, 2,2 % CaO	1840	700	0,360	„
		900	0,486	
		1100	0,594	
Silicastein (s. a. Dinasstein) 96,0 % SiO_2 u. 1,8 % Al_2O_3; Porosität = 0,23		50	1,00	Goerens
		400	1,105	
	1870	750	1,26	
Silicastein		100 bis 1000	0,72 bis 1,19	Wologdine
Silica, geschmolzen	2170	20	0,85	Barrat
		100	0,92	

ZU TABELLE 3.

Wärmeleitzahlen fester Stoffe.

(Ausgenommen Metalle und Legierungen.)

Material	Raumgewicht in kg/m³	Temperatur in °C	Wärmeleitf. in kcal/mh°	Beobachter
Speckstein	2870	100	2,88	Taylor
Steifstoff für Wandplatten . .	690	30	0,061	Bur. of St.
Steingut, 14 Proben, spez. Gew. 2,45—2,65 g/cm³ . .	211 bis 237	20	0,90 bis 1,35	Singer, nach Messungen von Jakob
Steinsalz (Kristall)		—190 — 78 0 100	22,9 8,98 6,00 4,17	Eucken
		0	4,93	F. Weber
Strohfaser, gepreßt	139	0 20	0,039 0,040	Knoblauch
Strohwand			0,119	Barrat
Strohwand, verklebt.		rd. 0	0,163	Forbes
Sylvin (Kristall)		—252 —250 —185	50,4 42,1 15,6	Eucken
		— 77	8,57	„
		—190 — 78 0 100	18,1 8,95 6,00 4,23	
Terrakotta. . . . . Siehe auch unter Ziegel		15 1100	0,648 1,368	Wologdine
Thermofil (Gipspulver) . . .	417 545	32 32	0,0645 0,0744	Bur. of St.
Thymol, $C_{10}H_{14}O$		12	0,129	Barus
Ton, feuerfest (siehe auch Schamotte)		360 bis 600 380 bis 750	0,75 bis 0,80 1,34 bis 1,32	Clement und Egy
Torfoleummehl, lufttrocken .	130	0 10 20 50	0,033 0,035 0,036 0,041	Forschungsheim für Wärmesch.
Torfmull, ungef. 50 % Feuchtigkeit	160	25 76	0,055 0,045	Nußelt 1908 (Kugel)
Torfmull		0	0,04	
Torfmull, trocken	190	20	0,041	
0,5 Vol. % feucht		20	0,060	
Torfmull, bes. hygrosk. nimmt 25—30 % Feuchtigkeit aus der Luft auf . . . . . . (λ sinkt infolge Trocknung)	190 195	17 55 20 58	0,052 0,045 0,070 0,045	„

ZU TABELLE 3.

Wärmeleitzahlen fester Stoffe.

(Ausgenommen Metalle und Legierungen.)

Material	Raumgewicht in kg/m³	Temperatur in °C	Wärmeleitf. in kcal/mh°	Beobachter
Torfmullstaub, Holland tr. . .	201	78	0,075	Desvignes
Torfsoden	120	0 10 20 50	0,034 0,037 0,039 0,0485	Forschungsheim für Wärmesch.
Torfsoden	125	0 10 20 50	0,034 0,037 0,040 0,0485	„
Torfplatten, lufttrocken, etwa 1,3 Vol. % Feuchtigkeit .	120	0 10 20 50	0,0345 0,037 0,039 0,044	Forschungsheim für Wärmesch.
Torfoleumplatten	163	0 10 20 50	0,0335 0,035 0,0365 0,041	„
Torfplatten	192	0 54	0,048 0,050	Knoblauch, Raisch, Reiher
Torfplatten	210	0 10 20 50	0,043 0,044 0,045 0,048	Forschungsheim für Wärmesch.
Torfplatten	230	0 20	0,049 0,050	Hencky
Torfplatten	303	0 10 20 50	0,046 0,047 0,048 0,051	Forschungsheim für Wärmesch.
Torfplatten	370	0 20	0,073 0,075	Hencky
Torfplatten	371	0 48	0,062 0,095	Knoblauch, Raisch, Reiher
Torfplatten, hart, Bodenbelag	728	0 30	0,095 0,097	
Torfstein, trocken	840	0 20	0,14 0,15	Hencky
Mauerwerk hieraus . . .		0 20	0,22 0,23	
Trachyt (Siebengebirge)		58 20	0,504 1,66	Morano Stadler
Trapp		43	1,295	Peirce 1903
Tuch (Haartuch)		unt. 0	0,144	G. Forbes
Verputz siehe unter Mörtel.				

ZU TABELLE 3.

Wärmeleitzahlen fester Stoffe.

(Ausgenommen Metalle und Legierungen.)

Material	Raumgewicht in kg/m³	Temperatur in °C	Wärmeleitf. in kcal/mh°	Beobachter
Vollkornmasse, Gichstaub-Isoliermasse, mittl. Sorte .	792	50 100 200	0,092 0,095 0,101	Forschungsheim für Wärmesch.
Wachs (Bienenwachs) . . .		unter 0 20	0,0312 0,0746	Forbes Melmer
Watte	10	18 100	0,334 0,396	Jaeger u. Diesselhorst
Wolle (Schafw.), etwas fettig .	84	76	0,0663	Desvignes
Haarwolle	90	1 01	0,0320 0,0428	Knoblauch, Raisch, Reiher
Wolle, rein	105 80	30 30	0,0303 0,0324	Bur. of St.
Dieselbe, ganz lose . . .	40	30	0,0364	
Wollfaser, rein, getrocknet bei 100° C (beachte Einfluß der Dichte)	15 25 35 44 54 82 106 140 163 192	55	0,0429 0,0387 0,0369 0,0355 0,0323 0,0313 0,0259 0,0220 0,0206 0,0199	Randolph
Wolle (Schafwolle), unrein, etwas schmierig	136	0 50 100	0,033 0,042 0,050	Nußelt 1908
Wolle, verfilzt, pappenartig .	330	30	0,045	Bur. of St.
Wollfilz für Isolation von Niederdruck- u. Heißwasserleitungen „Sall-Mo" . .	418	70	0,0631	Willard u. Lichty
Wollfilz, dunkelgrau	150	40 70	0,0536 0,063	Taylor
Zement (s. auch Beton):				
Zement (Portland)		90	0,0255	Lees u. Chorlton
Zementmörtel, rein Portland, Nr. 1	1715	89	0,289	Desvignes
Zementmörtel, rein Portland, Nr. 2	1886	90	0,460	
Zementmörtel	2000	35	0,78	Nußelt
Ziegel:				
Ziegel, sehr porös, trocken	710	0 20	0,14 0,15	Hencky
Mauerwerk hieraus, trocken .		0 20	0,22 0,23	

ZU TABELLE 3.

Wärmeleitzahlen fester Stoffe.

(Ausgenommen Metalle und Legierungen.)

Material	Raumgewicht in kg/m³	Temperatur in °C	Wärmeleitf. in kcal/mh°	Beobachter
Ziegel, sehr porös, 1,2 Vol.-% Feuchtigkeit	739	20	0,145	Cammerer
Derselbe, 5,8 Vol.-% Feuchtigkeit	797	20	0,21	
Derselbe, 21,5 Vol.-% Feuchtigkeit	943	20	0,34	
Ziegel, sehr porös, trocken . .	812	0	0,16	Hencky
		20	0,167	Knoblauch
		40	0,170	Raisch, Reiher
		80	0,175	
Mauerwerk hieraus, trocken		0	0,24	Hencky
		20	0,25	
Ziegel, handgeformt, trocken	1536	0	0,33	Poensgen
		20	0,34	
Ziegel, Mauerwerk hieraus trocken		0	0,38	Hencky
		20	0,39	
Ziegel, handgeformt, trocken,		0	0,33	Poensgen
(München)	1568	25	0,34	
Maschinenziegel, trocken . .	1672	0	0,44	
		40	0,46	
		80	0,47	
Mauerwerk hieraus, trocken		0	0,47	Hencky
		20	0,48	
Ziegel-Domont (französ. Terrakotta), weinfarb.	1804	91	0,57	Desvignes
Ziegel - Vaugirard (französ. Terrakotta), orangefarb. .	1828	90	0,45	Desvignes
Ziegelmauerwerk (Abbruch), vollkommen trocken, alt	1850	0	0,33	Gröber (Würfel)
		20	0,35	
		47	0,38	
Ziegelmauerwerk, beiderseitiger Putz, 28 cm Stärke; kurz nach Herstellung 25 Vol.-% Feuchtigkeit. .	1961	10	1,20	Schmidt u. Großmann
Dass. 4½ Monate alt, 3,4 Vol.-% Feuchtigkeit	1763	10	0,84	
Dass. 6,4 Monate alt, 1,9 Vol.-% Feuchtigkeit	1748	10	0,74	
Dass. 9,1 Monate alt, 1,0 Vol.-% Feuchtigkeit	1737	10	0,65	"
Dass. 12,5 Monate alt, 0,5 Vol.-% Feuchtigkeit	1715	10	0,60	
Ziegelmauerwerk, amerikan. 96 mm starke Mauer . . .	2112		0,46 bis 0,56	Willard u. Lichty
Dass., 223 mm stark	2112		0,49 bis 0,63	

ZU TABELLE 3.

Wärmeleitzahlen fester Stoffe.

(Ausgenommen Metalle und Legierungen.)

Material	Raumgewicht in kg/m³	Temperatur in °C	Wärmeleitf. in kcal/mh°	Beobachter
Schlackenziegel	1400	15	0,40	Biquard
Hohlziegel		0 20	0,17 0,19	Knoblauch, Raisch, Reiher
Hohlziegelmauerwerk, 8 Monate getrocknet		0 20 59	0,26 0,28 0,31	Gröber (Würfel)
Hohlziegelmauerwerk, 31,2 cm stark:				
1,8 Monate alt.	1332	10	0,70	Schmidt u. Großmann
5 „ „	1327	10	0,64	
Hohlziegeldecke, Wärmestrom aufwärts: Außenziegel . 0,85 cm Luft . . . . . 0,80 „ Ziegel . . . . 0,85 „ Luft . . . . . 13,00 „ Ziegel . . . . 0,85 „ Luft . . . . . 0,80 „ Ziegel . . . . 0,85 „ Gußmörtel . . 3,00 „ zus. 21,00 cm		außen 1 innen 23	0,58	Biquard 1910
Dasselbe, als Fußboden, Wärmestrom aufwärts, der Zwischenraum v. 13 cm mit Gußmörtel gefüllt (beachte große Zunahme der Wärmeleitung)		außen 2 innen 21	1,02	Biquard 1910
Hohlziegeldecke, Wärmestrom aufwärts: ober. Ziegel . . . 1,0 cm Luft . . . 2,5 „ Ziegel . . . 1,0 „ Luft . . . 11,0 „ Ziegel . . . 1,0 „ Luft . . . 2,5 „ Ziegel . . . 1,0 „ zus. 20,0 cm		außen 2 innen 22,5	0,59	Biquard 1910
Zinkoxyd, gepreßtes Pulver .	2886	50	0,511	Kresta
Zucker (Rohrzucker)		—78 0	0,677 0,500	Eucken
Zuckerrohrfaser (Celotex) . .	212 237	32 32	0,042 0,042	Bur. of St.

TABELLE 4.

Wärmeleitzahlen von Flüssigkeiten.

Stoff	Temp. in °C	Wärmeleitzahl λ in kcal/mh°	Beobachter
Äthylalkohol C_2H_5OH . . .	0	0,166	
	20	0,155	Goldschmidt
	40	0,144	
Wassermischung 100 % . . .	11—15	0,147	
„ 90 % . . .		0,158	
„ 80 % . . .		0,185	Henneberg
„ 60 % . . .		0,235	
„ 40 % . . .		0,318	
„ 20 % . . .		0,402	
Ammoniaklösung	18	0,39	Lees
Amylacetat	12	0,11	H. F. Weber
Anilin	0	0,16	Goldschmidt
Benzol	5,1	0,12	H. F. Weber
Bromkaliumlösung etwa 40 %	32	0,41	G. Jäger
Essigsäure	12	0,17	H. F. Weber
Glyzerin	6	0,24	„
Kaliumsulfatlösung, 10 % . .	32	0,51	G. Jäger
Kupfersulfatlösung, 18 % . .	4,4	0,41	H. F. Weber
Methylalkohol CH_3OH . . .	11	0,187	Lees
	25	0,173	
	47	0,16	
Olivenöl		0,15	Wachsmuth
Paraffinöl	17	0,125	R. Weber
Pentan	—185	0,142	
	— 79	0,131	Goldschmidt
	0	0,111	
	14	0,103	
Petroleum	13	0,13	Graetz
Rizinusöl		0,153	Wachsmuth
Salzsäure	32	0,40	G. Jäger
Schwefelkohlenstoff CS_2 . . .	0	0,14	Goldschmidt
Schwefelsäure	20,5	0,45	Chree
Seewasser	17,5	0,48 bis 0,50	Krümmel
Senföl	12	0,14	H. F. Weber
Sesamöl		0,14	Wachsmuth
Teer (Holzteer)	79,5	0,11	Ernst
Terpentin	12	0,105	Graetz und R. Weber
Tetrachlorkohlenstoff CCl_4 . .	0	0,096	Goldschmidt
Toluol	79	0,14	Goldschmidt
Vaselin		0,16	Lees
Wasser	4,1	0,46	Wachsmuth
	20	0,51	Milner und Chattock
	7,8	0,485	Jakob
	41,4	0,538	
	72,4	0,580	
Zitronenöl	5,4	0,12	H. F. Weber
Zylinderschmieröl	81	0,10	Ernst

TABELLE 5.

Wärmeleitzahlen von Gasen und Dämpfen.

Stoff	Temp. in °C	Wärmeleitzahl λ in kcal/mh°	Beobachter
Aceton	0	0,0084	Moser
Acetylen	0	0,016	Eucken
Äthan	0	0,0155	Moser
	100	0,027	
Äthyläther	0	0,011	
Ammoniak	0	0,016	Winkelmann
	100	0,025	
Argon	0	0,014	Eucken
	100	0,018	
Benzoldampf C_6H_6	0	0,0075	Moser
	100	0,0149	
Chlor	0	0,062	Eucken
Chloroform	0	0,0054	Moser
Helium	0	0,012	Eucken
	100	0,014	
Kohlenoxyd	— 191	0,00594	Eucken und Moser
	— 181,5	0,00664	
	0	0,0195	
	0	0,017	Winkelmann
Kohlensäure	— 78,4	0,0079	Eucken
	0	0,012	
	100	0,018	
	274	0,024	Stafford
	546	0,050	
Luft, athmosphärische (siehe auch Tabelle 6)	— 191,1	0,00648	
	— 182,6	0,00722	Eucken
	— 78,4	0,0153	
Methan	0	0,025	
Methylalkohol	0	0,012	Moser
Quecksilber	203	0,0066	Schleiermacher
Sauerstoff	— 191,4	0,0062	Eucken
	— 182,6	0,0070	
	— 78,4	0,0154	
	0	0,020	
	100	0,027	
Schwefelwasserstoff SH_2	0	0,011	„
Stickoxyd	0	0,020	
Stickoxydul	0	0,013	Winkelmann
Stickstoff	— 191,4	0,00658	Eucken
	— 182,6	0,0073	
	— 78,4	0,0155	
	0	0,0204	
	100	0,0258	
Tetrachlorkohlenstoff	46	0,0060	
	100	0,00738	Moser
	184	0,00935	

ZU TABELLE 5.

Wärmeleitzahlen von Gasen und Dämpfen.

Stoff	Temp. in °C	Wärmeleitzahl λ in kcal/mh°	Beobachter
Wasserdampf	46	0,0165	Moser
	100	0,0201	v. Gröber aus Versuchen anderer Beobachter errechnet
	120	0,0212	
	140	0,0223	
	160	0,0235	
	180	0,0246	
	200	0,0258	
	220	0,0269	
	240	0,0281	
	260	0,0292	
	280	0,0303	
	300	0,0315	
	350	0,0344	
Wasserstoff	— 252,2	0,0116	Eucken
	— 182,6	0,0533	
	— 78,4	0,1105	
	0	0,145	Schleiermacher
	100	0,184	

TABELLE 6.

Wärmeleitfähigkeit und spezifische Wärme von Luft

nach Gröber.

Temperatur in °C	Wärmeleitzahl λ in kcal/mh°	Spezifische Wärme in kcal/kg°
0	0,0203	0,240
20	0,0216	0,241
40	0,0228	0,241
60	0,0240	0,242
80	0,0252	0,242
100	0,0263	0,243
200	0,0318	0,246
300	0,0368	0,249
400	0,0418	0,252
500	0,0460	0,255

berechnet nach:

$$\lambda = 0{,}00167\ \frac{(1 + 0{,}000194\ T)\cdot\sqrt{T}}{1 + \frac{117}{T}}$$

$$c = 0{,}240 + 0{,}000031 \cdot t$$

TABELLE 7.

Spezifische Wärme
von Metallen und Legierungen.

Stoff	Temp. in °C	Spez. Wärme in kcal/kg°	Beobachter
Aluminium	0	0,210	Griffiths
	51,0	0,218	
	160	0,225	Lindemann
	283	0,239	
Antimon	17 bis 100	0,050	Schimpff
Arsen, kristallin	21 „ 68	0,083	Bettendorf u.
amorph.	21 „ 65	0,076	Wüllner
Beryllium	0 „ 100	0,425	Nilson u.
	0 „ 300	0,506	Pettersson
Blei, gegossen, rein	18	0,031	Jaeger u.
	100	0,032	Diesselhorst
flüssig	327	0,034	Iitaka
Cadmium	0	0,055	Deuss
	100	0,056	
	300	0,084	
Caesium	0	0,052	Rengade
flüssig	50	0,059	
Calcium	0 bis 100	0,149	Bernini
Cerium	20 „ 100	0,051	Hirsch
Chrom	0	0,104	Bernoulli
	100	0,112	
	300	0,124	
	500	0,150	
Didym	0 bis 100	0,046	Hillebrand
Eisen	0	0,105	Griffiths
	97	0,114	
Gallium, fest	12 bis 23	0,079	Berthelot
flüssig	„ 119	0,080	
Gold	18	0,031	Jaeger u.
	100	0,031	Diesselhorst
Indium	0 bis 100	0,057	Bunsen
Iridium	0 „ 100	0,032	Violle
Kalium	0 „ 22	0,188	Bernini
flüssig	70	0,193	Rengade
	100 bis 157	0,225	Bernini
Kobalt	0 „ 100	0,104	Göbl
	800	0,185	Pionchon
	1000	0,204	
Konstantan (60 *Cu*+40 *Ni*)	18	0,098	Jaeger u. Diesselhorst
Kupfer	0	0,091	Griffiths
	97	0,095	
Lanthan	0 bis 100	0,045	Hillebrand
Lithium	0	0,785	Kleiner u.
	150	0,966	Thum
Magnesium	28	0,242	Ewald
	18 bis 200	0,253	Schübel
Mangan	0	0,107	Laemmel
	500	0,165	
Manganin	18	0,097	Jaeger u. Diesselhorst
Messing (60 *Cu*+40 *Zn*)	−188 b. 19,5	0,099	Dewar
	20 bis 100	0,092	Voigt

ZU TABELLE 7.

Spezifische Wärme

von Metallen und Legierungen.

Stoff	Temp. in °C	Spez. Wärme in kcal/kg°	Beobachter
Molybdän	20 bis 100	0,065	Stücker
Natrium	27	0,290	Griffiths
	95	0,325	
flüssig	98	0,330	Rengade
Neusilber	0 bis 100	0,095	Tomlinson
Nickel	18	0,106	Jaeger u. Diesselhorst
	21 bis 99	0,108	Voigt
	800	0,148	Pionchon
	1000	0,161	
Osmium	19 bis 98	0,031	Regnault
Palladium	18	0,059	Jaeger u.
	100	0,062	Diesselhorst
Platin, gegossen, rein	18	0,032	
	100	0,033	
Quecksilber	0 bis 20	0,033	Brönsted
Rhodium	10 „ 97	0,058	Regnault
Rotguß	18	0,091	Jaeger u. Diesselhorst
Rubidium	0	0,080	Rengade
flüssig	50	0,091	
Ruthenium	0 bis 100	0,061	Bunsen
Selen, krist.	22 „ 62	0,084	Bettendorf u.
amorph	18 „ 38	0,095	Wüllner
Silicium, krist.	24	0,171	Russell
	232	0,203	H. F. Weber
amorph	27	0,180	Russell
Silber	0	0,056	Griffiths
	97	0,057	
	262	0,060	Lindemann
	316	0,062	
	800	0,076	Pionchon
flüssig	907 b. 1100	0,075	
Stahl, angelassen	20 bis 100	0,118	Hill
abgeschreckt	20 „ 100	0,119	
Strontium, unrein	-253 b. -196	0,055	Dewar
Tantal	14 bis 100	0,033	Siemens
	700	0,034	Pirani
	1100	0,043	
	1400	0,044	
Tellur	15 bis 100	0,048	Tilden
Thallium	28	0,031	Ewald
Thorium	0 bis 100	0,028	Nilson
Uran	0 bis 98	0,028	Blümcke
Wismut	18	0,030	Giebe
Wolfram	20 bis 100	0,034	Goodspeed u. Smith
Zink	18	0,093	Jaeger u.
	100	0,095	Diesselhorst
Zinn	18	0,052	
	100	0,056	
flüssig	232	0,061	Iitaka

TABELLE 8.

Spezifische Wärme
von nichtmetallischen festen Stoffen.

Stoff	Temp. in °C	Spez. Wärme in kcal/kg°	Beobachter
Asphalt, Guß-		0,223	Kinoshita
Stampf-		0,213	
Basalt	0 bis 100	0,205	Hecht
Beton	16	0,211	Kinoshita
Bimsstein		0,240	Herschel
Bor, kristallin.	0 bis 100	0,251	Mixter u. Dana
	233	0,366	H. F. Weber
Brom, flüssig	13 bis 45	0,107	Andrews
Eis	0	0,505	Osborne
Germanium	0 bis 100	0,074	Nilson u. Pettersson
Glas, Jenaer 16III	19 „ 100	0,199	Winkelmann
Jena O 331	18 „ 100	0,126	
Glaswolle		0,157	Dietz
Gneiß	17 „ 99	0,196	R. Weber
Granit	12 „ 100	0,192	Joly
Hornblende	20 „ 98	0,195	Ulrich
Humus	20 „ 98	0,443	
Jod	1,8 „ 47,0	0,052	Nernst, Koref u. Lindemann
Kalksandstein	16	0,202	Kinoshita
Kalkstein	15 bis 100	0,217	Morano
Kieselgur	38	0,212	Kinoshita
Kohlenstoff:			
Holzkohle, por., gereinigt	0 bis 24	0,165	H. F. Weber
Buchenkohle, pulv.	435	0,243	Kunz
Steinkohle	0 bis 12	0,312	Hecht
Graphit	10	0,160	H. F. Weber
	20 bis 1040	0,310	Dewar
Diamant	33	0,132	Lindemann
Korkstein	22	0,41	Kinoshita
	65	0,43	
Lava v. Ätna	23 bis 100	0,205	Bartoli
Magnesia-Glimmer	20 „ 98	0,206	Ulrich
Magnesiumoxyd	15 „ 268	0,252	Magnus
Natronglimmer	20 „ 98	0,209	
Organische Faserstoffe		0,32 bis 0,33	Verschiedene
Porzellan	15 „ 912	0,258	Harker
Quarzsand	20 „ 98	0,191	Ulrich
Sandstein	0 „ 100	0,174	Hecht
Schiefer	20	0,181	Kinoshita
Schlacke	14 bis 99	0,189	Oeberg
„ Bessemer	14 „ 99	0,169	
Schwefel	0 „ 32	0,172	Wigand
flüssig	119	0,199	Iitaka
Talk	20 bis 98	0,209	Ulrich
Ton (Kaolin)	20 „ 98	0,224	Ulrich
Tuffstein	19 „ 100	0,331	Morano
Zement, Klinker-	28 „ 40	0,186	Hartl
„ Portl., abgeb.	28 „ 30	0,271	
Ziegelstein	27 „ 49	0,177	Kinoshita

TABELLE 9.

Spezifische Wärme von Flüssigkeiten.

Stoff	Temp. in °C	Spez. Wärme in kcal/kg °	Beobachter
Basen und Säuren in wässeriger Lösung			
Ätzkali			
39,0 %		0,697	Hammerl
21,6 %		0,807	
11,1 % (+25 H_2O)	20	0,861	Richards und Rowe
3,0 % (100 „)	20	0,956	
0,8 % (400 „)	20	0,988	
Ätznatron			
22,9 % (7,5 H_2O)	18	0,847	Thomsen
8,2 % (25 „)	20	0,905	Richards und Rowe
2,2 % (100 „)	18	0,983	Thomsen
Chromsäure			
39,7 % (10 H_2O)	21 bis 53	0,696	Marignac
3,2 % (100 „)	21 „ 53	0,970	
Essigsäure $C_2H_4O_2$			
85 %	22 bis 61	0,590	v. Reis
50 %	22 „ 62	0,778	
2,7 %	20 „ 61	1,000	
Flußsäure			
20,0 %		0,84	Mulert
5,0 %		0,95	
Salpetersäure			
58,3 % (2,5 H_2O)	21 bis 52	0,655	Marignac
12,3 % (25 „)	21 „ 52	0,875	
3,4 % (100 „)	21 „ 52	0,962	
Salzsäure			
16,8 % (10 H_2O)	18	0,749	Thomsen
7,5 % (25 „)	20 bis 24	0,879	Marignac
2,0 % (100 „)	20 „ 24	0,965	
1,0 % (200 „)	18	0,979	Thomsen
Schwefelsäure	5 bis 22	0,332	Cattaneo
50 % (5,44 H_2O)	5 „ 22	0,593	
5,2 % (100 „)	5 „ 22	0,959	
2,2 % (200 „)	16 „ 20	0,975	Marignac
Salze in wässeriger Lösung			
Calciumchlorid 38,1 %	21 bis 51	0,618	Marignac
19,8 %	21 „ 51	0,754	
3,0 %	21 „ 51	0,955	
30 %	0	0,654	W. Koch
30 %	— 40	0,630	
Kaliumchlorid 28,8 %	16	0,720	Jaquerod
19,2 %	16	0,790	
9,6 %	16	0,882	
4,8 %	16	0,938	
2,4 %	16	0,968	

ZU TABELLE 9.

Spezifische Wärme von Flüssigkeiten.

Stoff		Temp. in °C	Spez. Wärme in kcal/kg°	Beobachter
Kochsalz	26 %	60	0,788	Gröber
	14 %	60	0,870	
	11,5 %	20	0,878	Richards und Rowe
	3,1 %	20	0,961	
	0,8 %	20	0,989	
	26 %	— 10	0,776	Gröber
	14 %	— 10	0,851	
Kupfervitriol	30,2 %	15	0,809	Vaillant
	17,6 %	15	0,889	
Soda	19,1 %	21 bis 52	0,865	Marignac
	2,9 %	21 „ 52	0,970	
Organische Flüssigkeiten				
Aceton C_3H_6O		20	0,528	Timofejew
Äthyläther $C_4H_{10}O$		— 50	0,517	Battelli
		0	0,529	Regnault
		30	0,547	
Äthylalkohol C_2H_6O		— 20	0,505	
		0	0,547	
		20	0,593	Timofejew
		40	0,648	Regnault
		80	0,769	
Amylalkohol $C_5H_{12}O$		26 bis 44	0,564	Kopp
Benzol C_6H_6		0	0,397	Mills u. Mc. Rae
		10	0,407	Pickering
		50	0,450	
Chloroform $CHCl_3$		20	0,234	Timofejew
Dextrose $C_6H_{12}O_6$				
9,1 % (+ 100 H_2O) . . .		14 bis 26	0,994	Magie
3,2 % (+ 300 „) . . .		14 „ 26	0,982	
Glycerin $C_3H_8O_3$		15 bis 50	0,576	Emo
50 % (+ 40,9 H_2O). . . .		15 „ 50	0,813	
Lävulose $C_6H_{12}O_6$				
4,7 % (+ 201,5 H_2O) . . .		14 bis 26	0,976	Magie
Methylalkohol CH_4O		20	0,600	Timofejew
Olivenöl		6,6	0,471	H. F. Weber
Petroläther		— 100	0,445	Eckerlein
		0	0,419	
Petroleum		21 bis 58	0,511	Pagliani
Schwefelkohlenstoff CS_2 . . .		— 96	0,195	Battelli
		0	0,238	
		80	0,260	Sutherland
Terpentinöl $C_{10}H_{16}$		— 20	0,384	Regnault
		0	0,411	
		80	0,484	
Toluol C_7H_8		— 92	0,353	Battelli
		— 25	0,380	
		20	0,415	Tréhin

TABELLE 10.

Spezifische Wärme von Gasen und Dämpfen

bei konstantem Druck in kcal/kg⁰.

Stoff	Temp. in ⁰ C	Spez. Wärme in kcal/kg⁰	Beobachter
Aceton	26 bis 100	0,347	Wiedemann
Acetylen.	18	0,402	Heuse
Äthyläther	25 bis 111	0,428	Wiedemann
Äthylalkohol	108 „ 220	0,453	Regnault
Äthylen	18	0,365	Heuse
Ammoniak	24 bis 216	0,512	Regnault
	309	0,605	Haber
	523	0,690	
Argon	15	0,127	Heuse
Atmosph. Luft		siehe Tabelle 6	
Benzol	20	0,279	Déjardin
	100	0,331	
Brom	83 bis 228	0,056	Regnault
Chlor	13 „ 202	0,124	
Chloroform	27 „ 118	0,144	Wiedemann
Chlorwasserstoff	22 „ 214	0,187	Regnault
Helium	18	1,251	Scheel u. Heuse
Jod	206 bis 377	0,034	Strecker
Kohlenoxyd	18	0,251	Scheel u. Heuse
	26 bis 198	0,243	Wiedemann
Kohlensäure, 1 Atm.	15	0,195	Thibaut
„ 30 „		0,267	Lussana
Methan	15	0,531	Heuse
	18 bis 208	0,593	Regnault
Sauerstoff	20	0,218	Scheel u. Heuse
	20 bis 440	0,224	Holborn u. Austin
Schwefelkohlenstoff	86 bis 190	0,160	Regnault
Schwefelwasserstoff, 1 Atm. .	20	0,231	Thibaut
Schweflige Säure	20	0,151	Thibaut
Stickstoff	20	0,250	Scheel u. Heuse
	0 bis 200	0,244	Regnault
Wasserdampf		siehe Tabelle 12	
Wasserstoff	16	3,408	Scheel u. Heuse
	12 bis 198	3,409	Regnault

TABELLE 11.

Spezifische Wärme des Wassers

nach Callendar (Thermodyn. Skala).

Temperatur ^{0}C	Spez. Wärme in kcal/kg^0
0	1,0093
5	1,0047
10	1,0019
15	1,0000
20	1,9988
25	0,9980
30	0,9975
35	0,9973
40	0,9973
45	0,9975
50	0,9978
55	0,9982
60	0,9987
65	0,9993
70	1,0000
75	1,0008
80	1,0017
85	1,0026
90	1,0036
95	1,0046
100	1,0057

TABELLE 12.

Spezifische Wärme des überhitzten Wasserdampfes in kcal/kg°

(nach Knoblauch und Raisch).

Druck p in kg/cm² absolut	0,5	1	2	4	6	8	10	12	14
Sättigungs-temp. t_s °C	80,9	99,1	119,6	142,9	158,1	169,6	179,0	187,1	194,1
Temp. °C									
t_s	0,475	0,483	0,498	0,525	0,551	0,578	0,606	0,635	0,664
110	0,470	0,481	—	—	—	—	—	—	—
120	0,468	0,477	0,498	—	—	—	—	—	—
130	0,467	0,475	0,494	—	—	—	—	—	—
140	0,466	0,473	0,489	—	—	—	—	—	—
150	0,465	0,472	0,486	0,519	—	—	—	—	—
160	0,465	0,471	0,483	0,512	0,549	—	—	—	—
170	0,465	0,470	0,481	0,507	0,538	—	—	—	—
180	0,466	0,469	0,479	0,502	0,528	0,561	0,602	—	—
190	0,466	0,469	0,478	0,498	0,522	0,549	0,583	0,625	—
200	0,466	0,469	0,478	0,495	0,515	0,539	0,567	0,601	0,643
210	0,467	0,470	0,477	0,493	0,510	0,531	0,555	0,584	0,616
220	0,467	0,470	0,477	0,491	0,506	0,524	0,545	0,569	0,595
230	0,468	0,471	0,477	0,489	0,504	0,519	0,537	0,557	0,579
240	0,469	0,472	0,477	0,488	0,501	0,515	0,530	0,548	0,566
250	0,470	0,473	0,477	0,488	0,499	0,512	0,525	0,540	0,556
260	0,471	0,474	0,478	0,487	0,498	0,509	0,521	0,534	0,548
270	0,472	0,474	0,478	0,487	0,497	0,507	0,518	0,529	0,541
280	0,473	0,475	0,479	0,487	0,496	0,505	0,515	0,525	0,536
290	0,474	0,476	0,480	0,487	0,495	0,504	0,513	0,523	0,531
300	0,475	0,477	0,481	0,488	0,495	0,503	0,511	0,519	0,527
310	0,477	0,478	0,482	0,488	0,495	0,502	0,510	0,518	0,525
320	0,478	0,480	0,483	0,489	0,496	0,502	0,509	0,516	0,523
330	0,479	0,482	0,484	0,490	0,496	0,502	0,508	0,515	0,520
340	0,481	0,483	0,485	0,491	0,496	0,502	0,507	0,513	0,519
350	0,482	0,484	0,486	0,492	0,497	0,502	0,507	0,512	0,517
360	0,483	0,485	0,487	0,493	0,497	0,502	0,507	0,511	0,516
380	0,486	0,488	0,490	0,494	0,498	0,503	0,507	0,511	0,515
400	0,489	0,490	0,492	0,496	0,500	0,504	0,507	0,511	0,515
450	0,498	0,498	0,500	0,503	0,506	0,509	0,511	0,513	0,516
500	0,506	0,506	0,508	0,510	0,512	0,515	0,517	0,518	0,520
550	0,514	0,515	0,516	0,518	0,520	0,522	0,523	0,524	0,525

ZU TABELLE 12.

Spezifische Wärme des überhitzten Wasserdampfes in kcal/kg°
(nach Knoblauch und Raisch).

Druck p in kg/cm² absolut	16	18	20	22	24	26	28	30
Sättigungs-temp. t_s °C	200,4	206,2	211,4	216,2	220,8	225,0	229,0	232,8
Temp. °C								
t_s	0,694	0,726	0,759	0,793	0,829	0,864	0,902	0,940
110	—	—	—	—	—	—	—	—
120	—	—	—	—	—	—	—	—
130	—	—	—	—	—	—	—	—
140	—	—	—	—	—	—	—	—
150	—	—	—	—	—	—	—	—
160	—	—	—	—	—	—	—	—
170	—	—	—	—	—	—	—	—
180	—	—	—	—	—	—	—	—
190	—	—	—	—	—	—	—	—
200	—	—	—	—	—	—	—	—
210	0,657	0,705	—	—	—	—	—	—
220	0,627	0,664	0,709	—	—	—	—	—
230	0,604	0,633	0,667	0,766	0,757	0,816	0,890	—
240	0,588	0,611	0,638	0,669	0,704	0,743	0,749	0,852
250	0,573	0,594	0,614	0,639	0,665	0,694	0,731	0,770
260	0,563	0,579	0,597	0,617	0,638	0,661	0,687	0,715
270	0,555	0,568	0,583	0,599	0,616	0,635	0,653	0,676
280	0,547	0,559	0,571	0,585	0,599	0,614	0,630	0,647
290	0,541	0,552	0,562	0,574	0,586	0,598	0,611	0,625
300	0,536	0.545	0,555	0,564	0,574	0,585	0,596	0,607
310	0,533	0,540	0,548	0,557	0,566	0,575	0,584	0,593
320	0,530	0,536	0,543	0,550	0,558	0,566	0,574	0,582
330	0,527	0,533	0,539	0,545	0,552	0,559	0,566	0,573
340	0,525	0,530	0,536	0,541	0,547	0,553	0,559	0,565
350	0,523	0,528	0,533	0,537	0,543	0,548	0,554	0,559
360	0,521	0,526	0,530	0,535	0,540	0,544	0,549	0,554
380	0,519	0,523	0,527	0,530	0,534	0,538	0,542	0,546
400	0,518	0,522	0,525	0,528	0,531	0,534	0,537	0,541
450	0,518	0,521	0,523	0,526	0,528	0,530	0,532	0,534
500	0,522	0,524	0,526	0,527	0,529	0,530	0,532	0,533
550	0,527	0,529	0,530	0,532	0,533	0,534	0,535	0,536

TABELLE 13.

Spezifisches Gewicht von Metallen und Legierungen
bei 20—40°.

Stoff	Spez. Gewicht in kg/m³
Aluminium, gegossen	2 710
„ gewalzt	2 720
Aluminiumbronze (95 % *Cu*, 5 % *Al*)	8 350
Antimon (*Sb*)	6 670
Blei (*Pb*)	11 330 bis 11 370
Bronze: Gußbronze (10 bis 20 % *Sn*)	8 800 „ 8 860
Walzbronze (6 % *Sn*)	8 730
Duralumin (Leg. *Al* mit wenig *Cu*, *Mn*, *Mg*)	2 750 bis 2 870
Eisen: Flußeisen u. Flußstahl	7 850
Schweißeisen	7 800
Elektronmetall (stark *Mg*-haltig), gegossen	1 830
„ „ „ gewalzt	1 810
Gußeisen	7 250
Gold	19 300
Kupfer, gegossen	8 300 bis 8 900
„ gewalzt	8 950
Magnesium	1 740
Magnesiumbronze (*Cu* mit 0,4 bis 0,1 % *Mg*)	8 800 bis 8 900
Messing, gegossen	8 300 „ 8 700
„ gewalzt (Tombak)	8 500 „ 8 800
Neusilber (*Cu*, *Zn* u. *Ni*)	8 400 „ 8 700
Nickel, gegossen	8 900
„ gewalzt	8 600 bis 8 900
Platin	21 400
Quecksilber bei 0°	13 595
Rotguß (82 bis 93 % *Cu* u. *Sn*, *Zn*, evtl. *Pb*)	8 560 bis 8 900
Silber, gegossen	10 470
„ gehämmert	10 500
Silumin (*Al* mit 11 bis 14 % *Si*)	2 500 bis 2 650
Weißmetall (z. B. 80 % *Sn*, 12 % *Sb*, 6 % *Cu*, 2 % *Pb*)	7 500
Wismut (*Bi*)	9 800
Zink, gegossen (*Zn*)	7 110
„ gewalzt	7 190
Zinn, gegossen (*Sn*)	7 280
„ gewalzt	7 330

TABELLE 14.

Raumgewicht verschiedener Stoffe

(ohne Wärmeschutzmittel) bei 20—40°

(s. auch Tabelle 3.)

Stoff	Raumgewicht in kg/m³
Asbestschiefer	1783
Asphalt, gestampft	1680
Gußasphalt	2100
Basalt	2700 bis 3200
Beton, ½ Jahr getrocknet	2180
Eis	880 bis 920
Erdreich (aus München, lettig mit Isarschotter)	2040
Gewachsener Boden, lehmiger, toniger Feinsand, 14 % Feuchtigkeit	2020
Gips, gegossen	970
Baugips, 3 Wochen künstlich getrocknet	1250
Glas:	
Crownglas	2450 bis 2720
Flintglas	3150 „ 3900
Gneis	2400 „ 2700
Granit	2510 „ 3050
Graphit	1900 „ 2300
Holz:	
Eichenholz, lufttrocken	600 bis 1030
„ frisch	930 „ 1280
Kiefernholz, lufttrocken	310 „ 760
„ frisch	380 „ 1080
Fichtenholz, lufttrocken	350 „ 600
„ frisch	400 „ 1070
Teakholz	604 „ 642
Kalkmörtel, frisch	1750 „ 1800
„ trocken	1600 „ 1650
Kalkstein	2122
Kalkstein aus feinem Material	1662
„ „ grobem „	1987
Kautschuk	1000 bis 2000
Korkmentlinoleum	535
Kreide	1800 bis 2600
Linoleum	1183
Marmor	2520 bis 2850
Porzellan	2240 „ 2500
Sand,	
Flußsand, feinkörnig, 0 % Feuchtigkeit	1520
„ „ 6,9 % „	1640
Sandstein	2200 bis 2500
Sandstein, grau, aus Schongau in Schwaben, frisch bearbeitet	2259
Desgl., 6 Monate getrocknet	2251
Schiefer	2816
Schlackenbeton (aus Hochofenschlacken)	550
Schwemm- oder Isolierbimssteine, rheinische	630
Steinkohle	1200 bis 1500
Zement, gepulvert	1400 „ 1950
„ abgebunden	2000
Ziegelmauerwerk, frisch	1570 bis 1630
„ trocken	1420 „ 1460
„ sehr altes	1850
Ziegelsteine	1400 bis 1700

TABELLE 15.

Raumgewicht von Wärmeschutzmitteln

bei 20—40°

(s. auch Tabelle 3).

Stoff	Raumgewicht in kg/m³
Asbestfasern, gestopft	200 bis 700
Baumwolle	81
Bimskies, rheinischer, 1 bis 20 mm	301
„ „ 15 „ 20 „	292
Bimssteine (Isolier-Bimssteine)	630
Fasern (organisch), gestopft	150 bis 180
Filz, Wollfilz, locker	150
Glaswolle	200 bis 300
Haare (Roßhaar), gestopft	170
Hochofenschaumschlacke	360
Hochofenschlackenbeton	550
Holzkohle (Blätterholzkohle)	215
Kieselgur, lose, I	242
„ „ II	350
Kieselgurformstein, gebrannt I	200
„ „ II	300
„ „ III	450
Kieselgurmasse	450 bis 840
Korkmehl, gewöhnliches, 1 bis 3 mm	161
Korkplatte I	60
„ II	200
„ III	400
Korkschrot, gewöhnliches, 3 bis 5 mm	85
„ stark expandiert, 1 bis 2 mm	48
„ „ „ 3 „ 5 „	45
Korkstein, naturleicht	157
„ stark expandiert	57 bis 61
„ expandiert, nicht imprägniert	163
„ „ „ „	206
„ mit Pech gebunden	190
„ asphaltiert	197
Magnesiamasse	210 bis 360
Magnesiaschalen	270 „ 310
Rohseide	56
Sägemehl	215
Schafwolle	136
Schlackenwolle	200 bis 450
Seide, Abfallseide	101
„ „ als Zopf	147
Torfmull, naturfeucht	160 bis 195
Torfplatten	120 „ 730
Vollkornmasse (Gichtstaub)	630 „ 910

TABELLE 16.

Spezifisches Gewicht von Flüssigkeiten

bei ungefähr 15°.

Stoff	Spez. Gewicht bezogen auf Wasser = 1
Aceton	0,79
Äther (Äthyläther)	0,74
Aldehyd	0,80
Alkohol (wasserfrei)	0,79
Amylalkohol	0,81
Anilin	1,04
Anisöl	1,00
Baldrianöl	0,97
Baumwollsamenöl	0,93
Benzin	0,68 bis 0,70
Benzol	0,90
Bernsteinöl	0,80
Bier	1,02 bis 1,04
Brom	3,19
Buttersäure	0,96
Chloroform	1,48
Eiweiß	1,04
Glyzerin (wasserfrei)	1,26
„ mit 50% H_2O	1,13
Harzöl	0,96
Holzgeist	0,80
Kampferöl	0,91
Karbolsäure, roh	0,95 bis 0,97
Kienöl	0,85 bis 0,86
Klauenfett	0,92
Kokosnußöl	0,93
Kreosotöl	1,04 bis 1,10
Lavendelöl	0,88
Leinöl, gekochtes	0,94
Methylalkohol	0,81
Milch	1,03
Mineralschmieröle	0,90 bis 0,93
Mohnöl	0,92
Naphtha	0,76
Ölsäure	0,90
Olivenöl (Baumöl, Provenceröl)	0,92
Palmöl	0,91
Petroleumäther	0,67
Photogen	0,78 bis 0,85
Quecksilber	13,558
Rapsöl, rohes	0,92
„ raffiniertes	0,91
Rizinusöl	0,97
Rüböl, rohes	0,92
„ raffiniertes	0,91
Salzsäure, 10% HCl	1,05
„ 40% HCl	1,20
Schwefelkohlenstoff	1,29
Schweflige Säure (verdichtet)	1,49
Seewasser	1,02 bis 1,03

ZU TABELLE 16.

Spezifisches Gewicht von Flüssigkeiten

bei ungefähr 15°.

Stoff	Spez. Gewicht bezogen auf Wasser = 1
Specköl	0,92
Teer, Steinkohlen-	1,20
Terpentinöl	0,87
Tran	0,92 bis 0,93
Wasser (destilliert)	1,00
Wein, Rhein-	0,99 bis 1,00
Zitronenöl	0,84

TABELLE 17.

Spezifisches Gewicht von Gasen und Dämpfen

bei 0° und 760 mm Q.—S.

Stoff	bezogen auf Luft = 1	kg/m³
Acetylen	0,912	1,1791
Äthyläther	2,586	3,30
Äthylalkohol	1,601	2,05
Ätylen	0,975	1,2609
Ammoniak	0,596	0,7708
Argon	1,379	1,781
Benzol	2,69	3,48
Chlor	2,483	3,214
Chlorwasserstoff	1,267	1,6392
Fluß-Säure	0,713	0,923
Helium	0,138	0,178
Kohlenoxyd	0,9673	1,2503
Kohlensäure	1,5291	1,9767
Leuchtgas	0,34 bis 0,45	0,44 bis 0,58
Luft (siehe auch Tabelle 19)	1,00	1,293
Methan	0,555	0,7168
Quecksilberdampf	6,98	9,02
Sauerstoff	1,1056	1,429
Schwefelkohlenstoff	2,644	3,42
Schwefelwasserstoff	1,190	1,5392
Schweflige Säure	2,265	2,9267
Stickstoff	0,9675	1,2506
Toluol	3,18	4,10
Wasserdampf	0,6233	0,80
Wasserstoff	0,0694	0,08985

TABELLE 18.

Spezifisches Gewicht des überhitzten Wasserdampfes in kg/m³.

(Ermittelt aus dem i, p-Diagramm von Knoblauch-Raisch-Hausen.)

Druck p in at abs	0,5	1	2	4	6	8	10	12	14
Sättigungstemp. t_s in °C	80,9	99,1	119,6	142,9	158,1	169,6	179,0	187,1	194,1
Temp. °C									
t_s	0,303	0,579	1,108	2,124	3,111	4,085	5,051	6,011	6,972
110	0,279	0,562							
120	0,272	0,547	1,110						
130	0,265	0,533	1,079						
140	0,258	0,520	1,050						
150	0,252	0,507	1,023	2,09					
160	0,246	0,494	0,998	2,03	3,11				
170	0,240	0,483	0,974	1,976	3,03	4,08			
180	0,235	0,472	0,951	1,926	2,95	3,96	5,04		
190	0,230	0,461	0,930	1,880	2,88	3,85	4,88	5,92	
200	0,225	0,451	0,910	1,838	2,80	3,75	4,75	5,76	6,85
210	0,220	0,441	0,891	1,795	2,73	3,65	4,62	5,61	6,65
220	0,216	0,431	0,872	1,755	2,67	3,56	4,51	5,46	6,47
230	0,212	0,422	0,854	1,717	2,60	3,47	4,40	5,32	6,29
240	0,208	0,413	0,836	1,683	2,54	3,39	4,30	5,19	6,13
250	0,204	0,405	0,818	1,650	2,48	3,32	4,20	5,06	5,98
260	0,200	0,398	0,801	1,615	2,43	3,25	4,11	4,95	5,84
270	0,197	0,391	0,785	1,587	2,38	3,19	4,03	4,84	5,70
280	0,193	0,384	0,770	1,554	2,33	3,13	3,94	4,74	5,59
290	0,190	0,377	0,756	1,523	2,29	3,07	3,86	4,64	5,47
300	0,186	0,371	0,743	1,496	2,24	3,01	3,79	4,55	5,37
310	0,183	0,364	0,730	1,468	2,20	2,95	3,72	4,46	5,26
320	0,180	0,358	0,718	1,440	2,17	2,90	3,64	4,38	5,16
330	0,177	0,353	0,706	1,415	2,13	2,85	3,58	4,30	5,06
340	0,174	0,347	0,695	1,392	2,10	2,80	3,51	4,23	4,97
350	0,171	0,342	0,684	1,369	2,06	2,75	3,45	4,16	4,87
360	0,169	0,337	0,672	1,343	2,03	2,70	3,39	4,09	4,78
380	0,163	0,326	0,651	1,302	1,965	2,62	3,28	3,96	4,62
400	0,158	0,316	0,632	1,262	1,903	2,54	3,18	3,83	4,47
450	0,147	0,294	0,586	1,183	1,757	2,37	2,95	3,56	4,16
500	0,137	0,275	0,548	1,107	1,644	2,22	2,76	3,33	3,89
550	0,129	0,258	0,515	1,039	1,544	2,08	2,59	3,13	3,65

Fortsetzung für höhere Drücke auf der nächsten Seite.

Anmerkung: Die Werte über 450° mit der Annäherung $\gamma \cdot T = \text{const.}$ für jede Druckspalte extrapoliert.

ZU TABELLE 18.

Spezifisches Gewicht des überhitzten Wasserdampfes in kg/m³.
(Ermittelt aus dem i, p-Diagramm von Knoblauch-Raisch-Hausen.)

Druck p in at abs	16	18	20	22	24	26	28	30
Sättigungs-temp. t_s in °C	200,4	206,1	211,4	216,2	220,8	225,0	229,0	232,8
Temp. °C t_s	7,932	8,892	9,852	10,82	11,79	12,77	13,74	14,73
110								
120								
130								
140								
150								
160								
170								
180								
190								
200								
210	7,63	8,70						
220	7,43	8,44	9,63	10,72				
230	7,24	8,20	9,31	10,35	11,37	12,47	13,55	
240	7,06	7,99	9,01	10,02	11,00	12,11	13,13	14,25
250	6,89	7,79	8,75	9,70	10,67	11,75	12,74	13,80
260	6,75	7,60	8,51	9,41	10,36	11,43	12,39	13,40
270	6,57	7,42	8,29	9,17	10,08	11,12	12,06	13,01
280	6,43	7,25	8,09	8,94	9,83	10,83	11,75	12,68
290	6,30	7,10	7,91	8,73	9,60	10,55	11,45	12,36
300	6,18	6,95	7,75	8,53	9,39	10,29	11,17	12,06
310	6,06	6,81	7,59	8,36	9,20	10,05	10,91	11,79
320	5,94	6,69	7,45	8,21	9,01	9,83	10,67	11,55
330	5,82	6,57	7,30	8,06	8,83	9,61	10,44	11,33
340	5,71	6,45	7,17	7,93	8,66	9,42	10,23	11,11
350	5,61	6,35	7,04	7,81	8,49	9,25	10,05	10,91
360	5,51	6,24	6,93	7,69	8,33	9,08	9,87	10,71
380	5,33	6,03	6,70	7,45	8,05	8,77	9,53	10,33
400	5,16	5,83	6,48	7,21	7,80	8,48	9,21	9,99
450	4,77	5,35	5,99	6,68	7,25	7,82	8,47	9,18
500	4,46	5,00	5,60	6,25	6,78	7,32	7,92	8,59
550	4,19	4,70	5,26	5,87	6,37	6,87	7,44	8,06

TABELLE 19.

Spezifisches Gewicht der Luft

nach Gröber: Die Wärmeübertragung, 1926.

Druck in kg/cm²	0°	20°	40°	60°	80°	100°	200°	300°	400°	500°
0,1	0,125	0,117	0,109	0,103	0,097	0,092	—	—	—	—
0,5	0,627	0,584	0,547	0,513	0,485	0,459	—	—	—	—
1	1,25	1,17	1,09	1,03	0,97	0,92	0,72	0,60	0,51	0,44
2	2,51	2,33	2,19	2,05	1,94	1,84	1,45	1,32	1,02	0,88
3	3,76	3,63	3,28	3,08	2,91	2,75	2,17	1,79	1,52	1,33
4	5,01	4,67	4,37	4,11	3,88	3,67	2,89	2,38	2,03	1,77
5	6,27	5,84	5,46	5,14	4,85	4,59	3,61	2,99	2,54	2,21
6	7,52	7,01	6,56	6,16	5,81	5,50	—	—	—	—
7	8,77	8,17	7,65	7,19	6,78	6,42	—	—	—	—
8	10,02	9,35	8,75	8,22	7,76	7,34	—	—	—	—
9	11,27	10,51	9,84	9,26	8,73	8,26	—	—	—	—
10	12,53	11,68	10,93	10,27	9,70	9,18	—	—	—	—
11	13,8	12,8	12,0	11,3	10,7	10,1	—	—	—	—
12	15,0	14,0	13,1	12,3	11,6	11,0	—	—	—	—
13	16,3	15,2	14,2	13,4	12,6	11,9	—	—	—	—
14	17,5	16,3	15,3	14,4	13,6	12,8	—	—	—	—
15	18,8	17,5	16,4	15,4	14,5	13,8	—	—	—	—
16	20,0	18,7	17,5	16,4	15,5	14,7	—	—	—	—

TABELLE 20.

Erstarrungs- und Siedepunkte

in Graden bei 760 mm Q.-S.

a) Erstarrungspunkte.

Wasserstoff . . . . — 258
Sauerstoff . . . . — 219
Stickstoff . . . . — 210,5
Kohlenoxyd . . . . — 207
Äthylalkohol . . . . — 114
Schwefelkohlenstoff . . . — 112,0
Chloroform . . . . — 63,7
Chlorbenzol . . . . — 45,5
Quecksilber . . . . — 38,9
Natrium 97,6
Zinn 231,9
Kadmium 320,9
Blei 327,3
Zink 419,4

Antimon 630
Magnesium 650
Aluminium 657
Kochsalz 800
Eisen (rein) 900
Silber 960
Gold 1063
Kupfer 1083
Silicium 1414
Nickel 1451
Eisen (Flußeisen) 1510
Platin 1752
Magnesiumoxyd 2800
Kohlenstoff 3917

b) Siedepunkte.

Helium . . . . — 268,8
Wasserstoff . . . . — 252,7
Stickstoff . . . . — 195,6
Luft . . . . — 193
Kohlenoxyd . . . . — 190
Argon . . . . — 185,8
Sauerstoff . . . . — 183
Kohlensäure . . . . — 78,5
Ammoniak . . . . — 33,4
Methylchlorid . . . . . . — 24,1
Schweflige Säure . . . . — 10,0

Äthyläther 34,6
Äthylalkohol 78,3
Benzol 80,5
Toluol 110
Chlorcalciumlösung gesätt. . 180
Naphtalin 217,9
Glyzerin 290
Paraffin 300
Quecksilber 357
Schwefel 444,5
Blei 1525

TABELLE 21.

Zähigkeit von Flüssigkeiten.

Werte von $\mu \cdot 10^6$ in $\frac{\text{kg} \cdot \text{sec}}{\text{m}^2}$

z. B. für Wasser von 50° ist $\mu = 0{,}000056$.

Flüssigkeit	0°	50°	100°	200°	Interpoliert nach Messungen von
Benzol	87	44	26	11	Heydweiller
Wasser	180	56	28	—	Bingham u. White 1912
Alkohol	180	72	30	—	Thorpe u. Rodger
Quecksilber . . .	172	146	122	102	S. Koch
Rizinusöl	510 000	18 000	—	—	Kahlbaum u. Räber
Terpentinöl . . .	230	95	56	—	Glaser
Glyzerin	520 000	—	—	—	Schöttner
Toluol	78	44	28	16	Heydweiller
Schwefelsäure . .	6 300	1 080	330	—	Dunstan

TABELLE 22.

Zähigkeit von Gasen und Dämpfen.

Werte von $\mu \cdot 10^6$ in $\frac{\text{kg} \cdot \text{sec}}{\text{m}^2}$

z. B. für Luft bei 300° ist $\mu = 0{,}00000296$.

Gas oder Dampf	0°	100°	200°	300°	400°	500°	Beobachter
Wasserdampf 1 at	0,92	1,28	1,66	2,04	2,41	2,79	
4 at	0,97	1,33	1,71	2,08	2,45	2,83	Speyerer
10 at	1,15	1,51	1,87	2,23	2,59	2,96	
Luft [1].	1,72	2,19	2,60	2,96	3,29	3,59	Rankine, Markowski
Stickstoff	1,68	2,13	2,52	2,87	3,19	3,48	H. Vogel
Sauerstoff	1,92	2,47	2,94	3,37	3,76	4,12	„
Kohlensäure . . .	1,40	1,89	2,34	2,75	3,12	3,49	„
Kohlenoxyd . . .	1,70	2,16	2,57	2,93	3,27	3,56	„
Wasserstoff . . .	0,85	1,02	1,17	1,29	1,42	1,53	„

Die Werte wurden interpoliert nach Versuchen der in dieser Spalte verzeichneten Beobachter, und zwar nach der Sutherland'schen Gleichung:

$$\mu_T = \mu_0 \frac{1 + \frac{C}{273}}{1 + \frac{C}{T}} \cdot \sqrt{\frac{T}{273}} \,.$$

μ_0 ist die Zähigkeit bei 0° und C eine Konstante, die sich für jedes Gas nach Rankine errechnet aus

$$C = \frac{Tk}{1{,}12},$$

wenn Tk die absolute kritische Temperatur ist.

[1]) Die Formel von Nusselt für die Wärmeübergangszahl eines Zylinders in senkrecht zur Achse strömender Luft (Gleichung 23) setzt für $10^6 \mu_0$ den Wert 1,69 voraus.

TABELLE 23.

Kritische Geschwindigkeit
einiger Gase, Dämpfe und Flüssigkeiten.

$$W_k = \frac{2320 \cdot \mu \cdot g}{d \cdot \gamma} \text{ in m/s.}$$

	Temp. in °C	Rohrdurchmesser in mm			
		10	25	50	100
Luft, 1 at	0	3,08	1,230	0,615	0,307
	20	3,49	1,395	0,698	0,349
	40	3,95	1,580	0,790	0,395
	100	5,31	2,123	1,062	0,531
Luft, 5 at	0	0,614	0,246	0,1228	0,0614
	20	0,698	0,279	0,1395	0,0698
	40	0,788	0,315	0,158	0,0788
	100	1,065	0,426	0,213	0,1065
Luft, 10 at. . . .	0	0,307	0,123	0,0614	0,0307
	20	0,349	0,140	0,0698	0,0349
	40	0,393	0,157	0,0786	0,0393
	100	0,534	0,214	0,107	0,0534
Wasserdampf, 1 at.	99	5,03	2,01	1,01	0,50
	200	8,38	3,35	1,68	0,84
	300	12,50	5,00	2,50	1,25
Wasserdampf, 4 at.	143	1,61	0,64	0,32	0,16
	200	2,11	0,84	0,42	0,21
	300	3,17	1,27	0,63	0,32
Wasserdampf 10 at	179	0,81	0,32	0,16	0,081
	200	0,89	0,36	0,18	0,089
	300	1,34	0,54	0,27	0,134
Wasser	0	0,416	0,166	0,0832	0,0416
	20	0,230	0,092	0,046	0,023
	40	0,154	0,0616	0,0308	0,0154
	100	0,069	0,0276	0,0138	0,0069
Benzol	18	0,1695	0,0678	0,0339	0,0169
	50	0,111	0,0445	0,0223	0,0111
	100	0,0658	0,0263	0,0131	0,0066
Alkohol, wasserfrei	18	0,383	0,153	0,0767	0,0383
	50	0,204	0,0818	0,0409	0,0204
Olivenöl	18	23,21	9,28	4,64	2,321
Glyzerin	18	180,5	72,2	36,1	18,05

Fortsetzung für größere Rohrdurchmesser auf der nächsten Seite.

ZU TABELLE 23.

Kritische Geschwindigkeit
einiger Gase, Dämpfe und Flüssigkeiten.

$$W_k = \frac{2320 \cdot \mu \cdot g}{d \cdot \gamma} \text{ in m/s.}$$

	Temp. in °C	Rohrdurchmesser in mm			
		200	300	400	500
Luft, 1 at	0	0,1535	0,1025	0,0765	0,0615
	20	0,1745	0,1163	0,0873	0,0698
	40	0,1975	0,1315	0,0988	0,079
	100	0,265	0,177	0,132	0,106
Luft, 5 at	0	0,0307	0,0205	0,0153	0,0123
	20	0,0349	0,0233	0,0174	0,0139
	40	0,0394	0,0263	0,0197	0,0158
	100	0,0533	0,0355	0,0266	0,0213
Luft, 10 at . . .	0	0,0153	0,0102	0,00768	0,0061
	20	0,0175	0,0116	0,00873	0,0070
	40	0,0196	0,0131	0,00982	0,0079
	100	0,0267	0,0178	0,0133	0,0107
Wasserdampf, 1 at.	99	0,25	0,17	0,13	0,10
	200	0,42	0,28	0,21	0,17
	300	0,62	0,42	0,31	0,25
Wasserdampf, 4 at.	143	0,08	0,054	0,040	0,032
	200	0,11	0,070	0,053	0,042
	300	0,16	0,106	0,079	0,063
Wasserdampf, 10 at	179	0,040	0,027	0,020	0,016
	200	0,044	0,030	0,022	0,018
	300	0,067	0,045	0,033	0,027
Wasser	0	0,0208	0,0139	0,0104	0,0083
	20	0,0115	0,0077	0,00575	0,0046
	40	0,0077	0,0051	0,0038	0,0031
	100	0,0034	0,0023	0,0017	0,0014
Benzol	18	0,0085	0,0056	0,0042	0,0034
	50	0,0056	0,0037	0,0028	0,0022
	100	0,0033	0,0022	0,0016	0,0013
Alkohol, wasserfrei	18	0,0192	0,0128	0,0096	0,0077
	50	0,0102	0,0068	0,0051	0,0041
Olivenöl	18	1,160	0,774	0,580	0,464
Glyzerin	18	9,02	6,02	4,51	3,61

TABELLE 24.

Wärmeübergangszahl α

(ohne Strahlung)

an einer ebenen, senkrechten Wand bei natürlicher Konvektion

in kcal/m²h°.

$(t_a - t_2) = \Delta$	$\alpha = 3{,}0 + 0{,}08\,\Delta$, $\Delta \leq 10$	$(t_a - t_2) = \Delta$	$\alpha = 2{,}2\sqrt[4]{\Delta}$, $\Delta > 10$
1	3,08	15	4,30
2	3,16	20	4,65
3	3,24	25	4,90
4	3,32	30	5,17
5	3,40	40	5,55
6	3,48	50	5,83
7	3,56	75	6,45
8	3,64	100	6,95
9	3,72	150	7,70
10	3,80	200	8,28

t_a = Außentemperatur der Wand

t_2 = Lufttemperatur.

TABELLE 25.

Wärmeübergangszahl α

(ohne Strahlung)

an einer ebenen Wand bei Windanfall.

Wind-geschw. w in m/s	α an gerauhter Platte in kcal/m²h°	Wind-geschw. w in m/s	α an polierter Platte in kcal/m²h°
0	5,3	0	4,8
0,5	7,1	0,5	6,5
1	8,9	1	8,2
2	12,5	2	11,6
3	16,1	3	15,0
4	19,7	4	18,4
5	23,3	5	21,8
6	26,4	6	24,6
7	29,8	7	27,7
8	33,0	8	30,7
9	36,2	9	33,6
10	39,4	10	36,5
12	45,4	12	42,0
14	51,2	14	47,3
16	56,9	16	52,5
18	62,4	18	57,4
20	67,8	20	62,4
22	73,0	22	67,2
25	80,7	25	74,2

TABELLE 26.

Wärmeübergangszahl α für horizontale Rohre in atm. Luft.

$$\alpha = 1{,}02 \sqrt[4]{\frac{\Delta}{d}} \text{ [kcal/m}^2\text{h}^0\text{] (ohne Strahlung)}$$

Δ = Temperaturdifferenz zwischen Rohr und Luft.

(Hierzu Korrekturtabelle Seite 222.)

Δ in °C	Außendurchmesser mm								
	57	60	63,5	70	76	83	89	95	102
5	3,12	3,08	3,04	2,96	2,90	2,84	2,79	2,75	2,70
10	3,71	3,66	3,62	3,53	3,45	3,38	3,33	3,27	3,22
20	4,42	4,36	4,30	4,20	4,11	4,01	3,94	3,88	3,82
30	4,89	4,83	4,76	4,66	4,56	4,45	4,38	4,31	4,24
40	5,25	5,18	5,13	5,00	4,90	4,80	4,71	4,63	4,55
50	5,55	5,48	5,42	5,30	5,17	5,06	4,97	4,89	4,80
60	5,81	5,74	5,68	5,55	5,44	5,31	5,22	5,14	5,04
70	6,04	5,96	5,90	5,75	5,64	5,51	5,41	5,33	5,23
80	6,24	6,16	6,10	5,95	5,83	5,70	5,60	5,51	5,40
90	6,43	6,35	6,27	6,12	6,00	5,87	5,76	5,67	5,57
100	6,60	6,52	6,45	6,29	6,16	6,03	5,93	5,83	5,72
110	6,76	6,67	6,60	6,43	6,30	6,16	6,05	5,96	5,85
120	6,91	6,82	6,76	6,60	6,46	6,30	6,20	6,10	5,99
130	7,05	6,95	6,88	6,72	6,57	6,43	6,32	6,21	6,10
140	7,18	7,08	7,00	6,82	6,68	6,54	6,42	6,32	6,20
150	7,31	7,21	7,12	6,95	6,80	6,66	6,54	6,43	6,32
160	7,43	7,33	7,26	7,07	6.93	6,77	6,65	6,54	6,42
170	7,54	7,44	7,37	7,18	7,03	6,87	6,75	6,65	6,52
180	7,65	7,55	7,47	7,28	7,13	6,96	6,85	6,74	6,61
190	7,75	7,65	7,57	7,38	7,23	7,05	6,95	6,82	6,70
200	7,85	7,75	7,66	7,48	7,32	7,15	7,03	6,92	6,78
225	8,09	7,98	7,86	7,67	7,53	7,36	7,23	7,10	6,98
250	8,31	8,20	8,16	7,95	7,78	7,61	7,37	7,34	7,20
275	8,50	8,40	8,32	8,11	7,94	7,76	7,63	7,50	7,36
300	8,68	8,58	8,48	8,28	8,10	7,92	7,79	7,66	7,53
350	9,03	8,91	8,83	8,62	8,34	8,25	8,10	7,96	7,81
400	9,34	9,20	9,07	8,87	8,68	8,50	8,35	8,20	8,05

ZU TABELLE 26.

Wärmeübergangszahl α für horizontale Rohre in atm. Luft.

$$\alpha = 1{,}02 \sqrt[4]{\frac{\Delta}{d}} \text{ [kcal/m}^2\text{h}^0\text{] (ohne Strahlung)}$$

Δ = Temperaturdifferenz zwischen Rohr und Luft.

(Hierzu Korrekturtabelle Seite 222.)

Δ in ^{0}C	Außendurchmesser mm							
	108	114	121	127	133	140	146	152
5	2,66	2,62	2,59	2,56	2,53	2,49	2,47	2,44
10	3,16	3,12	3,08	3,04	3,00	2,97	2,94	2,91
20	3,76	3,71	3,65	3,61	3,56	3,52	3,48	3,46
30	4,17	4,10	4,04	3,99	3,95	3,90	3,86	3,82
40	4,47	4,42	4,35	4,30	4,25	4,20	4,16	4,10
50	4,73	4,66	4,60	4,55	4,49	4,44	4,38	4,34
60	4,95	4,89	4,82	4,76	4,71	4,65	4,60	4,55
70	5,15	5,07	5,00	4,94	4,89	4,83	4,78	4,74
80	5,32	5,25	5,16	5,10	5,05	4,99	4,94	4,89
90	5,48	5,41	5,33	5,25	5,20	5,14	5,09	5,04
100	5,63	5,55	5,47	5,40	5,34	5,28	5,22	5,17
110	5,76	5,68	5,60	5,53	5,46	5,40	5,34	5,28
120	5,89	5,81	5,76	5,66	5,60	5,52	5,46	5,40
130	6,00	5,94	5,85	5,77	5,70	5,64	5,57	5,52
140	6,12	6,03	5,95	5,87	5,80	5,74	5,68	5,62
150	6,22	6,15	6,05	5,97	5,90	5,84	5,78	5,72
160	6,33	6,24	6,15	6,07	6,00	5,94	5,87	5,81
170	6,42	6,34	6,24	6,16	6,10	6,03	5,97	5,90
180	6,52	6,43	6,33	6,25	6,18	6,11	6,04	5,98
190	6,60	6,51	6,42	6,34	6,26	6,19	6,12	6,06
200	6,66	6,60	6,50	6,42	6,34	6,26	6,20	6,14
225	6,89	6,77	6,68	6,60	6,53	6,45	6,38	6,33
250	7,18	6,99	6,87	6,80	6,72	6,64	6,55	6,50
275	7,24	7,16	7,05	6,97	6,89	6,80	6,73	6,67
300	7,40	7,31	7,20	7,10	7,04	6,94	6,86	6,80
350	7,70	7,60	7,48	7,40	7,31	7,22	7,24	7,07
400	7,96	7,83	7,72	7,63	7,55	7,46	7,37	7,30

ZU TABELLE 26.

Wärmeübergangszahl α für horizontale Rohre in atm. Luft.

$$\alpha = 1{,}02 \sqrt[4]{\frac{\Delta}{d}} \text{ [kcal/m}^2\text{h}^0\text{] (ohne Strahlung)}$$

Δ = Temperaturdifferenz zwischen Rohr und Luft.

(Hierzu Korrekturtabelle Seite 222.)

Δ in °C	Außendurchmesser mm								
	159	165	171	178	191	203	216	229	241
5	2,41	2,39	2,37	2,34	2,31	2,27	2,24	2,20	2,14
10	2,88	2,85	2,83	2,80	2,75	2,70	2,67	2,63	2,59
20	3,42	3,38	3,35	3,32	3,26	3,21	3,17	3,12	3,07
30	3,78	3,74	3,72	3,67	3,62	3,56	3,50	3,46	3,41
40	4,06	4,02	3,99	3,94	3,87	3,82	3,77	3,71	3,66
50	4,30	4,26	4,22	4,18	4,10	4,04	3,98	3,92	3,87
60	4,50	4,47	4,42	4,37	4,30	4,23	4,18	4,11	4,05
70	4,68	4,64	4,60	4,55	4,47	4,40	4,33	4,28	4,22
80	4,84	4,80	4,75	4,70	4,62	4,55	4,48	4,41	4,36
90	4,99	4,94	4,89	4,84	4,76	4,68	4,62	4,56	4,50
100	5,12	5,06	5,02	4,97	4,88	4,81	4,74	4,68	4,62
110	5,23	5,18	5,13	5,08	4,99	4,91	4,85	4,78	4,71
120	5,34	5,28	5,24	5,19	5,10	5,02	4,95	4,88	4,81
130	5,46	5,40	5,35	5,30	5,20	5,12	5,05	4,98	4,91
140	5,56	5,50	5,46	5,40	5,30	5,22	5,15	5,07	5,00
150	5,66	5,60	5,56	5,50	5,40	5,32	5,24	5,16	5,10
160	5,74	5,69	5,65	5,59	5,48	5,40	5,31	5,23	5,17
170	5,83	5,78	5,73	5,67	5,57	5,48	5,40	5,33	5,25
180	5,92	5,86	5,80	5,75	5,64	5,56	5,47	5,40	5,33
190	6,00	5,94	5,88	5,83	5,72	5,63	5,56	5,47	5,39
200	6,07	6,01	5,97	5,90	5,80	5,70	5,63	5,55	5,47
225	6,25	6,20	6,14	6,08	5,98	5,88	5,80	5,71	5,64
250	6,43	6,36	6,30	6,25	6,14	6,05	5,96	5,88	5,80
275	6,60	6,52	6,47	6,41	6,30	6,20	6,11	6,02	5,94
300	6,74	6,66	6,60	6,53	6,42	6,32	6,23	6,14	6,04
350	7,00	6,93	6,87	6,80	6,69	6,57	6,48	6,38	6,30
400	7,73	7,16	7,08	7,01	6,90	6,79	6,68	6,60	6,50

Wärmeübergangszahl α für horizontale Rohre in atm. Luft.

$$\alpha = 1{,}02 \sqrt[4]{\frac{\Delta}{d}} \text{ [kcal/m}^2\text{ h}^0\text{] (ohne Strahlung)}$$

Δ = Temperaturdifferenz zwischen Rohr und Luft.

(Hierzu Korrekturtabelle Seite 222.)

Δ in °C	Außendurchmesser mm								
	267	279	292	305	318	343	368	394	420
5	2,12	2,10	2,07	2,05	2,03	1,98	1,96	1,92	1,90
10	2,53	2,50	2,47	2,45	2,42	2,37	2,33	2,30	2,26
20	2,99	2,97	2,93	2,90	2,88	2,82	2,77	2,72	2,68
30	3,32	3,28	3,24	3,21	3,18	3,12	3,06	3,01	2,84
40	3,57	3,53	3,49	3,45	3,42	3,36	3,30	3,24	3,09
50	3,78	3,74	3,70	3,65	3,61	3,55	3,48	3,43	3,38
60	3,95	3,90	3,86	3,82	3,78	3,70	3,64	3,57	3,52
70	4,12	4,07	4,02	3,97	3,93	3,86	3,80	3,73	3,68
80	4,25	4,20	4,16	4,11	4,06	3,98	3,91	3,85	3,80
90	4,38	4,33	4,29	4,24	4,20	4,12	4,04	3,97	3,91
100	4,50	4,46	4,40	4,36	4,31	4,21	4,15	4,08	4,02
110	4,60	4,55	4,49	4,44	4,40	4,31	4,24	4,17	4,10
120	4,69	4,64	4,58	4,54	4,48	4,41	4,32	4,25	4,18
130	4,79	4,74	4,68	4,64	4,58	4,50	4,42	4,35	4,27
140	4,88	4,83	4,77	4,73	4,68	4,58	4,52	4,44	4,36
150	4,99	4.92	4,86	4,81	4,77	4,67	4,60	4,52	4,43
160	5,04	4,99	4,94	4,88	4,83	4,74	4,66	4,59	4,50
170	5,13	5,06	5,01	4,96	4,90	4,82	4,72	4,65	4,58
180	5,19	5,13	5,07	5,02	4,97	4,87	4,78	4,71	4,63
190	5,26	5,19	5,13	5,09	5,04	4,94	4,83	4,77	4,70
200	5,33	5,27	5,20	5,16	5,10	5,01	4,92	4,84	4,76
225	5,50	5,44	5,37	5,31	5,26	5,16	5,07	4,98	4,91
250	5,66	5,59	5,53	5,46	5,41	5,30	5,22	5,13	5,05
275	5,78	5,71	5,66	5,59	5,52	5,42	5,33	5,24	5,16
300	5,91	5,85	5,77	5,71	5,56	5,54	5,45	5,36	5,27
350	6,14	6,08	6,01	5,95	5,88	5,77	5,67	5,58	5,48
400	6,34	6,27	6,20	6,13	6,07	5,96	5,86	5,76	5,66

DIAGRAMM ZU TABELLE 26.

Für Rohre bis zu 800 mm ⌀ und $\Delta < 100°$.

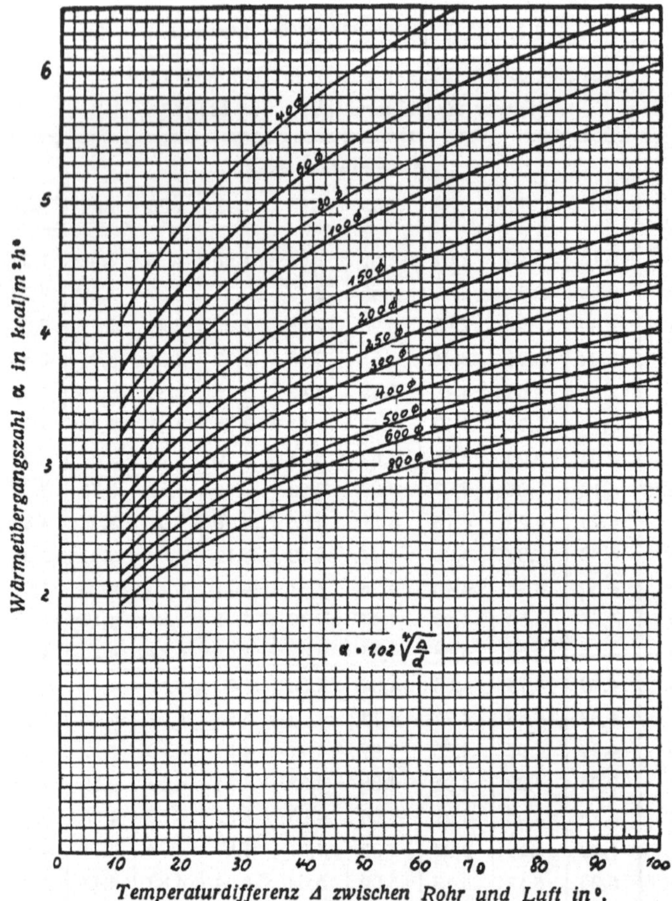

KORREKTUREN ZU TABELLE 26 UND DEM DIAGRAMM.

Die Tabelle 26 gilt bei $+ 20^0$ Lufttemperatur für etwa 280^0 Rohrtemperatur. Für andere Rohr- und Lufttemperaturen sind die Wärmeübergangszahlen mit nachstehenden Korrekturfaktoren zu multiplizieren:

Rohrtemp. °C	50	100	200	300	400	500
Lufttemperatur						
0°	1,10	1,08	1,04	1,00	0,98	0,95
20°	1,10	1,07	1,03	0,99	0,97	0,94
40°	1,10	1,06	1,02	0,98	0,96	0,93

TABELLE 27.

Wärmeübergangszahl α

(ohne Strahlung)

für zylindrische Körper bei quergerichtetem Wind.

$$\alpha = 0{,}01305\ \frac{\lambda}{d}\left(12500 + \frac{d \cdot w \cdot \gamma}{\mu}\right)^{0{,}716} \quad [\mathrm{kcal/m^2h^0}]$$

Oberflächentemperatur $= +50^0$, Lufttemperatur $= +20^0$.

Durchmesser	Windgeschwindigkeit in m/s								
mm	1	2	3	4	5	10	15	20	25
50	12,3	18,0	23,1	27,8	32,2	51,4	68,1	83,3	97,5
60	11,3	16,8	21,6	26,2	30,3	48,6	64,6	79,0	92,6
70	10,5	15,9	20,5	24,8	28,8	46,4	61,7	75,4	88,5
80	9,9	15,1	19,6	23,7	27,6	44,6	59,3	72,4	85,0
90	9,4	14,5	18,8	22,8	26,6	43,0	57,2	70,0	82,1
100	9,0	13,9	18,2	22,1	25,7	41,7	55,4	67,9	79,6
120	8,4	13,1	17,2	20,8	24,3	39,4	52,5	64,4	75,5
140	7,9	12,4	16,3	19,8	23,2	37,6	50,2	61,6	72,2
160	7,5	11,8	15,6	19,1	22,3	36,2	48,3	59,3	69,5
180	7,2	11,4	15,0	18,4	21,5	35,0	46,7	57,3	67,2
200	6,9	11,0	14,6	17,8	20,8	34,0	45,3	55,6	65,2
250	6,4	10,2	13,6	16,7	19,5	31,8	42,5	52,3	61,2
300	6,0	9,7	12,8	15,8	18,5	30,2	40,3	49,6	58,0
350	5,7	9,3	12,3	15,1	17,7	28,9	38,6	47,4	55,5
400	5,5	8,9	11,8	14,5	17,0	27,8	37,1	45,6	53,5
450	5,3	8,6	11,4	14,0	16,4	26,9	35,8	44,1	51,7
500	5,2	8,4	11,1	13,6	15,9	26,1	34,8	42,9	50,1
600	4,9	7,9	10,5	12,9	15,1	24,8	33,0	40,6	47,6
700	4,6	7,5	10,0	12,3	14,4	23,7	31,6	38,9	45,6
800	4,5	7,2	9,7	11,8	13,8	22,8	30,4	37,4	43,9

Diagramm hierzu auf der nächsten Seite.

Vorstehende Tabelle kann mit ausreichender Genauigkeit auch für die Oberflächen von

Rohrisolierungen bei Windanfall

benutzt werden.

Für niedrigere Temperaturen steigen die α-Werte etwas an. Über die größtmöglichen Abweichungen von den Tabellenwerten gibt folgende Zusammenstellung angenäherten Aufschluß, in der Oberflächen- und Lufttemperatur einander gleichgesetzt sind, und zwar beide gleich 20° bzw. gleich 0°.

d	*w*	α-Korrektur für	
mm	m/s	$t = 20^0$	$t = 0^0$
50	1	+ 0,5 %	+ 1 %
50	25	+ 2 %	+ 5 %
800	1	+ 2 %	+ 5 %
800	25	+ 2,5 %	+ 5,5 %

DIAGRAMM ZU TABELLE 27.

Wärmeübergangszahl α
für zylindrische Körper bei quergerichtetem Wind
(ohne Strahlung).

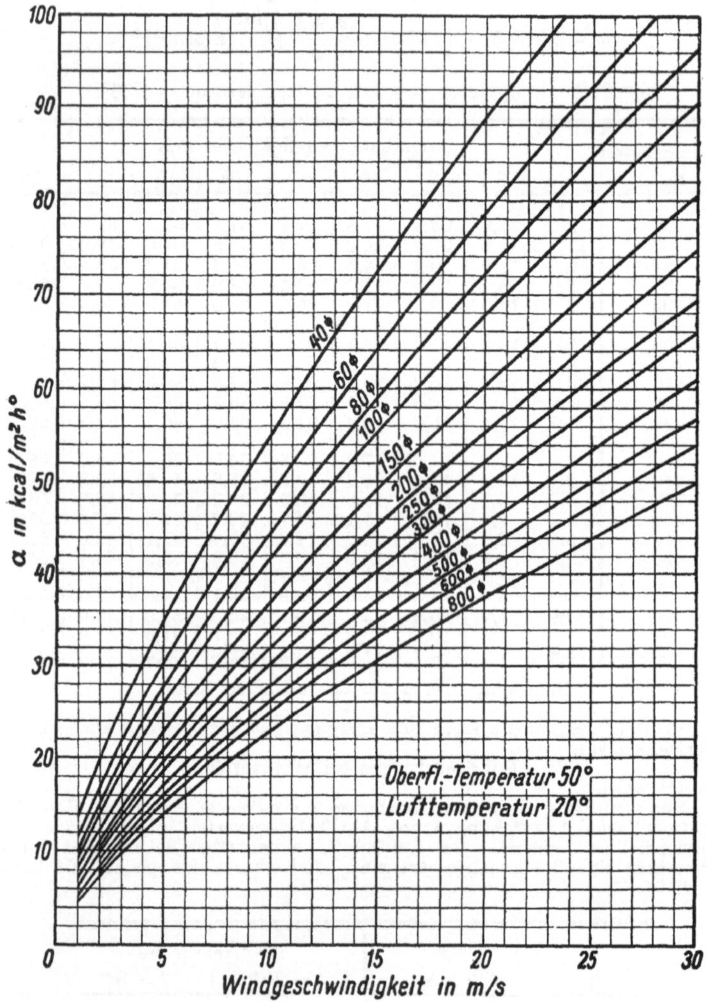

TABELLE 28.

Strahlungszahlen.

Stoff	C_1 in kcal / $m^2 h [^0 abs]^4$	Prozent von C_s	Bestimmungs-Temperatur °C
Absolut schwarzer Körper	4,96	100	
Metalle:			
Blei			
rauh	2,1	41,2	
grau oxydiert	1,39	28,1	23,7 (S)
Eisen			
Gußeisen			
rauh, stark oxydiert	4,6	92,6	40—250
Gußhaut, rauh	4,06	81,9	22,6 (S)
Gußhaut, glatt	3,98	80,2	22,8 (S)
frisch abgedreht	2,16	43,5	22,3 (S)
Schmiedeeisen			
matt oxydiert	4,5	90,6	20—360
glatt, gezogen	3,7	74,5	
blank	1,7	34,2	
hochpoliert	1,3	26,2	40—250
Rohre im Mittel	4,0		
Eisenblech			
ganz rot verrostet	3,4	68,5	19,6 (S)
blank geätzt und dann rot angerostet	3,04	61,2	20,2 (S)
frisch abgeschmirgelt	1,20	24,2	20,2 (S)
Stahlblech			
mit Walzhaut	3,30	66,4	21,4 (S)
mit dichter, glänzender Oxydschicht	4,06	81,9	23,9 (S)
Gold			
galv. niedergeschl. nicht poliert	2,35	47,3	
Kupfer			
schwarz oxydiert	3,86	77,8	24,7 (S)
rauh	3,6	72,4	
gewalzt	3,1	62,6	
gezogen, oxydiert	1,8	36,3	
matt	1,1	22,2	
schwach poliert	0,8	16,1	50—280
poliert	0,6	12,1	
geschabt	0,46	9,35	22,6 (S)
hochglanz poliert	0,25	5,04	
poliert, etwas angelaufen	0,24	4,81	23 (S)
poliert	0,19	3,83	19 (S)
Aluminium			
roh	0,35	7,1	25,8 (S)
poliert	0,26	5,2	22,9 (S)
Messing			
matt	1,0	20,1	50—350
frisch abgeschmirgelt	1,02	20,4	22,3 (S)
rohe Walzfläche	0,34	6,86	22,3 (S)
poliert, etwas angelaufen	0,28	5,72	22,9 (S)
poliert, blank	0,25	5,03	19,0 (S)
Neusilber			
blank gezogen	1,5	30,2	

ZU TABELLE 28.

Strahlungszahlen.

Stoff	Träger	C_1 in $\frac{\text{kcal}}{\text{m}^2\text{h}[^\circ\text{abs}]^4}$	Prozent von C_s	Bestimmungs-Temperatur °C
Platin				
gewalzt		0,5	10,05	
poliert		0,4	8,06	
Quecksilber		0,9	18,1	
Silber		0,15	3,02	
Zink		1,0	20,2	
Zinn		0,60	12,05	
Nickelin				
grau oxydiert		1,30	26,2	21 (S)
Eisenblech, vernickelt, verzinnt und verzinkt				
poliert, vernickelt		0,29	5,79	23,2 (S)
matt, vernickelt		0,56	11,40	19,4 (S)
blank, verzinnt		0,28—0,43	5,6—7,9	22,3—28,1 (S)
verzinkt		1,13	22,8	27,9 (S)
verzinkt, grau		1,37	27,6	24,3 (S)
Deckschicht auf Metallen:				
Deckschicht	Träger			
schneeweißer Emaillelack, dick	rohes Eisenblech	4,50	90,7	24,8 (S)
		4,49	90,5	20,8 (S)
schwarz., glänz. aufgespritzter Lack, dünn	rohes Eisenblech	4,35	87,5	24,8 (S)
Aluminiumlack mit Zapon als Bindemittel	rohes Eisenblech	1,97	39,8	18,8 (S)
		1,98	40,0	20,9 (S)
		1,85	37,3	24,8 (S)
Schmelzemaille, weiß	Eisenblech	4,45	89,7	23,7 (S)
Papier dünn aufgeklebt	verzinntes Eisenblech	4,58	92,4	18,9 (S)
" "	rohes Eisenblech	4,61	92,9	18,9 (S)
" "	schwarzlack. Eisenblech	4,68	94,4	18,9 (S)
Oelschwarzwasserglas ganz dünne Schicht	verzinktes Eisenblech	4,57	92,1	22 (S)
dicke Schicht		4,80	96,7	19,7 (S)
Gips, ½ mm dick	blankes Eisenblech	4,48	90,3	20,3 (S)
	geschwärz. Eisenblech	4,48	90,3	20,3 (S)
Schwarzer, glänzender Spirituslack	verzinntes Eisenblech	4,08	82,1	21 (S)
Oelschicht auf vernickeltem polierten Eisenblech:				
reines Blech		0,29	5,8	19 (S)
hauchdünn		0,31	6,3	19 (S)
0,026 mm		1,64	33	19 (S)
0,029 mm		1,73	35	24,3 (S)
0,08 mm		2,18	44	19 (S)
0,12 mm		3,72	75	24,6 (S)
dick		4,17	82	21 (S)

ZU TABELLE 28.

Strahlungszahlen.

Stoff	C_1 in $\frac{\text{kcal}}{\text{m}^2\text{h}[^0\text{abs}]^4}$	Prozent von C_S	Bestimmungs-Temperatur °C
Nichtmetallische Stoffe:			
Asbestschiefer, rauh	4,76	96,0	23,3 (S)
Basalt, glatt geschliffen, nicht glänz.	3,42	68,8	60—200
Dachpappe	4,52	91,0	20,5 (S)
Eichenholz, gehobelt	4,44	89,5	21,0 (S)
Eis	3,1	62,4	
Glas	4,4	88,6	
Glas, glatt	4,65	93,7	22 (S)
Glimmer	3,7	74,4	
Gummilack	3,3	66,4	
Weichgummi, grau (Regenerat), rauh	4,26	85,8	24,5 (S)
Hartgummi, glatt, schwarz	4,69	94,5	23,3 (S)
Granit, glatt geschliffen	2,1	42,3	60—200
Humus	3,1	62,4	
Kalkmörtel, rauh, weiß	4,5	90,6	40—250
Dolomitkalk, geschliffen	2,0	40,3	60—200
Kreide	4,0	80,6	
Lehm	1,85	27,3	
Marmor, glatt geschliffen	2,7	54,4	60—200
Marmor, hellgrau, poliert	4,62	93,1	22,3 (S)
Porzellan, glasiert	4,58	92,4	22,2 (S)
Quarz, geschmolzen, rauh	4,61	93,0	21,5 (S)
Ruß, Lampenruß	4,6	92,6	
Sandstein, rot, glatt geschliffen . .	2,9	58,4	60—200
Schiefer, glatt geschliffen	3,3	66,4	60—200
Serpentin, poliert	4,47	90,0	23,3 (S)
Wasser	3,2	64,4	60
Ziegelstein, rauh aber keine großen Unebenheiten	4,61	93,0	21,5 (S)

Die mit (S) bezeichneten Werte sind von E. Schmidt (vgl. Anmerk. 35) veröffentlicht, die übrigen Werte einer Zusammenstellung von ten Bosch: Die Wärmeübertragung, 1927, S. 8, entnommen.

TABELLE 29.

Konstante des Strahlungsaustausches (Strahlungsfaktor) für Flächen gleicher Größe.

$$C = \frac{1}{\frac{1}{C_1}+\frac{1}{C_2}-\frac{1}{C_S}} \quad [\text{kcal/m}^2\text{h}^0\text{abs}^4]$$

$(C_S = 4{,}96)$

C_2	C_1 0,5	1,0	1,5	2,0	2,5	3,0	3,5	4,0	4,5
0,5	0,263	0,357	0,406	0,435	0,455	0,469	0,480	0,488	0,495
1,0	0,357	0,556	0,683	0,770	0,835	0,884	0,923	0,954	0,980
1,5	0,406	0,683	0,990	1,036	1,156	1,253	1,363	1,398	1,455
2,0	0,435	0,770	1,036	1,253	1,432	1,583	1,720	1,823	1,921
2,5	0,455	0,835	1,156	1,432	1,671	1,881	2,066	2,230	2,378
3,0	0,469	0,884	1,253	1,583	1,881	2,150	2,396	2,620	2,825
3,5	0,480	0,923	1,363	1,720	2,066	2,396	2,706	2,994	3,266
4,0	0,488	0,954	1,398	1,823	2,230	2,620	2,994	3,351	3,696
4,5	0,495	0,980	1,455	1,921	2,378	2,825	3,266	3,696	4,119

TABELLE 30.

Temperaturfaktor.

$$c = \frac{\left(\frac{T_1}{100}\right)^4 - \left(\frac{T_2}{100}\right)^4}{t_1 - t_2}$$

Temperatur $t_2 = T_2 - 273$ in °C	Temperatur $t_1 = T_1 - 273$ in °C									
	—20	—15	—10	—5	0	5	10	15	20	50
—20	0,648	0,668	0,689	0,709	0,729	0,750	0,772	0,796	0,820	0,828
—15	0,668	0,687	0,708	0,729	0,749	0,771	0,792	0,816	0,840	0,995
—10	0,689	0,708	0,728	0,749	0,769	0,791	0,814	0,838	0,862	1,018
— 5	0,709	0,729	0,749	0,769	0,791	0,814	0,836	0,860	0,884	1,041
0	0,729	0,749	0,769	0,791	0,814	0,836	0,859	0,883	0,908	1,060
5	0,750	0,771	0,791	0,814	0,837	0,859	0,882	0,907	0,932	1,093
10	0,772	0,792	0,814	0,836	0,859	0,882	0,906	0,931	0,957	1,119
15	0,796	0,816	0,838	0,860	0,883	0,907	0,930	0,956	0,983	1,143
20	0,820	0,840	0,862	0,884	0,908	0,931	0,957	0,983	1,008	1,172
50	0,828	0,995	1,017	1,040	1,060	1,090	1,119	1,143	1,172	1,340
75	1,100	1,135	1,152	1,189	1,212	1,245	1,270	1,299	1,329	1,513
100	1,271	1,299	1,323	1,351	1,380	1,411	1,438	1,468	1,490	1,695
150	1,642	1,672	1,702	1,733	1,764	1,796	1,829	1,862	1,896	2,039
200	2,080	2,102	2,140	2,131	2,225	2,250	2,282	2,320	2,357	2,690
250	2,619	2,656	2,701	2,732	2,771	2,818	2,850	2,891	2,926	3,192
300	3,220	3,290	3,330	3,362	3,408	3,450	3,500	3,540	3,599	3,870
350	3,961	4,006	4,052	4,098	4,145	4,193	4,242	4,290	4,341	4,659
400	4,790	4,830	4,880	4,937	4,990	5,060	5,080	5,150	5,200	5,550
450	5,725	5,780	5,846	5,937	5,994	6,051	6,110	6,169	6,229	6,606
500	6,790	6,850	6,920	6,969	7,030	7,100	7,160	7,220	7,380	7,710

Temperatur $t_2 = T_2 - 273$ in °C	Temperatur $t_1 = T_1 - 273$ in °C									
	75	100	150	200	250	300	350	400	450	500
—20	1,100	1,271	1,642	2,080	2,619	3,220	3,961	4,790	5,725	6,790
—15	1,135	1,299	1,672	2,102	2,656	3,290	4,006	4,830	5,780	6,850
—10	1,152	1,323	1,702	2,140	2,701	3,330	4,052	4,880	5,846	6,920
— 5	1,189	1,351	1,733	2,131	2,732	3,362	4,098	4,930	5,937	6,980
0	1,212	1,380	1,764	2,225	2,771	3,408	4,145	4,990	5,994	7,030
5	1,245	1,411	1,796	2,250	2,810	3,450	4,193	5,060	6,051	7,100
10	1,270	1,438	1,829	2,282	2,850	3,500	4,242	5,080	6,110	7,160
15	1,298	1,468	1,862	2,320	2,891	3,540	4,290	5,150	6,169	7,220
20	1,329	1,490	1.896	2,360	2,926	3,599	4,341	5,200	6,229	7,380
50	1,512	1,695	2,039	2,690	3,192	3,870	4,659	5,550	6,606	7,710
75	1,690	1,870	2,313	2,810	3,437	4,140	4,945	5,860	6,944	8,050
100	1,870	2,076	2,530	3,070	3,697	4,422	5,252	6,190	7,303	8,440
150	2,313	2,530	3,027	3,608	4,280	5,052	5,931	6,925	8,092	9,286
200	2,810	3,070	3,608	4,233	4,953	5,770	6,706	7,750	8,981	10,23
250	3,437	3,697	4,280	4,953	5,772	6,596	7,583	8,688	9,750	11,29
300	4,140	4,422	5,052	5,770	6,596	7,530	8,569	9,730	11,09	12,46
350	4,945	5,252	5,931	6,706	7,583	8,569	9,672	10,90	12,32	13,76
400	5,860	6,190	6,925	7,750	8,688	9,730	10,90	12,19	13,68	15,19
450	6,944	7,303	8,092	8,981	9,750	11,09	12,32	13,68	15,25	16,68
500	8,050	8,440	9,286	10,23	11,29	12,46	13,76	15,19	16,68	18,48

TABELLE 31.

Werte von $(T/100)^4$.

t	T	$(T/100)^4$	t	T	$(T/100)^4$	t	T	$(T/100)^4$
— 20	253	40,97	29	302	83,18	80	353	155,26
19	254	41,62	30	303	84,29	81	354	157,02
18	255	42,28	31	304	85,41	82	355	158,80
17	256	42,95	32	305	86,54	83	356	160,60
16	257	43,63	33	306	87,68	84	357	162,42
15	258	44,31	34	307	88,83	85	358	164,25
14	259	45,00	35	308	89,99	86	359	166,10
13	260	45,70	36	309	91,16	87	360	167,96
12	261	46,41	37	310	92,35	88	361	169,84
11	262	47,12	38	311	93,55	89	362	171,73
10	263	47,83	39	312	94,76	90	363	173,64
9	264	48,56	40	313	95,98	91	364	175,56
8	265	49,30	41	314	97,21	92	365	177,50
7	266	50,05	42	315	98,45	93	366	179,45
6	267	50,81	43	316	99,71	94	367	181,42
5	268	51,58	44	317	100,98	95	368	183,41
4	269	52,36	45	318	102,26	96	369	185,41
3	270	53,14	46	319	103,55	97	370	187,42
2	271	53,93	47	320	104,86	98	371	189,45
— 1	272	54,73	48	321	106,18	99	372	191,49
± 0	273	55,54	49	322	107,51	100	373	193,55
+ 1	274	56,36	50	323	108,85	101	374	195,63
2	275	57,19	51	324	110,20	102	375	197,73
3	276	58,03	52	325	111,57	103	376	199,85
4	277	58,87	53	426	112,95	104	377	201,92
5	278	59,72	54	327	114,34	105	378	204,15
6	279	60,59	55	328	115,74	106	379	206,32
7	280	61,46	56	329	117,16	107	380	208,51
8	281	62,34	57	330	118,59	108	381	210,71
9	282	63,23	58	331	120,03	109	382	212,93
10	283	64,13	59	332	121,49	110	383	215,17
11	284	65,04	60	333	122,96	111	384	217,43
12	285	65,96	61	334	124,44	112	385	219,70
13	286	66,89	62	335	125,94	113	386	221,99
14	287	67,83	63	336	127,45	114	387	224,30
15	288	68,78	64	337	128,97	115	388	226,63
16	289	69,75	65	338	130,51	116	389	228,98
17	290	70,73	66	339	132,06	117	390	231,34
18	291	71,70	67	340	133,63	118	391	233,72
19	292	72,69	68	341	135,21	119	392	236,12
20	293	73,69	69	342	136,81	120	393	238,54
21	294	74,70	70	343	138,42	121	394	240,98
22	295	75,72	71	344	140,04	122	395	243,44
23	296	76,75	72	345	141,67	123	396	245,92
24	297	77,80	73	346	143,32	124	397	248,41
25	298	78,86	74	347	144,99	125	398	250,92
26	299	79,93	75	348	146,67	126	399	253,45
27	300	81,00	76	349	148,36	127	400	256,00
28	301	82,08	77	350	150,06	128	401	258,57
			78	351	151,78	129	402	261,16
			79	352	153,51	130	403	263,77

ZU TABELLE 31.

Werte von $(T/100)^4$.

t	T	$(T/100)^4$	t	T	$(T/100)^4$	t	T	$(T/100)^4$
131	404	266,40	181	454	424,84	231	504	645,26
132	405	269,05	182	455	428,60	232	505	650,40
133	406	271,72	183	456	432,38	233	506	655,57
134	407	274,41	184	457	436,19	234	507	660,77
135	408	277,12	185	458	440,02	235	508	665,99
136	409	279,84	186	459	443,88	236	509	671,24
137	410	282,58	187	460	447,76	237	510	676,52
138	411	285,35	188	461	451,67	238	511	681,84
139	412	288,13	189	462	455,60	239	512	687,19
140	413	290,94	190	463	459,55	240	513	692,57
141	414	293.77	191	464	463,53	241	514	697,99
142	415	296,62	192	465	467,54	242	515	703,44
143	416	299,49	193	466	471,57	243	516	708.92
144	417	302,38	194	467	475,63	244	517	714,43
145	418	305,29	195	468	479,72	245	518	719,98
146	419	308,22	196	469	483,84	246	519	725,56
147	420	311,17	197	470	487,98	247	520	731,16
148	421	314,14	198	471	492,15	248	521	736,78
149	422	317,13	199	472	496,34	249	522	742,45
150	423	320,15	200	473	500,55	250	523	748,16
151	424	323,19	201	474	504,79	251	524	753,91
152	425	326,25	202	475	509,06	252	525	759,69
153	426	329,33	203	476	513,36	253	526	765,49
154	427	332,44	204	477	517,69	254	527	771,33
155	428	335,57	205	478	522,05	255	528	777,21
156	429	338,72	206	479	526,43	256	529	783,12
157	430	341,88	207	480	530,84	257	530	789,05
158	431	345,07	208	481	535,28	258	531	795,02
159	432	348,28	209	482	539,75	259	532	801,02
160	433	351,52	210	483	544,25	260	533	807,06
161	434	354,78	211	484	548,77	261	534	813,14
162	435	358,06	212	485	553,32	262	535	819,25
163	436	361,36	213	486	557,90	263	536	825,39
164	437	364,69	214	487	562,50	264	537	831,57
165	438	368,04	215	488	567,13	265	538	837,78
166	439	371,41	216	489	571,79	266	539	844,03
167	440	374,81	217	490	576.48	267	540	850,31
168	441	378,23	218	491	581,20	268	541	856,63
169	442	381,68	219	492	585,95	269	542	862,98
170	443	385,15	220	493	590,73	270	543	869,36
171	444	388,64	221	494	595,54	271	544	875,88
172	445	392,15	222	495	600,38	272	545	882,24
173	446	395,68	223	496	605,25	273	546	888,73
174	447	399,24	224	497	610,15	274	547	895,26
175	448	402.83	225	498	615,07	275	548	901,83
176	449	406,43	226	499	620,02	276	549	908,43
177	450	410,06	227	500	625,00	277	550	915,06
178	451	413,72	228	501	630,02	278	551	921,73
179	452	417,40	229	502	635,07	279	552	928,44
180	453	421,11	230	503	640,15	280	553	935,18

ZU TABELLE 31.

Werte von $(T/100)^4$.

t	T	$(T/100)^4$	t	T	$(T/100)^4$	t	T	$(T/100)^4$
281	554	941,97	331	604	1330,90	381	654	1829,40
282	555	948,79	332	605	1339,74	382	655	1840,62
283	556	955,65	333	606	1348,62	383	656	1851,89
284	557	962,54	334	607	1357,54	384	657	1863,21
285	558	969,47	335	608	1366,51	385	658	1874,58
286	559	976,44	336	609	1375,52	386	659	1886,00
287	560	983,45	337	610	1384,58	387	660	1897,48
288	561	990,49	338	611	1393,68	388	661	1909,01
289	562	997,57	339	612	1402,83	389	662	1920,59
290	563	1004,69	340	613	1412,02	390	663	1932,22
291	564	1011,85	341	614	1411,26	391	664	1943,90
292	565	1019,05	342	615	1430,54	392	665	1955,63
293	566	1026,28	343	616	1439,86	393	666	1967,41
294	567	1033,55	344	617	1449,23	394	667	1979,25
295	568	1040,86	345	618	1458,65	395	668	1991,15
296	569	1048,21	346	619	1468,12	396	669	2003,10
297	570	1055,60	347	620	1477,63	397	670	2015,11
298	571	1063,03	348	621	1487,18	398	671	2027,17
209	572	1070,50	349	622	1496,78	399	672	2039,28
300	573	1078,01	350	023	1506,43	400	673	2051,45
301	574	1085,55	351	024	1516,13	401	674	2063,67
302	575	1093,13	352	625	1525,88	402	675	2075,94
303	576	1100,75	353	626	1535,67	403	676	2088,2
304	577	1108,41	354	627	1545,51	404	677	2100,6
305	578	1116,11	355	628	1555,39	405	678	2113,0
306	579	1123,86	356	629	1565,32	406	679	2125,5
307	580	1131,65	357	630	1575,30	407	680	2138,1
308	581	1139,47	358	631	1585,32	408	681	2150,7
309	582	1147,34	359	632	1595,39	409	682	2103,4
310	583	1155,25	360	633	1605,51	410	683	2176,1
311	584	1163,20	361	634	1615,68	411	684	2188,9
312	585	1171,18	362	635	1625,90	412	685	2201,7
313	586	1179,21	363	636	1636,17	413	686	2214,6
314	587	1187,28	364	637	1646,49	414	687	2227,5
315	588	1195,39	365	638	1656,85	415	688	2240,5
316	589	1203,54	366	639	1667,26	416	689	2253,6
317	590	1211,73	367	640	1677,72	417	690	2266,7
318	591	1219,86	368	641	1688,23	418	691	2279,9
319	592	1228,24	369	642	1698,79	419	692	2293,1
320	593	1236,56	370	643	1709,40	420	693	2306,4
321	594	1244,92	371	644	1720,06	421	694	2319,7
322	595	1253,33	372	645	1730,77	422	695	2333,1
323	596	1261,78	373	646	1741,53	423	696	2346,5
324	597	1270,27	374	647	1752,34	424	697	2360,0
325	598	1278,71	375	648	1763,20	425	698	2373,6
326	599	1287,39	376	649	1774,11	426	699	2387,3
327	600	1296,00	377	650	1785,06	427	700	2401,0
328	601	1304,65	378	651	1796,07	428	701	2414,7
329	602	1313,35	379	652	1807,13	429	702	2428,5
330	603	1322,10	380	653	1818,24	430	703	2442,4

ZU TABELLE 31.

Werte von $(T/100)^4$.

t	T	$(T/100)^4$	t	T	$(T/100)^4$	t	T	$(T/100)^4$
431	704	2456,3	481	754	3232,1	531	804	4178,5
432	705	2470,3	482	755	3249,3	832	805	4199,4
433	706	2484,3	483	756	3266,5	533	806	4220,3
434	707	2498,4	484	757	3283,8	534	807	4241,3
435	708	2512,6	485	758	3301,2	535	808	4262,3
436	709	2526,9	486	759	3318,7	536	809	4283,5
437	710	2541,2	487	760	3336,2	537	810	4304,7
438	711	2555,5	488	761	3353,8	538	811	4326,0
439	712	2569,9	489	762	3371,5	539	812	4347,3
440	713	2584,4	490	763	3389,2	540	813	4368,8
441	714	2598,9	491	764	3407,0	541	814	4390,3
442	715	2613,5	492	765	3424,9	542	815	4411,9
443	716	2628,1	493	766	3442,8	543	816	4433,6
444	717	2642,8	494	767	3460,8	544	817	4455,4
445	718	2657,8	495	768	3478,9	545	818	4477,3
446	719	2672,5	496	769	3497,1	546	819	4499,2
447	720	2687,4	497	770	3515,3	547	820	4521,2
448	721	2702,4	498	771	3533,6	548	821	4543,3
449	722	2717,4	499	772	3552,0	549	822	4565,5
450	723	2732,5	500	773	3570,4	550	823	4587,7
451	724	2747,6	501	774	3588,9	555	828	4700,3
452	725	2762,8	502	775	3607,5	560	833	4814,8
453	726	2778,1	503	776	3626,2	565	838	4931,5
454	227	2793,4	504	777	3644,9	570	843	5050,2
455	728	2808,8	505	778	3663,7	575	848	5171,1
456	729	2824,3	506	779	3682,6	580	853	5294,1
457	730	2839,8	507	780	3701,5	585	858	5419,4
458	731	2855,4	508	781	3720,5	590	863	5546,8
459	732	2871,1	509	782	3739,6	595	868	5676,5
460	733	2886,8	510	783	3758,8	600	873	5808,4
461	734	2602,9	511	784	3778,0	610	883	6079,1
462	735	2918,4	512	785	3797,3	620	893	6359,2
463	736	2934,3	513	786	3816,7	630	903	6648,9
464	737	2950,3	514	787	3836,2	640	913	6948,4
465	738	2866,5	515	788	3855,7	650	923	7257,8
466	739	2998,7	516	789	3875,3	660	933	7577,5
467	740	3014,9	517	790	3895,0	670	943	7907,6
468	741	3031,2	518	791	3914,8	680	953	8248,4
469	742	3047,6	519	792	3934,6	690	963	8600,1
470	743	3047,6	520	793	3954,5	700	973	8963,0
471	744	3064,0	521	794	3974,5	710	983	9337
472	445	3080,5	522	795	3994,6	720	993	9723
473	746	3097,1	523	796	4014,7	730	1003	10 121
474	747	3113,8	524	797	4034,9	740	1013	10 530
475	748	3130,5	525	798	4055,2	750	1023	10 952
476	749	3147,3	526	799	4075,6	800	1073	13 256
477	750	3164,1	527	800	4096,0	850	1123	15 904
478	751	3181,0	528	801	4116,5	900	1173	18 932
479	752	3198,0	529	802	4137,1	950	1223	22 372
480	753	3215,0	530	803	4157,8	1000	1273	26 261

TABELLE 32.

Die natürlichen Logarithmen

von 1,00 — 5,199.

N	0	1	2	3	4	5	6	7	8	9
1,00	0,0000	0,0009901	0,002003	0,002993	0,003984	0,004997	0,005941	0,006977	0,007786	0,008957
1,01	0,009947	0,01094	0,01190	0,01292	0,01391	0,01489	0,01587	0,01686	0,01785	0,01881
1,02	0,01980	0,02079	0,02176	0,02275	0,02372	0,02468	0,02567	0,02664	0,02761	0,02860
1,03	0,02957	0,03053	0,03150	0,03247	0,03343	0,03440	0,03537	0,03551	0,03730	0,03825
1,04	0,03921	0,04018	0,04115	0,04209	0,04306	0,04403	0,04497	0,04594	0,04688	0,04785
1,05	0,04879	0,04974	0,05070	0,05165	0,05259	0,05354	0,05448	0,05542	0,05639	0,05734
1,06	0,05828	0,05922	0,06014	0,06109	0,06203	0,06298	0,06392	0,06484	0,06578	0,06673
1,07	0,06765	0,06860	0,06952	0,07046	0,07138	0,07233	0,07325	0,07419	0,07511	0,07603
1,08	0,07695	0,07790	0,07882	0,07974	0,08066	0,08158	0,08250	0,08342	0,08435	0,08526
1,09	0,08619	0,08708	0,08801	0,08893	0,08985	0,09075	0,09176	0,09260	0,09349	0,09441
1,10	0,09531	0,09622	0,09713	0,09805	0,09895	0,09984	0,1008	0,1017	0,1026	0,1035
1,11	0,1044	0,1053	0,1062	0,1071	0,1080	0,1088	0,1097	0,1106	0,1115	0,1124
1,12	0,1133	0,1142	0,1151	0,1160	0,1169	0,1178	0,1187	0,1195	0,1204	0,1213
1,13	0,1222	0,1231	0,1240	0,1249	0,1257	0,1266	0,1275	0,1284	0,1293	0,1302
1,14	0,1310	0,1319	0,1328	0,1337	0,1345	0,1354	0,1363	0,1371	0,1380	0,1389
1,15	0,1398	0,1406	0,1415	0,1424	0,1432	0,1441	0,1450	0,1458	0,1467	0,1476
1,16	0,1484	0,1493	0,1501	0,1510	0,1518	0,1527	0,1536	0,1544	0,1553	0,1561
1,17	0,1570	0,1579	0,1587	0,1596	0,1604	0,1613	0,1622	0,1630	0,1638	0,1647
1,18	0,1655	0,1664	0,1672	0,1681	0,1639	0,1697	0,1706	0,1714	0,1723	0,1731
1,19	0,1740	0,1748	0,1756	0,1765	0,1773	0,1781	0,1790	0,1798	0,1807	0,1815
1,20	0,1823	0,1831	0,1840	0,1848	0,1857	0,1865	0,1873	0,1881	0,1890	0,1898
1,21	0,1906	0,1914	0,1923	0,1931	0,1939	0,1947	0,1956	0,1969	0,1972	0,1980
1,22	0,1988	0,1997	0,2005	0,2013	0,2021	0,2029	0,2037	0,2046	0,2054	0,2062
1,23	0,2070	0,2078	0,2086	0,2094	0,2103	0,2111	0,2119	0,2127	0,2135	0,2143
1,24	0,2151	0,2159	0,2167	0,2175	0,2183	0,2191	0,2199	0,2207	0,2215	0,2223
1,25	0,2231	0,2239	0,2247	0,2255	0,2263	0,2271	0,2279	0,2287	0,2295	0,2303
1,26	0,2311	0,2319	0,2327	0,2335	0,2343	0,2351	0,2358	0,2367	0,2374	0,2382
1,27	0,2390	0,2398	0,2406	0,2414	0,2422	0,2429	0,2437	0,2445	0,2453	0,2461
1,28	0,2468	0,2476	0,2484	0,2492	0,2500	0,2507	0,2515	0,2523	0,2531	0,2539
1,29	0,2546	0,2554	0,2562	0,2570	0,2577	0,2585	0,2593	0,2600	0,2608	0,2616

ZU TABELLE 32.

Die natürlichen Logarithmen

von 1,00 — 5,199.

N	0	1	2	3	4	5	6	7	8	9
1,30	0,2625	0,2631	0,2639	0,2647	0,2654	0,2662	0,2670	0,2677	0,2685	0,2693
1,31	0,2700	0,2708	0,2715	0,2723	0,2731	0,2738	0,2746	0,2754	0,2761	0,2769
1,32	0.2776	0,2784	0,2791	0.2799	0,2807	0,2814	0,2822	0,2829	0,2837	0,2844
1,33	0,2852	0,2859	0,2867	0,2874	0,2882	0.2889	0,2897	0,2904	0,2912	0,2919
1,34	0,2927	0,2934	0,2941	0,2949	0,2956	0,2964	0,2971	0,2979	0,2986	0,2993
1,35	0,3000	0,3008	0,3016	0,3023	0,3031	0,3038	0,3045	0,3053	0,3060	0,3067
1,36	0,3075	0.3082	0,3090	0,3097	0,3104	0,3111	0,3119	0,3126	0,3134	0,3141
1,37	0,3148	0,3155	0,3163	0.3170	0,3177	0,3184	0.3192	0,3199	0,3206	0,3213
1,38	0,3221	0,3228	0,3235	0,3242	0,3250	0,3257	0,3264	0,3271	0,3279	0,3286
1,39	0,3293	0,3300	0,3308	0,3314	0,3321	0,3329	0,3336	0,3343	0,3350	0,3358
1,40	0,3365	0,3372	0,3379	0,3386	0,3393	0,3400	0,3407	0,3414	0,3422	0,3429
1,41	0,3436	0,3443	0,3450	0,3457	0.3464	0,3471	0,3478	0,3485	0,3492	0,3499
1,42	0,3506	0,3513	0,3521	0,3528	0,3535	0,3542	0,3549	0,3556	0,3563	0,3570
1,43	0,3577	0,3584	0,3591	0,3598	0,3605	0,3612	0,3619	0,3626	0,3632	0,3639
1,44	0,3646	0,3653	0,3660	0,3667	0,3674	0,3681	0,3688	0,3695	0,3702	0,3709
1,45	0,3716	0,3722	0,3729	0,3736	0,3743	0,3750	0,3757	0,3764	0,3771	0,3777
1,46	0,3784	0,3791	0,3798	0,3805	0,3812	0,3818	0,3825	0,3832	0,3839	0.3846
1,47	0,3853	0,3859	0,3866	0,3873	0,3880	0,3886	0,3893	0,3900	0,3907	0,3914
1,48	0,3920	0,3927	0,3934	0,3941	0,3947	0,3954	0,3961	0,3968	0,3974	0,3981
1,49	0,3988	0,3994	0,4001	0,4008	0,4014	0,4021	0,4028	0,4034	0,4041	0,4048
1,50	0,4055	0,4061	0,4068	0,4075	0,4081	0,4088	0,4094	0,4101	0,4108	0,4114
1,51	0,4121	0,4127	0,4134	0,4140	0,4147	0,4154	0,4161	0,4167	0,4174	0,4181
1,52	0,4187	0,4194	0,4200	0,4207	0,4213	0,4220	0,4226	0,4233	0,4239	0,4246
1,53	0,4353	0,4259	0,4266	0,4272	0,4279	0,4285	0,4292	0,4298	0,4305	0,4311
1,54	0,4318	0,4324	0,4331	0,4338	0,4344	0,4350	0,4357	0,4363	0,4370	0,4376
1.55	0,4382	0,4389	0,4395	0,4402	0,4408	0,4415	0,4421	0,4428	0,4434	0,4440
1,56	0,4448	0,4454	0,4460	0,4466	0,4472	0,4478	0,4485	0,4492	0,4498	0,4504
1,57	0,4511	0,4517	0,4523	0,4530	0,4536	0,4542	0,4549	0,4555	0,4561	0,4568
1,58	0,4574	0,4580	0,4587	0,4593	0,4600	0,4606	0,4612	0,4618	0,4625	0,4631
1,59	0,4637	0,4643	0,4650	0,4656	0,4662	0,4669	0,4675	0,4681	0,4687	0,4693

N	0	1	2	3	4	5	6	7	8	9
1,60	0,4700	0,4706	0,4712	0,4718	0,4725	0,4731	0,4737	0,4744	0,4750	0,4756
1,61	0,4762	0,4768	0,4775	0,4781	0,4787	0,4793	0,4799	0,4806	0,4812	0,4818
1,62	0,4824	0,4830	0,4836	0,4842	0,4349	0,4855	0,4861	0,4867	0,4873	0,4879
1,63	0,4886	0,4892	0,4898	0,4904	0,4910	0,4916	0,4922	0,4929	0,4934	0,4941
1,64	0,4947	0,4953	0,4959	0,4965	0,4971	0,4976	0,4983	0,4989	0,4996	0,5002
1,65	0,5008	0,5014	0,5020	0,5026	0,5032	0,5038	0,5044	0,5050	0,5056	0,5062
1,66	0,5068	0,5074	0,5080	0,5086	0,5092	0,5098	0,5104	0,5110	0,5116	0,5122
1,67	0,5128	0,5134	0,5140	0,5146	0,5152	0,5158	0,5164	0,5170	0,5176	0,5182
1,68	0,5188	0,5194	0,5200	0,5206	0,5212	0,5218	0,5224	0,5230	0,5235	0,5241
1,69	0,5247	0,5253	0,5259	0,5265	0,5271	0,5277	0,5283	0,5288	0,5293	0,5298
1,70	0,5306	0,5312	0,5318	0,5324	0,5330	0,5335	0,5341	0,5347	0,5353	0,5359
1,71	0,5365	0,5371	0,5376	0,5382	0,5388	0,5394	0,5400	0,5406	0,5411	0,5417
1,72	0,5423	0,5429	0,5435	0,5441	0,5446	0,5452	0,5458	0,5464	0,5469	0,5475
1,73	0,5481	0,5487	0,5493	0,5498	0,5504	0,5510	0,5516	0,5521	0,5527	0,5533
1,74	0,5539	0,5545	0,5550	0,5556	0,5562	0,5568	0,5573	0,5579	0,5585	0,5590
1,75	0,5596	0,5602	0,5607	0,5613	0,5519	0,5625	0,5630	0,5636	0,5642	0,5647
1,76	0,5653	0,5659	0,5665	0,5670	0,5676	0,5681	0,5687	0,5693	0,5698	0,5704
1,77	0,5710	0,5715	0,5721	0,5727	0,5732	0,5738	0,5743	0,5749	0,5755	0,5760
1,78	0,5766	0,5771	0,5777	0,5783	0,5788	0,5794	0,5800	0,5805	0,5811	0,5816
1,79	0,5822	0,5828	0,5833	0,5839	0,5844	0,5850	0,5856	0,5861	0,5867	0,5872
1,80	0,5878	0,5883	0,5889	0.5894	0.5900	0,5906	0,5911	0,5917	0,5922	0,5928
1,81	0,5933	0,5939	0,5944	0,5950	0,5955	0,5961	0,5966	0,5972	0,5977	0,5983
1,82	0,5989	0.5994	0,5999	0,6005	0,6010	0,6015	0,6021	0,6027	0,6032	0,6037
1,83	0,6043	0,6048	0,6054	0,6059	0,6065	0,6070	0,6076	0,6081	0,6087	0,6092
1,84	0,6097	0.6103	0,6108	0,6114	0,6119	0,6125	0,6130	0,6136	0,6141	0,6146
1,85	0,6152	0,6157	0,6163	0,6168	0,6172	0,6178	0,6184	0,6189	0,6195	0,6200
1,86	0,6206	0,6211	0,6216	0,6222	0,6227	0,6232	0,6238	0,6243	0,6249	0,6254
1,87	0,6259	0,6264	0,6270	0,6275	0.6281	0,6286	0,6291	0,6297	0,6302	0,6307
1,88	0,6313	0,6318	0,6323	0,6329	0,6334	0,6339	0,6344	0,6350	0,6355	0,6361
1,89	0,6366	0,6371	0,6376	0,6381	0,6387	0,6392	0,6397	0,6403	0,6408	0,6413
1,90	0,6418	0,6423	0,6429	0,6434	0,6439	0.6445	0,6450	0,6455	0,6460	0,6466
1,91	0,6471	0,6476	0,6481	0,6487	0,6492	0.6497	0,6502	0,6507	0,6513	0,6518
1,92	0,6523	0,6528	0,6533	0,6539	0,6544	0,6549	0,6554	0,6559	0,6565	0,6570
1,93	0,6575	0,6580	0,6585	0,6590	0,6596	0,6601	0,6606	0,6611	0,6616	0,6622
1,94	0,6627	0,6632	0,6637	0,6642	0,6647	0,6652	0,6658	0,6663	0,6668	0,6673

ZU TABELLE 32.

Die natürlichen Logarithmen

von 1,00 — 5,199.

N	0	1	2	3	4	5	6	7	8	9
1,95	0,6678	0,6683	0,6688	0,6693	0,6698	0,6704	0,6709	0,6714	0,6719	0,6724
1,96	0,6729	0,6734	0,6739	0,6745	0,6750	0,6755	0,6760	0,6765	0,6770	0,6775
1,97	0,6780	0,6785	0,6790	0,6795	0,6801	0,6806	0,6811	0,6816	0,6821	0,6826
1,98	0,6831	0,6836	0,6841	0,6846	0,6851	0,6856	0,6861	0,6866	0,6871	0,6876
1,99	0,6881	0,6886	0,6891	0,6896	0,6901	0,6906	0,6911	0,6916	0,6921	0,6926
2,00	0,6931	0,6937	0,6941	0,6946	0,6952	0,6956	0,6961	0,6966	0,6971	0,6976
2,01	0,6981	0,6986	0,6991	0,6996	0,7001	0,7006	0,7011	0,7016	0,7021	0,7026
2,02	0,7031	0,7036	0,7041	0,7046	0,7051	0,7056	0,7061	0,7066	0,7071	0,7075
2,03	0,7080	0,7085	0,7090	0,7095	0,7100	0,7105	0,7110	0,7115	0,7120	0,7125
2,04	0.7130	0,7135	0,7139	0,7144	0,7149	0,7154	0,7159	0,7164	0,7169	0,7173
2,05	0,7178	0,7183	0,7188	0,7193	0,7198	0,7203	0,7108	0,7213	0,7218	0,7222
2,06	0,7227	0,7232	0,7237	0,7242	0,7247	0,7251	0,7256	0,7261	0,7266	0,7271
2,07	0,7276	0,7280	0,7285	0,7290	0,7295	0,7300	0,7305	0,7309	0,7314	0,7319
2,08	0,7324	0,7329	0,7333	0,7338	0,7343	0,7348	0,7352	0,7357	0,7362	0,7367
2,09	0,7371	0,7376	0,7381	0,7386	0,7391	0,7396	0,7401	0,7405	0,7410	0,7415
2,10	0,7420	0,7424	0,7429	0,7434	0,7439	0,7443	0,7448	0,7453	0,7458	0,7462
2,11	0,7467	0,7472	0,7476	0,7481	0,7486	0,7491	0,7495	0,7500	0,7505	0,7509
2,12	0,7514	0,7519	0,7524	0,7528	0,7533	0,7538	0,7543	0,7548	0,7552	0,7557
2,13	0,7561	0,7566	0,7571	0,7575	0,7580	0,7585	0,7590	0,7594	0,7599	0,7603
2,14	0,7608	0,7613	0,7618	0,7623	0,7627	0,7632	0,7636	0,7641	0,7645	0,7650
2,15	0,7655	0,7659	0,7664	0,7669	0,7673	0,7678	0,7683	0,7687	0,7692	0,7697
2,16	0,7701	0,7706	0,7711	0,7715	0,7720	0,7724	0,7729	0,7734	0,7738	0,7743
2,17	0,7748	0,7752	0,7757	0,7761	0,7766	0,7770	0,7775	0,7780	0,7784	0,7789
2,18	0,7794	0,7798	0,7802	0,7807	0,7812	0,7816	0,7821	0,7826	0,7830	0,7835
2,19	0,7839	0,7844	0,7848	0,7853	0,7857	0,7862	0,7867	0,7871	0,7876	0,8780
2,20	0,7885	0,7889	0,7894	0,7898	0,7903	0,7907	0,7912	0,7916	0,7921	0,7926
2,21	0,7930	0,7935	0,7939	0,7944	0,7948	0,7952	0,7957	0,7962	0,7966	0,7971
2,22	0,7975	0,7980	0,7984	0,7989	0,7993	0,7998	0,8002	0,8007	0,8011	0,8016
2,23	0,8020	0,8025	0,8029	0,8034	0,8039	0,8043	0,8047	0,8051	0,8056	0,8060
2,24	0,8065	0,8069	0,8074	0,8078	0,8083	0,8087	0,8092	0.8096	0,8101	0,8105

N	0	1	2	3	4	5	6	7	8	9
2,25	0,8109	0,8114	0,8118	0,8123	0,8127	0,8132	0,8136	0,8141	0,8145	0,8149
2,26	0,8154	0,8158	0,8163	0,8167	0,8171	0,8176	0,8180	0,8185	0,8189	0,8194
2,27	0,8198	0,8202	0,8207	0,8211	0,8215	0,8220	0,8224	0,8229	0,8233	0,8237
2,28	0,8242	0,8246	0,8251	0,8255	0,8259	0,8263	0,8268	0,8273	0,8277	0,8281
2,29	0,8286	0,8290	0,8294	0,8299	0,8303	0,8308	0,8312	0,8316	0,8321	0,8225
2,30	0,8329	0,8334	0,8338	0,8342	0,8347	0,8351	0,8355	0,8360	0,8364	0,8368
2,31	0,8372	0,8377	0,8381	0,8386	0,8390	0,8394	0,8398	0,8403	0,8407	0,8411
2,32	0,8416	0,8420	0,8424	0,8429	0,8433	0,8437	0,8442	0,8446	0,8450	0,8454
2,33	0,8459	0,8463	0,8467	0,8472	0,8476	0,8480	0,8484	0,8489	0,8493	0,8497
2,34	0,8502	0,8506	0,8510	0,8514	0,8519	0,8523	0,8527	0,8531	0,8536	0,8540
2,35	0,8544	0,8549	0,8553	0,8557	0,8561	0,8565	0,8570	0,8574	0,8578	0,8583
2,36	0,8587	0,8591	0,8595	0,8599	0,8604	0,8608	0,8612	0,8616	0,8621	0,8625
2,37	0,8629	0,8633	0,8637	0,8642	0,8646	0,8650	0,8654	0,8658	0,8663	0,8667
2,38	0,8671	0,8675	0,8679	0,8684	0,8688	0,8692	0,8696	0,8700	0,8705	0,8709
2,39	0,8713	0,8717	0,8721	0,8725	0,8729	0,8734	0,8738	0,8742	0,8746	0,8750
2,40	0,8755	0,8759	0,8763	0,8767	0,8771	0,8776	0,8780	0,8784	0,8788	0,8792
2,41	0,8796	0,8801	0,8805	0,8809	0,8813	0,8817	0,8821	0,8826	0,8830	0,8834
2,42	0,8838	0,8842	0,8846	0,8850	0,8854	0,8858	0,8863	0,8867	0,8871	0,8875
2,43	0,8879	0,8883	0,8887	0,8891	0,8895	0,8900	0,8904	0,8908	0,8912	0,8916
2,44	0,8920	0,8924	0,8929	0,8932	0,8936	0.8941	0,8945	0,8949	0,8953	0,8957
2,45	0,8961	0,8965	0,8969	0,8973	0,8977	0,8981	0,8985	0,8990	0,8994	0,8998
2,46	0,9002	0,9006	0,9010	0,9014	0,9018	0,9022	0,9026	0,9030	0,9034	0,9038
2,47	0,9042	0,9046	0,9050	0,9054	0,9059	0,9063	0,9067	0,9071	0,9075	0,9079
2,48	0,9083	0,9087	0,9091	0,9095	0,9099	0,9103	0,9107	0,9111	0,9115	0,9119
2,49	0,9123	0,9127	0,9131	0,9135	0,9139	0,9143	0,9147	0,9151	0,9155	0,9159
2,50	0,9163	0,9167	0,9171	0,9175	0,9179	0,9183	0,9187	0,9191	0,9195	0,9199
2,51	0,9203	0,9207	0,9211	0,9215	0,9219	0,9223	0,9227	0,9231	0,9235	0,9239
2,52	0,9243	0,9247	0,9251	0,9255	0,9259	0,9263	0,9267	0,9271	0,9275	0,9279
2,53	0,9282	0,9286	0,9290	0,9294	0,9298	0,9302	0,9306	0,9310	0,9314	0,9318
2,54	0,9322	0,9326	0,9330	0,9334	0,9338	0,9342	0,9345	0,9349	0,9353	0,9357
2,55	0,9361	0,9365	0,9369	0,9373	0,9377	0,9381	0,9384	0,9388	0,9392	0,9396
2,56	0,9400	0,9404	0,9408	0,9412	0,9416	0,9420	0,9424	0,9428	0,9432	0,9435
2,57	0,9439	0,9443	0,9447	0,9451	0,9455	0,9459	0,9463	0,9466	0,9470	0,9474
2,58	0,9478	0,9482	0,9486	0,9489	0,9493	0,9497	0,9501	0.9505	0,9509	0,9513
2,59	0,9517	0,9521	0,9524	0,9528	0,9532	0.9536	0,9540	0,9544	0,9548	0,9552

ZU TABELLE 32.

Die natürlichen Logarithmen

von 1,00 — 5,199.

N	0	1	2	3	4	5	6	7	8	9
2,60	0,9555	0,9559	0,9563	0,9567	0,9571	0,9574	0,9578	0,9582	0,9586	0,9590
2,61	0,9594	0,9598	0,9601	0,9605	0,9609	0,9613	0,9617	0,9620	0,9624	0,9628
2,62	0,9632	0,9636	0,9639	0,9643	0,9647	0,9651	0,9655	0,9659	0,9663	0,9666
2,63	0,9670	0,9674	0,9678	0,9681	0,9685	0,9689	0,9693	0,9697	0,9700	0,9704
2,64	0,9708	0,9712	0,9715	0,9719	0,9723	0,9727	0,9731	0,9734	0,9738	0,9742
2,65	0,9746	0,9750	0,9753	0,9757	0,9761	0,9764	0,9768	0,9772	0,9776	0,9780
2,66	0,9783	0,9787	0,9791	0,9795	0,9798	0,9802	0,9806	0,9810	0,9813	0,9817
2,67	0,9820	0,9824	0,9828	0,9832	0,9836	0,9839	0,9843	0,9847	0,9851	0,9854
2,68	0,9858	0,9862	0,9866	0,9870	0,9874	0,9877	0,9881	0,9884	0,9888	0,9892
2,69	0,9896	0,9899	0,9903	0,9907	0,9910	0,9914	0,9918	0,9922	0,9925	0,9929
2,70	0,9933	0,9936	0,9940	0,9944	0,9947	0,9951	0,9955	0,9958	0,9962	0,9966
2,71	0,9970	0,9973	0,9977	0,9981	0,9984	0,9988	0,9992	0,9995	0,9999	1,0003
2,72	1,0007	1,0010	1,0014	1,0018	1,0021	1,0025	1,0029	1,0032	1,0036	1,0039
2,73	1,0043	1,0047	1,0050	1,0054	1,0058	1,0062	1,0065	1,0068	1,0072	1,0076
2,74	1,0080	1,0083	1,0087	1,0091	1,0094	1,0098	1,0102	1,0105	1,0109	1,0112
2,75	1,0115	1,0119	1,0123	1,0127	1,0130	1,0134	1,0138	1,0142	1,0145	1,0148
2,76	1,0152	1,0156	1,0160	1,0163	1,0167	1,0171	1,0174	1,0178	1,0181	1,0185
2,77	1,0189	1,0192	1,0296	1,0200	1,0203	1,0207	1,0210	1,0214	1,0217	1,0221
2,78	1,0225	1,0229	1,0232	1,0235	1,0239	1,0243	1,0246	1,0250	1,0254	1,0258
2,79	1,0261	1,0264	1,0268	1,0271	1,0275	1,0278	1,0282	1,0286	1,0289	1,0293
2,80	1,0296	1,0300	1,0303	1,0307	1,0311	1,0314	1,0318	1,0321	1,0325	1,0328
2,81	1,0332	1,0335	1,0339	1,0342	1,0346	1,0350	1,0353	1,0357	1,0360	1,0364
2,82	1,0368	1,0371	1,0375	1,0379	1,0382	1,0385	1,0389	1,0392	1,0396	1,0400
2,83	1,0403	1,0407	1,0410	1,0414	1,0417	1,0420	1,0424	1,0428	1,0431	1,0435
2,84	1,0438	1,0442	1,0445	1,0449	1,0452	1,0455	1,0459	1,0463	1,0466	1,0470
2,85	1,0473	1,0477	1,0480	1,0484	1,0487	1,0491	1,0494	1,0498	1,0502	1,0505
2,86	1,0509	1,0512	1,0515	1,0519	1,0522	1,0526	1,0529	1,0533	1,0536	1,0540
2,87	1,0543	1,0547	1,0550	1,0554	1,0557	1,0561	1,0564	1,0568	1,0571	1,0575
2,88	1,0578	1,0581	1,0585	1,0588	1,0592	1,0595	1,0599	1,0602	1,0606	1,0609
2,89	1,0613	1,0616	1,0620	1,0623	1,0627	1,0630	1,0633	1,0637	1,0640	1,0644

N	0	1	2	3	4	5	6	7	8	9
2,90	1,0647	1,0651	1,0654	1,0658	1,0661	1,0665	1,0668	1,0671	1,0675	1,0678
2,91	1,0682	1,0685	1,0689	1,0692	1,0696	1,0699	1,0702	1,0706	1,0709	1,0713
2,92	1,0716	1,0720	1,0723	1,0726	1,0730	1,0733	1,0737	1,0740	1,0743	1,0747
2,93	1,0750	1,0754	1,0757	1,0760	1,0764	1,0767	1,0771	1,0774	1,0778	1,0781
2,94	1,0784	1,0788	1,0791	1,0795	1,0798	1,0801	1,0805	1,0808	1,0811	1,0815
2,95	1,0818	1,0822	1,0825	1,0828	1,0832	1,0835	1,0838	1,0842	1,0845	1,0849
2,96	1,0852	1,0856	1,0859	1,0862	1,0865	1,0869	1,0872	1,0876	1,0879	1,0882
2,97	1,0886	1,0889	1,0892	1,0896	1,0899	1,0903	1,0906	1,0910	1,0913	1,0916
2,98	1,0920	1,0923	1,0926	1,0930	1,0933	1,0936	1,0940	1,0943	1,0946	1,0950
2,99	1,0953	1,0956	1,0960	1,0963	1,0966	1,0970	1,0973	1,0976	1,0980	1,0983
3,00	1,0986	1,0990	1,0993	1,0996	1,1000	1,1003	1,1006	1,1010	1,1013	1,1016
3,01	1,1020	1,1023	1,1026	1,1030	1,1033	1,1036	1,1040	1,1043	1,1046	1,1050
3,02	1,1053	1,1056	1,1060	1,1063	1,1066	1,1069	1,1073	1,1076	1,1079	1,1083
3,03	1,1086	1,1089	1,1093	1,1096	1,1099	1,1102	1,1106	1,1109	1,1112	1,1116
3,04	1,1119	1,1122	1,1125	1,1129	1,1132	1,1135	1,1139	1,1142	1,1145	1,1148
3,05	1,1152	1,1155	1,1158	1,1161	1,1164	1,1168	1,1171	1,1174	1,1178	1,1181
3,06	1,1184	1,1187	1,1191	1,1194	1,1197	1,1200	1,1204	1,1207	1,1210	1,1214
3,07	1,1217	1,1220	1,1223	1,1227	1,1230	1,1233	1,1237	1,1240	1,1243	1,1246
3,08	1,1250	1,1253	1,1256	1,1259	1,1262	1,1266	1,1269	1,1272	1,1275	1,1279
3,09	1,1282	1,1285	1,1289	1,1292	1,1295	1,1298	1,1301	1,1304	1,1308	1,1311
3,10	1,1314	1,1317	1,1320	1,1324	1,1327	1,1330	1,1333	1,1337	1,1340	1,1343
3,11	1,1346	1,1350	1,1353	1,1356	1,1359	1,1362	1,1366	1,1369	1,1372	1,1375
3,12	1,1379	1,1382	1,1385	1,1388	1,1392	1,1395	1,1398	1,1401	1,1404	1,1407
3,13	1,1410	1,1413	1,1417	1,1420	1,1423	1,1426	1,1429	1,1433	1,1436	1,1439
3,14	1,1442	1,1445	1,1449	1,1452	1,1455	1,1458	1,1462	1,1465	1,1468	1,1471
3,15	1,1474	1,1477	1,1481	1,1484	1,1487	1,1490	1,1493	1,1496	1,1500	1,1503
3,16	1,1506	1,1509	1,1513	1,1516	1,1519	1,1522	1,1525	1,1528	1,1531	1,1534
3,17	1,1537	1,1541	1,1544	1,1547	1,1550	1,1553	1,1556	1,1559	1,1562	1,1566
3,18	1,1569	1,1572	1,1575	1,1579	1,1582	1,1585	1,1588	1,1591	1,1594	1,1597
3,19	1,1601	1,1604	1,1607	1,1610	1,1613	1,1616	1,1619	1,1622	1,1625	1,1628
3,20	1,1632	1,1635	1,1638	1,1641	1,1644	1,1647	1,1650	1,1654	1,1657	1,1660
3,21	1,1663	1,1666	1,1669	1,1672	1,1675	1,1678	1,1682	1,1685	1,1688	1,1691
3,22	1,1694	1,1697	1,1700	1,1703	1,1706	1,1709	1,1712	1,1715	1,1719	1,1722
3,23	1,1725	1,1728	1,1731	1,1734	1,1737	1,1741	1,1744	1,1747	1,1750	1,1753
3,24	1,1756	1,1759	1,1762	1,1765	1,1768	1,1771	1,1774	1,1777	1,1781	1,1784

ZU TABELLE 32.

Die natürlichen Logarithmen

von 1,00 — 5,199.

N	0	1	2	3	4	5	6	7	8	9
3,25	1,1787	1,1790	1,1793	1,1796	1,1799	1,1802	1,1805	1,1808	1,1811	1,1814
3,26	1,1817	1,1820	1,1824	1,1827	1,1830	1,1833	1,1836	1,1839	1,1842	1,1845
3,27	1,1848	1,1851	1,1854	1,1857	1,1860	1,1864	1,1867	1,1870	1,1873	1,1876
3,28	1,1879	1,1882	1,1885	1,1888	1,1891	1,1894	1,1897	1,1900	1,1903	1,1906
3,29	1,1909	1,1912	1,1915	1,1918	1,1921	1,1924	1,1927	1,1930	1,1933	1,1936
3,30	1,1939	1,1942	1,1945	1,1948	1,1951	1,1954	1,1957	1,1961	1,1964	1,1967
3,31	1,1970	1,1973	1,1976	1,1979	1,1982	1,1985	1,1988	1,1991	1,1994	1,1997
3,32	1,2000	1,2003	1,2006	1,2009	1,2012	1,2015	1,2018	1,2021	1,2024	1,2027
3,33	1,2030	1,2033	1,2036	1,2039	1,2042	1,2045	1,2048	1,2051	1,2054	1,2057
3,34	1,2060	1,2063	1,2066	1,2069	1,2072	1,2075	1,2078	1,2081	1,2084	1,2087
3,35	1,2089	1,2092	1,2095	1,2098	1,2101	1,2104	1,2107	1,2110	1,2113	1,2116
3,36	1,2119	1,2122	1,2125	1,2128	1,2131	1,2134	1,2137	1,2140	1,3143	1,2146
3,37	1,2149	1,2152	1,2155	1,2158	1,2161	1,2164	1,2167	1,2170	1,2173	1,2176
3,38	1,2179	1,2182	1,2185	1,2188	1,2191	1,2194	1,2197	1,2200	1,2203	1,2206
3,39	1,2209	1,2212	1,2215	1,2218	1,2221	1,2223	1,2226	1,2229	1,2232	1,2235
3,40	1,2238	1,2241	1,2244	1,2247	1,2250	1,2253	1,2255	1,2258	1,2261	1,2264
3,41	1,2267	1,2270	1,2273	1,2276	1,2279	1,2282	1,2285	1,2288	1,2291	1,2294
3,42	1,2297	1,2299	1,2302	1,2305	1,2308	1,2311	1,2314	1,2317	1,2320	1,2323
3,43	1,2326	1,2329	1,2332	1,2334	1,2337	1,2340	1,2343	1,2346	1,2349	1,2352
3,44	1,2355	1,2358	1,2361	1,2364	1,2366	1,2369	1,2372	1,2375	1,2378	1,2381
3,45	1,2384	1,2387	1,2390	1,2393	1,2395	1,2398	1,2401	1,2404	1,2407	1,2410
3,46	1,2413	1,2415	1,2418	1,2421	1,2424	1,2427	1,2430	1,2433	1,2436	1,2439
3,47	1,2442	1,2445	1,2447	1,2450	1,2453	1,2456	1,2459	1,2462	1,2465	1,2467
3,48	1,2470	1,2473	1,2476	1,2479	1,2482	1,2485	1,2488	1,2491	1,2493	1,2496
3,49	1,2499	1,2502	1,2505	1,2508	1,2511	1,2514	1,2517	1,2519	1,2522	1,2525
3,50	1,2528	1,2531	1,2534	1,2536	1,2539	1,2542	1,2545	1,2548	1,2551	1,2554
3,51	1,2557	1,2559	1,2562	1,2565	1,2567	1,2570	1,2573	1,2576	1,2579	1,2582
3,52	1,2585	1,2588	1,2590	1,2593	1,2596	1,2599	1,2602	1,2605	1,2608	1,2610
3,53	1,2613	1,2616	1,2619	1,2622	1,2625	1,2628	1,2630	1,2633	1,2636	1,2639
3,54	1,2641	1,2644	1,2647	1,2650	1,2653	1,2656	1,2658	1,2661	1,2664	1,2667

N	0	1	2	3	4	5	6	7	8	9
3,55	1,2669	1,2672	1,2675	1,2678	1,2681	1,2684	1,2687	1,2690	1,2693	1,2696
3,56	1,2699	1,2701	1,2704	1,2706	1,2709	1,2712	1,2714	1,2717	1,2720	1,2723
3,57	1,2726	1,2729	1,2731	1,2734	1,2737	1,2740	1,2743	1,2746	1,2748	1,2751
3,58	1,2754	1,2756	1,2759	1,2762	1,2765	1,2768	1,2771	1,2773	1,2776	1,2779
3,59	1,2781	1,2784	1,2787	1,2790	1,2793	1,2796	1,2799	1,2801	1,2804	1,2806
3,60	1,2809	1,2812	1,2815	1,2818	1,2820	1,2823	1,2826	1,2829	1,2832	1,2835
3,61	1,2837	1,2840	1,2843	1,2846	1,2848	1,2851	1,2854	1,2857	1,2859	1,2862
3,62	1,2865	1,2868	1,2870	1,2873	1,2876	1,2879	1,2881	1,2884	1,2887	1,2890
3,63	1,2893	1,2895	1,2898	1,2901	1,2904	1,2906	1,2909	1,2911	1,2914	1,2917
3,64	1,2920	1,2923	1,2926	1,2928	1,2931	1,2933	1,2936	1,2939	1,2942	1,2944
3,65	1,2947	1,2950	1,2953	1,2956	1,2959	1,2961	1,2964	1,2967	1,2969	1,2972
3,66	1,2975	1,2978	1,2981	1,2984	1,2986	1,2989	1,2991	1,2994	1,2997	1,3000
3,67	1,3002	1,3005	1,3007	1,3010	1,3013	1,3016	1,3019	1,3021	1,3024	1,3027
3,68	1,3029	1,3032	1,3035	1,3038	1,3040	1,3043	1,3046	1,3049	1,3051	1,3054
3,69	1,3056	1,3059	1,3062	1,3065	1,3067	1,3070	1,3073	1,3075	1,3078	1,3080
3,70	1,3083	1,3086	1,3089	1,3092	1,3094	1,3097	1,3100	1,3103	1,3105	1,3108
3,71	1,3110	1,3113	1,3116	1,3119	1,3121	1,3124	1,3127	1,3130	1,3132	1,3135
3,72	1,3138	1,3140	1,3143	1,3146	1,3148	1,3151	1,3154	1,3156	1,3159	1,3161
3,73	1,3164	1,3167	1,3169	1,3172	1,3175	1,3177	1,3180	1,3183	1,3186	1,3188
3,74	1,3191	1,3194	1,3196	1,3199	1,3202	1,3205	1,3207	1,3210	1,3213	1,3215
3,75	1,3218	1,3221	1,3224	1,3226	1,3229	1,3231	1,3234	1,3237	1,3239	1,3242
3,76	1,3244	1,3247	1,3250	1,3253	1,3255	1,3258	1,3261	1,3264	1,3266	1,3269
3,77	1,3272	1,3275	1,3276	1,3279	1,3282	1,3284	1,3287	1,3290	1,3293	1,3295
3,78	1,3298	1,3300	1,3303	1,3305	1,3308	1,3311	1,3313	1,3316	1,3319	1,3321
3,79	1,3324	1,3327	1,3329	1,3332	1,3335	1,3337	1,3340	1,3342	1,3345	1,3348
3,80	1,3350	1,3353	1,3355	1,3358	1,3361	1,3363	1,3366	1,3369	1,3371	1,3374
3,81	1,3377	1,3379	1,3382	1,3384	1,3387	1,3389	1,3392	1,3395	1,3397	1,3400
3,82	1,3403	1,3405	1,3408	1,3411	1,3413	1,3416	1,3418	1,3421	1,3424	1,3427
3,83	1,3429	1,3432	1,3435	1,3437	1,3439	1,3442	1,3445	1,3447	1,3450	1,3452
3,84	1,3455	1,3457	1,3460	1,3463	1,3465	1,3468	1,3471	1,3473	1,3476	1,3478
3,85	1,3481	1,3483	1,3486	1,3489	1,3491	1,3494	1,3497	1,3499	1,3502	1,3504
3,86	1,3507	1,3509	1,3512	1,3514	1,3517	1,3520	1,3522	1,3525	1,3528	1,3530
3,87	1,3533	1,3535	1,3538	1,3540	1,3543	1,3546	1,3548	1,3551	1,3554	1,3556
3,88	1,3559	1,3562	1,3564	1,3567	1,3569	1,3571	1,3574	1,3576	1,3579	1,3582
3,89	1,3584	1,3587	1,3589	1,3592	1,3595	1,3597	1,3600	1,3603	1,3605	1,3608

ZU TABELLE 32.

Die natürlichen Logarithmen

von 1,00 — 5,199.

N	0	1	2	3	4	5	6	7	8	9
3,90	1,3610	1,3612	1,3615	1,3617	1,3620	1,3623	1,3625	1,3628	1,3630	1,3633
3,91	1,3636	1,3638	1,3640	1,3643	1,3645	1,3648	1,3651	1,3653	1,3656	1,3658
3,92	1,3661	1,3664	1,3666	1,3669	1,3671	1,3674	1,3677	1,3679	1,3682	1,3684
3,93	1,3687	1,3689	1,3692	1,3694	1,3697	1,3699	1,3702	1,3704	1,3707	1,3709
3,94	1,3712	1,3714	1,3717	1,3720	1,3722	1,3725	1,3727	1,3730	1,3732	1,3735
3,95	1,3737	1,3740	1,3742	1,3745	1,3748	1,3750	1,3753	1,3755	1,3758	1,3760
3,96	1,3762	1,3765	1,3768	1,3770	1,3773	1,3775	1,3778	1,3780	1,3783	1,3785
3,97	1,3788	1,3790	1,3793	1,3795	1,3798	1,3800	1,3803	1,3805	1,3808	1,3810
3,98	1,3813	1,3815	1,3818	1,3820	1,3823	1,3826	1,3828	1,3831	1,3833	1,3835
3,99	1,3838	1,3840	1.3843	1,3845	1,3848	1,3851	1,3853	1,3855	1,3858	1,3861
4,00	1,3863	1,3866	1,3868	1,3871	1,3873	1,3876	1,3878	1,3881	1,3883	1,3886
4,01	1,3888	1,3891	1,3893	1,3896	1,3898	1,3901	1,3903	1,3906	1,3908	1,3911
4,02	1,3913	1,3916	1,3918	1,3921	1,3923	1,3926	1,3928	1,3931	1,3933	1,3936
4,03	1,3938	1,3940	1,3943	1,3945	1,3948	1,3950	1,3953	1,3955	1,3958	1,3960
4,04	1,3963	1,3965	1,3968	1,3970	1,3972	1,3975	1,3977	1,3980	1,3982	1,3985
4,05	1,3987	1,3990	1,3992	1,3995	1,3997	1,4000	1,4002	1,4005	1,4007	1,4009
4,06	1,4012	1,4014	1,4017	1,4019	1,4022	1,4024	1,4027	1,4029	1,4032	1,4034
4,07	1,4037	1,4039	1,4041	1,4044	1,4046	1,4049	1,4051	1,4054	1,4057	1,4059
4,08	1,4061	1,4064	1,4066	1,4069	1,4071	1,4073	1,4076	1,4078	1,4081	1,4083
4,09	1,4085	1,4088	1,4091	1,4093	1,4096	1,4098	1,4101	1,4103	1.4105	1,4107
4,10	1,4110	1,4112	1,4115	1,4117	1,4120	1,4122	1,4125	1,4127	1,4130	1,4132
4,11	1,4135	1,4137	1,4139	1,4142	1,4144	1,4147	1,4149	1,4152	1,4154	1,4157
4,12	1,4159	1,4161	1,4164	1,4166	1,4169	1,4171	1,4173	1,4176	1,4178	1,4180
4,13	1,4183	1,4185	1,4188	1,4190	1,4193	1,4195	1,4198	1,4200	1,4202	1,4205
4,14	1,4207	1,4210	1,4212	1,4215	1,4217	1,4219	1,4222	1,4224	1,4227	1,4229
4,15	1,4231	1,4233	1,4236	1,4238	1,4241	1,4243	1,4246	1,4248	1,4251	1,4253
4,16	1,4255	1,4258	1,4260	1,4263	1,4265	1,4268	1,4270	1,4273	1,4275	1,4277
4,17	1,4279	1,4282	1,4284	1,4286	1,4289	1,4291	1,4294	1,4297	1,4299	1,4301
4,18	1,4303	1,4306	1,4308	1,4310	1,4313	1,4315	1,4318	1,4320	1,4323	1,4325
4,19	1,4327	1,4329	1,4332	1,4334	1,4337	1,4339	1,4342	1.4344	1,4347	1,4349

N	0	1	2	3	4	5	6	7	8	9
4,20	1,4351	1,4353	1,4356	1,4358	1,4360	1,4363	1,4365	1,4367	1,4370	1,4372
4,21	1,4375	1,4377	1,4379	1,4382	1,4384	1,4387	1,4389	1,4391	1,4394	1,4396
4,22	1,4398	1,4401	1,4403	1,4405	1,4408	1,4410	1,4413	1,4415	1,4417	1,4420
4,23	1,4422	1,4424	1,4427	1,4429	1,4431	1,4434	1,4436	1,4439	1,4441	1,4443
4,24	1,4446	1,4448	1,4450	1,4453	1,4455	1,4457	1,4460	1,4462	1,4464	1,4467
4,25	1,4469	1,4471	1,4474	1,4476	1,4479	1,4481	1,4483	1,4486	1,4488	1,4490
4,26	1,4493	1,4495	1,4497	1,4500	1,4502	1,4504	1,4507	1,4509	1,4511	1,4514
4,27	1,4516	1,4518	1,4521	1,4523	1,4525	1,4528	1,4530	1,4533	1,4535	1,4537
4,28	1,4539	1,4542	1,4544	1,4547	1,4549	1,4551	1,4553	1,4556	1,4558	1,4561
4,29	1,4563	1,4565	1,4567	1,4570	1,4572	1,4574	1,4577	1,4579	1,4582	1,4584
4,30	1,4586	1,4588	1,4591	1,4593	1,4595	1,4598	1,4600	1,4602	1,4605	1,4607
4,31	1,4609	1,4612	1,4614	1,4616	1,4619	1,4621	1,4623	1,4626	1,4628	1,4630
4,32	1,4632	1,4635	1,4637	1,4640	1,4642	1,4644	1,4647	1,4649	1,4651	1,4653
4,33	1,4656	1,4658	1,4660	1,4663	1,4665	1,4667	1,4670	1,4672	1,4674	1,4676
4,34	1,4679	1,4681	1,4683	1,4686	1,4688	1,4690	1,4693	1,4695	1,4697	1,4699
4,35	1,4702	1,4704	1,4706	1,4709	1,4711	1,4713	1,4716	1,4718	1,4720	1,4722
4,36	1,4725	1,4727	1,4729	1,4732	1,4734	1,4736	1,4738	1,4741	1,4743	1,4745
4,37	1,4748	1,4750	1,4752	1,4755	1,4757	1,4759	1,4761	1,4764	1,4766	1,4768
4,38	1,4770	1,4773	1,4775	1,4777	1,4780	1,4782	1,4784	1,4787	1,4789	1,4791
4,39	1,4793	1,4795	1,4798	1,4800	1,4802	1,4805	1,4807	1,4809	1,4812	1,4814
4,40	1,4816	1,4818	1,4821	1,4823	1,4825	1,4827	1,4830	1,4832	1,4834	1,4836
4,41	1,4839	1,4841	1,4843	1,4845	1,4848	1,4850	1,4852	1,4855	1,4857	1,4859
4,42	1,4861	1,4864	1,4866	1,4868	1,4871	1,4873	1,4875	1,4877	1,4880	1,4882
4,43	1,4884	1,4886	1,4889	1,4891	1,4893	1,4895	1,4897	1,4900	1,4902	1,4904
4,44	1,4906	1,4909	1,4911	1,4913	1,4915	1,4918	1,4920	1,4922	1,4924	1,4927
4,45	1,4929	1,4931	1,4934	1,4936	1,4938	1,4940	1,4942	1,4945	1,4947	1,4949
4,46	1,4951	1,4954	1,4956	1,4958	1,4960	1,4963	1,4965	1,4967	1,4969	1,4972
4,47	1,4974	1,4976	1,4978	1,4981	1,4983	1,4985	1,4987	1,4990	1,4992	1,4994
4,48	1,4996	1,4998	1,5001	1,5003	1,5005	1,5007	1,5009	1,5012	1,5014	1,5016
4,49	1,5018	1,5021	1,5023	1,5025	1,5027	1,5030	1,5032	1,5034	1,5036	1,5039
4,50	1,5041	1,5043	1,5045	1,5047	1,5050	1,5052	1,5054	1,5056	1,5058	1,5061
4,51	1,5063	1,5065	1,5067	1,5070	1,5072	1,5074	1,5076	1,5078	1,5081	1,5083
4,52	1,5085	1,5087	1,5090	1,5092	1,5094	1,5096	1,5098	1,5101	1,5103	1,5105
4,53	1,5107	1,5109	1,5112	1,5114	1,5116	1,5118	1,5120	1,5123	1,5125	1,5127
4,54	1,5129	1,5131	1,5134	1,5136	1,5138	1,5140	1,5142	1,5145	1,5147	1,5149

ZU TABELLE 32.

Die natürlichen Logarithmen

von 1,00 — 5,199.

N	0	1	2	3	4	5	6	7	8	9
4,55	1,5151	1,5154	1,5156	1,5158	1,5160	1,5162	1,5164	1,5167	1,5169	1,5171
4,56	1,5173	1,5175	1,5178	1,5180	1,5182	1,5184	1,5186	1,5189	1,5191	1,5193
4,57	1,5195	1,5197	1,5200	1,5202	1,5204	1,5206	1,5208	1,5210	1,5213	1,5215
4,58	1,5217	1,5219	1,5221	1,5223	1,5226	1,5228	1,5230	1,5232	1,5234	1,5237
4,59	1,5239	1,5241	1,5243	1,5245	1,5247	1,5250	1,5252	1,5254	1,5256	1,5258
4,60	1,5261	1,5263	1,5265	1,5267	1,5269	1,5271	1,5274	1,5276	1,5278	1,5280
4,61	1,5282	1,5285	1,5287	1,5289	1,5291	1,5293	1,5295	1,5297	1,5300	1,5302
4,62	1,5304	1,5306	1,5308	1,5310	1,5313	1,5315	1,5317	1,5319	1,5321	1,5323
4,63	1,5325	1,5327	1,5330	1,5332	1,5334	1,5336	1,5338	1,5341	1,5343	1,5345
4,64	1,5347	1,5349	1,5352	1,5354	1,5356	1,5358	1,5360	1,5362	1,5364	1,5367
4,65	1,5369	1,5371	1,5373	1,5375	1,5377	1,5379	1,5381	1,5384	1,5386	1,5388
4,66	1,5390	1,5392	1,5394	1,5397	1,5399	1,5401	1,5403	1,5405	1,5407	1,5409
4,67	1,5412	1,5414	1,5416	1,5418	1,5420	1,5422	1,5424	1,5426	1,5429	1,5431
4,68	1,5433	1,5435	1,5437	1,5439	1,5442	1,5444	1,5446	1,5448	1,5450	1,5452
4,69	1,5454	1,5457	1,5459	1,5461	1,5463	1,5465	1,5467	1,5469	1,5471	1,5474
4,70	1,5476	1,5478	1,5480	1,5482	1,5484	1,5486	1,5488	1,5490	1,5493	1,5495
4,71	1,5497	1,5499	1,5501	1,5503	1,5505	1,5507	1,5509	1,5512	1,5514	1,5516
4,72	1,5518	1,5520	1,5522	1,5524	1,5527	1,5529	1,5531	1,5533	1,5535	1,5537
4,73	1,5539	1,5541	1,5543	1,5546	1,5548	1,5550	1,5552	1,5554	1,5556	1,5558
4,74	1,5560	1,5562	1,5565	1,5567	1,5569	1,5571	1,5573	1,5575	1,5577	1,5579
4,75	1,5581	1,5584	1,5586	1,5588	1,5590	1,5592	1,5594	1,5596	1,5598	1,5600
4,76	1,5603	1,5605	1,5607	1,5609	1,5611	1,5613	1,5615	1,5617	1,5619	1,5621
4,77	1,5624	1,5626	1,5628	1,5630	1,5632	1,5634	1,5636	1,5638	1,5640	1,5642
4,78	1,5644	1,5647	1,5649	1,5651	1,5653	1,5655	1,5657	1,5659	1,5661	1,5663
4,79	1,5665	1,5667	1,5669	1,5672	1,5674	1,5676	1,5678	1,5680	1,5682	1,5684
4,80	1,5686	1,5688	1,5690	1,5692	1,5694	1,5696	1,5698	1,5700	1,5703	1,5705
4,81	1,5707	1,5709	1,5711	1,5713	1,5715	1,5717	1,5720	1,5722	1,5724	1,5726
4,82	1,5728	1,5730	1,5732	1,5734	1,5736	1,5738	1,5740	1,5742	1,5744	1,5746
4,83	1,5749	1,5751	1,5753	1,7555	1,5757	1,5759	1,5761	1,5763	1,5765	1,5767
4,84	1,5769	1,5771	1,5773	1,5775	1,5777	1,5779	1,5781	1,5784	1,5786	1,5788

N	0	1	2	3	4	5	6	7	8	9
4,85	1,5790	1,5792	1,5794	1,5796	1,5798	1,5800	1,5802	1,5804	1,5806	1,5808
4,86	1,5810	1,5813	1,5815	1,5817	1,5819	1,5821	1,5823	1,5825	1,5827	1,5829
4,87	1,5831	1,5833	1,5835	1,5837	1,5839	1,5841	1,5843	1,5845	1,5847	1,5849
4,88	1,5851	1,5854	1,5856	1,5857	1,5860	1,5862	1,5864	1,5866	1,5868	1,5870
4,89	1,5872	1,5874	1,5876	1,5878	1,5880	1,5882	1,5884	1,5886	1,5888	1,5890
4,90	1,5892	1,5894	1,5896	1,5898	1,5901	1,5903	1,5905	1,5907	1,5909	1,5911
4,91	1,5913	1,5915	1,5917	1,5919	1,5921	1,5923	1,5925	1,5927	1,5929	1,5931
4,92	1,5933	1,5935	1,5937	1,5939	1,5941	1,5943	1,5945	1,5947	1,5949	1,5951
4,93	1,5953	1,5955	1,5957	1,5959	1,5962	1,5964	1,5966	1,5968	1,5970	1,5972
4,94	1,5974	1,5976	1,5978	1,5980	1,5982	1,5984	1,5986	1,5988	1,5990	1,5992
4,95	1,5994	1,5996	1,5998	1,6000	1,6002	1,6004	1,6006	1,6008	1,6010	1,6012
4,96	1,6014	1,6016	1,6018	1,6020	1,6022	1,6024	1,6026	1,6028	1,6030	1,6032
4,97	1,6034	1,6036	1,6038	1,6040	1,6042	1,6044	1,6046	1,6048	1,6050	1,6052
4,98	1,6054	1,6056	1,6058	1,6060	1,6062	1,6064	1,6066	1,6068	1,6070	1,6072
4,99	1,6074	1,6076	1,6078	1,6080	1,6082	1,6084	1,6086	1,6088	1,6090	1,6092
5,00	1,6094	1,6096	1,6098	1,6100	1,6102	1,6104	1,6106	1,6108	1,6110	1,6112
5,01	1,6114	1,6116	1,6118	1,6120	1,6122	1,6124	1,6126	1,6128	1,6130	1,6132
5,02	1,6134	1,6136	1,6138	1,6140	1,6142	1,6144	1,6146	1,6148	1,6150	1,6152
5,03	1,6154	1,6156	1,6158	1,6160	1,6162	1,6164	1,6166	1,6168	1,6170	1,6172
5,04	1,6174	1,6176	1,6178	1,6180	1,6182	1,6184	1,6186	1,6188	1,6190	1,6192
5,05	1,6194	1,6196	1,6198	1,6200	1,6202	1,6203	1,6205	1,6207	1,6209	1,6211
5,06	1,6213	1,6215	1,6217	1,6219	1,6221	1,6223	1,6225	1,6227	1,6229	1,6231
5,07	1,6233	1,6235	1,6237	1,6239	1,6241	1,6243	1,6245	1,6247	1,6249	1,6251
5,08	1,6253	1,6255	1,6257	1,6259	1,6261	1,6263	1,6265	1,6267	1,6269	1,6271
5,09	1,6273	1,6275	1,6277	1,6279	1,6281	1,6282	1,6284	1,6286	1,6288	1,6290
5,10	1,6292	1,6294	1,6296	1,6298	1,6300	1,6302	1,6304	1,6306	1,6308	1,6310
5,11	1,6312	1,6314	1,6316	1,6318	1,6320	1,6321	1,6323	1,6325	1,6327	1,6329
5,12	1,6331	1,6333	1,6335	1,6337	1,6339	1,6341	1,6343	1,6345	1,6347	1,6349
5,13	1,6351	1,6353	1,6355	1,6357	1,6359	1,6361	1,6363	1,6365	1,6367	1,6369
5,14	1,6370	1,6372	1,6374	1,6376	1,6378	1,6380	1,6382	1,6384	1,6386	1,6388
5,15	1,6390	1,6392	1,6394	1,6396	1,6398	1,6400	1,6402	1,6404	1,6405	1,6407
5,16	1,6409	1,6411	1,6413	1,6415	1,6417	1,6419	1,6421	1,6423	1,6425	1,6427
5,17	1,6428	1,6430	1,6432	1,6434	1,6436	1,6438	1,6440	1,6442	1,6444	1,6446
5,18	1,6448	1,6450	1,6452	1,6454	1,6455	1,6457	1,6459	1,6461	1,6463	1,6465
5,19	1,6467	1,6469	1,6471	1,6473	1,6475	1,6477	1,6479	1,6480	1,6482	1,6484

TABELLE 33.

Wärmeverlustberechnung isolierter Rohre.

Zu dem abgekürzten Verfahren Seite 54.

Hilfswerte zur Ermittlung von π/J und $1/Jd_a$.

Nennweite u. Außen ⌀ des Rohres	Isolierstärke mm										
	20	25	30	35	40	45	50	55	60	65	70
20/27	**0,692**	**0,600**	**0,535**	**0,492**	**0,455**	**0,428**	**0,407**				
	3,29	2,48	1,960	1,610	1,350	1,160	1,020				
25/32	**0,775**	**0,667**	**0,597**	**0,542**	**0,500**	**0,467**	**0,442**	**0,425**	**0,406**		
	3,43	2,59	2,06	1,690	1,422	1,220	1,070	0,953	0,850		
32/38	**0,873**	**0,745**	**0,669**	**0,603**	**0,555**	**0,516**	**0,486**	**0,465**	**0,443**	**0,423**	**0,407**
	3,56	2,71	2,17	1,770	1,495	1,280	1,120	0,990	0,893	0,801	0,728
35/41,5	**0,928**	**0,792**	**0,708**	**0,637**	**0,586**	**0,544**	**0,512**	**0,486**	**0,464**	**0,443**	**0,426**
	3,64	2,76	2,21	1,815	1,535	1,315	1,150	1,018	0,914	0,820	0,745
40/47,5	**1,027**	**0,873**	**0,773**	**0,695**	**0,640**	**0,592**	**0,555**	**0,527**	**0,500**	**0,477**	**0,458**
	3,74	2,85	2,28	1,880	1,590	1,365	1,195	1,058	0,950	0,854	0,775
45/51	**1,085**	**0,920**	**0,810**	**0,727**	**0,669**	**0,618**	**0,580**	**0,547**	**0,520**	**0,496**	**0,475**
	3,79	2,90	2,32	1,910	1,620	1,395	1,220	1,080	0,969	0,870	0,792
48/54	**1,135**	**0,960**	**0,842**	**0,755**	**0,693**	**0,640**	**0,600**	**0,566**	**0,538**	**0,512**	**0,490**
	3,84	2,93	2,34	1,940	1,640	1,410	1,240	1,098	0,984	0,885	0,806
50/57	**1,178**	**0,997**	**0,873**	**0,783**	**0,718**	**0,663**	**0,620**	**0,585**	**0,555**	**0,530**	**0,506**
	3,87	2,97	2,37	1,960	1,670	1,435	1,260	1,114	0,998	0,898	0,818
55/60	**1,228**	**1,036**	**0,905**	**0,812**	**0,743**	**0,685**	**0,640**	**0,604**	**0,572**	**0,545**	**0,521**
	3,91	3,00	2,40	1,985	1,690	1,450	1,275	1,130	1,012	0,912	0,830
60/63,5	**1,280**	**1,080**	**0,943**	**0,843**	**0,772**	**0,713**	**0,665**	**0,626**	**0,593**	**0,564**	**0,539**
	3,95	3,03	2,43	2,01	1,715	1,475	1,295	1,248	1,028	0,926	0,844
65/70	**1,390**	**1,165**	**1,010**	**0,905**	**0,825**	**0,760**	**0,707**	**0,665**	**0,628**	**0,598**	**0,571**
	4,02	3,09	2,47	2,06	1,755	1,510	1,330	1,177	1,052	0,953	0,867
70/76	**1,485**	**1,243**	**1,077**	**0,958**	**0,873**	**0,805**	**0,748**	**0,702**	**0,662**	**0,630**	**0,600**
	4,08	3,14	2,51	2,09	1,785	1,543	1,357	1,200	1,074	0,973	0,885
75/83	**1,600**	**1,333**	**1,152**	**1,025**	**0,928**	**0,856**	**0,795**	**0,745**	**0,702**	**0,666**	**0,635**
	4,14	3,19	2,56	2,13	1,820	1,576	1,385	1,226	1,098	0,995	0,906
80/89	**1,695**	**1,410**	**1,215**	**1,080**	**0,975**	**0,897**	**0,834**	**0,780**	**0,735**	**0,696**	**0,663**
	4,18	3,22	2,59	2,170	1,850	1,600	1,410	1,246	1,117	1,013	0,923
90/95	**1,790**	**1,485**	**1,280**	**1,135**	**1,025**	**0,940**	**0,872**	**0,816**	**0,766**	**0,726**	**0,693**
	4,22	3,26	2,62	2,19	1,872	1,625	1,430	1,265	1,135	1,028	0,938
95/102	**1,905**	**1,578**	**1,355**	**1,202**	**1,085**	**0,992**	**0,921**	**0,860**	**0,806**	**0,763**	**0,726**
	4,27	3,30	2,66	2,22	1,900	1,645	1,450	1,287	1,156	1,046	0,956
100/108	**2,00**	**1,650**	**1,418**	**1,260**	**1,130**	**1,035**	**0,960**	**0,895**	**0,838**	**0,793**	**0,755**
	4,30	3,33	2,68	2,25	1,920	1,665	1,470	1,304	1,172	1,060	0,969
105/114	**2,10**	**1,730**	**1,480**	**1,315**	**1,177**	**1,076**	**1,000**	**0,932**	**0,871**	**0,825**	**0,785**
	4,33	3,36	2,71	2,27	1,940	1,685	1,485	1,320	1,187	1,074	0,982
110/121	**2,21**	**1,820**	**1,555**	**1,380**	**1,235**	**1,125**	**1,044**	**0,972**	**0,910**	**0,860**	**0,816**
	4,37	3,38	2,74	2,29	1,960	1,705	1,505	1,337	1,203	1,088	0,996
120/127	**2,30**	**1,895**	**1,620**	**1,435**	**1,285**	**1,170**	**1,085**	**1,008**	**0,944**	**0,890**	**0,845**
	4,39	3,40	2,76	2,31	1,980	1,720	1,520	1,350	1,217	1,100	1,007
125/133	**2,40**	**1,975**	**1,685**	**1,490**	**1,332**	**1,212**	**1,123**	**1,042**	**0,975**	**0,919**	**0,873**
	4,41	3,42	2,78	2,33	1,990	1,735	1,535	1,363	1,229	1,112	1,018
130/140	**2,51**	**2,06**	**1,760**	**1,555**	**1,390**	**1,262**	**1,168**	**1,084**	**1,013**	**0,954**	**0,905**
	4,44	3,44	2,80	2,35	2,01	1,750	1,550	1,376	1,242	1,124	1,030

ZU TABELLE 33.

Wärmeverlustberechnung isolierter Rohre.

Zu dem abgekürzten Verfahren Seite 54.
Hilfswerte zur Ermittlung von π/J und $1/Jd_a$.

Nennweite u. Außen ⌀ des Rohres	Isolierstärke mm										
	75	**80**	**85**	**90**	**95**	**100**	**110**	**120**	**130**	**140**	**150**
20/27											
25/32											
32/38											
35/41,5	**0,413** 0,680	**0,400** 0,628									
40/47,5	**0,442** 0,711	**0,427** 0,654	**0,415** 0,605	**0,403** 0,560							
45/51	**0,457** 0,727	**0,443** 0,668	**0,429** 0,618	**0,417** 0,572	**0,405** 0,534						
48/54	**0,473** 0,740	**0,457** 0,680	**0,442** 0,628	**0,429** 0,581	**0,416** 0,543	**0,405** 0,507					
50/57	**0,487** 0,752	**0,470** 0,690	**0,455** 0,638	**0,441** 0,589	**0,427** 0,551	**0,416** 0,514					
55/60	**0,503** 0,762	**0,484** 0,701	**0,468** 0,647	**0,454** 0,598	**0,440** 0,560	**0,426** 0,523	**0,408** 0,465				
60/63,5	**0,518** 0,775	**0,500** 0,712	**0,482** 0,657	**0,467** 0,608	**0,452** 0,568	**0,440** 0,530	**0,420** 0,472	**0,402** 0,423			
65/70	**0,550** 0,796	**0,528** 0,732	**0,510** 0,676	**0,492** 0,626	**0,478** 0,585	**0,463** 0,548	**0,441** 0,484	**0,423** 0,435	**0,406** 0,390		
70/76	**0,577** 0,814	**0,555** 0,749	**0,535** 0,692	**0,515** 0,640	**0,498** 0,600	**0,485** 0,561	**0,462** 0,497	**0,441** 0,445	**0,423** 0,400	**0,409** 0,364	
75/83	**0,610** 0,833	**0,585** 0,767	**0,563** 0,710	**0,543** 0,658	**0,526** 0,615	**0,509** 0,575	**0,485** 0,510	**0,462** 0,456	**0,442** 0,410	**0,427** 0,374	**0,411** 0,341
80/89	**0,635** 0,848	**0,610** 0,781	**0,587** 0,724	**0,566** 0,670	**0,547** 0,627	**0,531** 0,586	**0,505** 0,520	**0,480** 0,466	**0,460** 0,419	**0,443** 0,381	**0,426** 0,348
90/95	**0,665** 0,863	**0,636** 0,794	**0,612** 0,738	**0,590** 0,683	**0,570** 0,638	**0,554** 0,598	**0,525** 0,530	**0,497** 0,475	**0,476** 0,427	**0,458** 0,388	**0,441** 0,354
95/102	**0,695** 0,878	**0,665** 0,809	**0,640** 0,752	**0,616** 0,697	**0,595** 0,652	**0,577** 0,610	**0,547** 0,540	**0,519** 0,484	**0,496** 0,436	**0,476** 0,396	**0,458** 0,362
100/108	**0,722** 0,890	**0,690** 0,821	**0,664** 0,764	**0,640** 0,707	**0,616** 0,661	**0,598** 0,620	**0,566** 0,549	**0,535** 0,492	**0,512** 0,443	**0,490** 0,403	**0,473** 0,368
105/114	**0,746** 0,902	**0,715** 0,832	**0,688** 0,775	**0,663** 0,718	**0,638** 0,670	**0,618** 0,628	**0,585** 0,557	**0,554** 0,499	**0,528** 0,450	**0,506** 0,408	**0,486** 0,374
110/121	**0,777** 0,914	**0,745** 0,844	**0,715** 0,786	**0,688** 0,729	**0,664** 0,682	**0,641** 0,638	**0,607** 0,566	**0,574** 0,508	**0,547** 0,457	**0,523** 0,416	**0,503** 0,380
120/127	**0,805** 0,925	**0,770** 0,854	**0,740** 0,796	**0,712** 0,738	**0,686** 0,690	**0,661** 0,646	**0,625** 0,573	**0,593** 0,514	**0,563** 0,463	**0,527** 0,421	**0,517** 0,385
125/133	**0,830** 0,934	**0.795** 0,864	**0,764** 0,806	**0,735** 0,747	**0,707** 0,697	**0,682** 0,654	**0,644** 0,580	**0,610** 0,520	**0,580** 0,469	**0,553** 0,426	**0,532** 0,390
130/140	**0,862** 0,946	**0,823** 0,874	**0,790** 0,816	**0,760** 0,756	**0,733** 0,707	**0,705** 0,662	**0,665** 0,588	**0,630** 0,527	**0,598** 0,476	**0,570** 0,433	**0,547** 0,396

ZU TABELLE 33.

Wärmeverlustberechnung isolierter Rohre.

Zu dem abgekürzten Verfahren Seite 54.

Hilfswerte zur Ermittlung von π/J und $1/Jd_a$.

Nennweite u. Außen ø des Rohres	Isolierstärke mm										
	20	25	30	35	40	45	50	55	60	65	70
135/146	**2,61**	**2,14**	**1,825**	**1,610**	**1,438**	**1,305**	**1,206**	**1,118**	**1,047**	**0,983**	**0,935**
	4,46	3,46	2,82	2,37	2,02	1,765	1,560	1,389	1,253	1,134	1,040
140/152	**2,71**	**2,21**	**1,892**	**1,664**	**1,485**	**1,348**	**1,245**	**1,155**	**1,080**	**1,013**	**0,962**
	4,48	3,48	2,84	2,38	2,04	1,780	1,572	1,400	1,264	1,145	1,049
150/159	**2,81**	**2,31**	**1,965**	**1,725**	**1,543**	**1,398**	**1,290**	**1,195**	**1,117**	**1,048**	**0,993**
	4,49	3,50	2,86	2,40	2,05	1,790	1,585	1,412	1,274	1,155	1,058
155/165	**2,90**	**2,38**	**2,03**	**1,780**	**1,590**	**1,440**	**1,325**	**1,230**	**1,150**	**1,080**	**1,020**
	4,51	3,52	2,87	2,41	2,06	1,800	1,595	1,423	1,283	1,163	1,066
160/171	**2,99**	**2,45**	**2,09**	**1,833**	**1,637**	**1,480**	**1,366**	**1,265**	**1,180**	**1,110**	**1,048**
	4,52	3,53	2,89	2,43	2,08	1,810	1,605	1,431	1,291	1,172	1,072
175/185	**3,21**	**2,63**	**2,24**	**1,957**	**1,750**	**1,583**	**1,457**	**1,348**	**1,257**	**1,178**	**1,113**
	4,55	3,56	2,92	2,45	2,10	1,830	1,625	1,452	1,310	1,190	1,088
180/191	**3,31**	**2,71**	**2,30**	**2,01**	**1,797**	**1,625**	**1,495**	**1,383**	**1,290**	**1,208**	**1,140**
	4,56	3,57	2,93	2,46	2,11	1,840	1,635	1,460	1,317	1,197	1,095
190/203	**3,49**	**2,86**	**2,43**	**2,13**	**1,895**	**1,708**	**1,572**	**1,452**	**1,352**	**1,268**	**1,195**
	4,59	3,60	2,94	2,48	2,13	1,855	1,650	1,475	1,332	1,211	1,108
200/216	**3,66**	**3,02**	**2,56**	**2,24**	**1,996**	**1,803**	**1,653**	**1,526**	**1,422**	**1,332**	**1,254**
	4,61	3,62	2,96	2,50	2,15	1,875	1,665	1,490	1,346	1,226	1,120
215/229	**3,89**	**3,18**	**2,70**	**2,36**	**2,10**	**1,895**	**1,734**	**1,603**	**1,490**	**1,395**	**1,315**
	4,63	3,63	2,98	2,51	2,16	1,890	1,680	1,505	1,359	1,238	1,132
225/241	**4,09**	**3,33**	**2,83**	**2,46**	**2,19**	**1,980**	**1,810**	**1,672**	**1,552**	**1,455**	**1,367**
	4,65	3,65	3,00	2,53	2,17	1,905	1,690	1,517	1,370	1,249	1,142
240/254	**4,29**	**3,50**	**2,96**	**2,58**	**2,29**	**2,07**	**1,892**	**1,747**	**1,622**	**1,520**	**1,428**
	4,66	3,66	3,01	2,54	2,18	1,915	1,700	1,530	1,381	1,261	1,152
250/267	**4,49**	**3,66**	**3,10**	**2,70**	**2,39**	**2,16**	**1,978**	**1,823**	**1,690**	**1,582**	**1,487**
	4,68	3,68	3,02	2,55	2,19	1,930	1,710	1,542	1,391	1,270	1,162
265/279	**4,68**	**3,81**	**3,23**	**2,81**	**2,49**	**2.25**	**2,06**	**1,896**	**1,755**	**1,642**	**1,542**
	4,70	3,69	3,03	2,57	2,21	1,930	1,715	1,552	1,400	1,278	1,170
275/292	**4,89**	**3,98**	**3,36**	**2,93**	**2,59**	**2,34**	**2,14**	**1,972**	**1,824**	**1,706**	**1,603**
	4,71	3,71	3,04	2,58	2,22	1,950	1,725	1,560	1,409	1,286	1,180
290/305	**5,10**	**4,15**	**3,49**	**3,05**	**2,69**	**2,43**	**2,22**	**2,05**	**1,893**	**1,770**	**1,663**
	4,73	3,72	3,05	2,59	2,23	1,960	1,735	1,570	1,417	1,295	1,188
300/318	**5,31**	**4,32**	**3,63**	**3,16**	**2,80**	**2,52**	**2,30**	**2,12**	**1,960**	**1,836**	**1,720**
	4,74	3,74	3,06	2,60	2,24	1,962	1,740	1,578	1,425	1,302	1,196
310/326	**5,44**	**4,42**	**3,71**	**3,23**	**2,86**	**2,57**	**2,36**	**2,17**	**2,01**	**1,875**	**1,760**
	4,75	3,75	3,07	2,60	2,24	1,970	1,750	1,582	1,430	1,307	1,200
325/343	**5,70**	**4,63**	**3,89**	**3,39**	**3,00**	**2,70**	**2,47**	**2,27**	**2,10**	**1,960**	**1,836**
	4,76	3,76	3,08	2,61	2,25	1,980	1,760	1,592	1,440	1,306	1,210
350/368	**6,10**	**4,96**	**4,15**	**3,61**	**3,19**	**2,87**	**2,62**	**2,41**	**2,23**	**2,08**	**1.950**
	4,77	3,78	3,09	2,62	2,27	1,990	1,775	1,605	1,454	1,330	1,221
375/394	**6,51**	**5,29**	**4,43**	**3,84**	**3,40**	**3,05**	**2,78**	**2,56**	**2,36**	**2,21**	**2,07**
	4,78	3,79	3,10	2,63	2,28	2,00	1,790	1,613	1,463	1,337	1,228
400/420	**6,94**	**5,61**	**4,70**	**4,07**	**3,60**	**3,23**	**2,94**	**2,72**	**2,50**	**2,33**	**2,19**
	4,79	3,81	3,11	2,65	2,29	2,01	1,800	1,631	1,482	1,352	1,242

Wärmeverlustberechnung isolierter Rohre.

Zu dem abgekürzten Verfahren Seite 54.
Hilfswerte zur Ermittlung von π/J und $1/Jd_a$.

Nennwerte u. Außen ø des Rohres	Isolierstärke mm										
	75	80	85	90	95	100	110	120	130	140	150
135/146	**0,888**	**0,847**	**0,815**	**0,783**	**0,755**	**0,725**	**0,683**	**0,646**	**0,614**	**0,585**	**0,561**
	0,955	0,882	0,824	0,764	0,715	0,669	0,595	0,533	0,481	0,438	0,401
140/152	**0,913**	**0,871**	**0,837**	**0,805**	**0,775**	**0,746**	**0,703**	**0,663**	**0,630**	**0,600**	**0,575**
	0,963	0,890	0,831	0,771	0,720	0,676	0,600	0,539	0,486	0,443	0,406
150/159	**0,943**	**0,900**	**0,865**	**0,830**	**0,800**	**0,767**	**0,723**	**0,683**	**0,648**	**0,616**	**0,590**
	0,972	0,898	0,840	0,780	0,728	0,684	0,608	0,545	0,492	0,448	0,411
155/165	**0,970**	**0,925**	**0,887**	**0,853**	**0,823**	**0,787**	**0,742**	**0,698**	**0,662**	**0,630**	**0,605**
	0,980	0,906	0,846	0,786	0,735	0,690	0,613	0,550	0,496	0,452	0,415
160/171	**0,995**	**0,948**	**0,910**	**0,874**	**0,842**	**0,807**	**0,760**	**0,716**	**0,677**	**0,646**	**0,618**
	0,988	0,913	0,853	0,792	0,742	0,690	0,618	0,556	0,501	0,457	0,420
175/185	**1,056**	**1,006**	**0,963**	**0,925**	**0,890**	**0,855**	**0,802**	**0,755**	**0,715**	**0,681**	**0,650**
	1,003	0,928	0,867	0,807	0,755	0,709	0,630	0,566	0,511	0,466	0,428
180/191	**1,083**	**1,030**	**0,985**	**0,946**	**0,910**	**0,875**	**0,820**	**0,771**	**0,730**	**0,696**	**0,665**
	1,012	0,934	0,872	0,812	0,760	0,714	0,635	0,571	0,515	0,470	0,432
190/203	**1,136**	**1,080**	**1,030**	**0,990**	**0,950**	**0,915**	**0,857**	**0,805**	**0,760**	**0,725**	**0,691**
	1,025	0,946	0,883	0,823	0,770	0,724	0,644	0,579	0,523	0,478	0,438
200/216	**1,190**	**1,132**	**1,080**	**1,036**	**0,996**	**0,958**	**0,896**	**0,840**	**0,794**	**0,756**	**0,721**
	1,037	0,958	0,894	0,834	0,780	0,734	0,654	0,587	0,531	0,485	0,445
215/229	**1,245**	**1,185**	**1,130**	**1,082**	**1,040**	**1,000**	**0,934**	**0,877**	**0,828**	**0,786**	**0,750**
	1,048	0,968	0,903	0,844	0,790	0,743	0,662	0,596	0,538	0,492	0,452
225/241	**1,297**	**1,234**	**1,175**	**1,125**	**1,080**	**1,040**	**0,968**	**0,910**	**0,859**	**0,814**	**0,778**
	1,058	0,978	0,912	0,853	0,798	0,751	0,669	0,602	0,545	0,498	0,458
240/254	**1,353**	**1,286**	**1,225**	**1,173**	**1,125**	**1,083**	**1,007**	**0,945**	**0,890**	**0,845**	**0,806**
	1,067	0,988	0,920	0,862	0,806	0,759	0,676	0,608	0,552	0,504	0,463
250/267	**1,408**	**1,338**	**1,274**	**1,219**	**1,170**	**1,125**	**1,046**	**0,981**	**0,924**	**0,875**	**0,835**
	1,076	0,998	0,929	0,870	0,815	0,766	0,683	0,615	0,558	0,510	0,468
265/279	**1,460**	**1,387**	**1,319**	**1,262**	**1,210**	**1,162**	**1,080**	**1,013**	**0,955**	**0,903**	**0,860**
	1,085	1,006	0,935	0,876	0,822	0,773	0,689	0,620	0,564	0,514	0,474
275/292	**1,515**	**1,438**	**1,368**	**1,308**	**1,255**	**1,205**	**1,120**	**1,048**	**0,987**	**0,933**	**0,888**
	1,092	1,014	0,942	0,883	0,828	0,780	0,695	0,626	0,570	0,520	0,478
290/305	**1,572**	**1,492**	**1,416**	**1,354**	**1,300**	**1,248**	**1,158**	**1,085**	**1,020**	**0,964**	**0,916**
	1,100	1,022	0,949	0,890	0,835	0,786	0,702	0,632	0,575	0,525	0,483
300/318	**1,628**	**1,542**	**1,465**	**1,400**	**1,343**	**1,290**	**1,195**	**1,118**	**1,050**	**0,994**	**0,945**
	1,108	1,029	0,955	0,896	0,840	0,792	0,707	0,638	0,580	0,530	0,488
310/326	**1,662**	**1,575**	**1,495**	**1,429**	**1,370**	**1,315**	**1,218**	**1,140**	**1,072**	**1,012**	**0,962**
	1,112	1,032	0,960	0,899	0,845	0,796	0,710	0,640	0,583	0,532	0,490
325/343	**1,734**	**1,645**	**1,560**	**1,490**	**1,428**	**1,370**	**1,270**	**1,185**	**1,113**	**1,051**	**0,998**
	1,120	1,040	0,968	0,906	0,853	0,802	0,716	0,647	0,588	0,538	0,495
350/368	**1,839**	**1,745**	**1,656**	**1,577**	**1,510**	**1,450**	**1,340**	**1,252**	**1,175**	**1,110**	**1,052**
	1,131	1,051	0,979	0,916	0,862	0,812	0,726	0,655	0,596	0,545	0,502
375/394	**1,950**	**1,850**	**1,755**	**1,670**	**1,598**	**1,535**	**1,415**	**1,320**	**1,240**	**1,170**	**1,108**
	1,138	1,057	0,986	0,922	0,869	0,816	0,731	0,660	0,601	0,550	0,506
400/420	**2,060**	**1,953**	**1,854**	**1,763**	**1,685**	**1,618**	**1,493**	**1,392**	**1,304**	**1,230**	**1,165**
	1,152	1,070	1,000	0,935	0,882	0,828	0,743	0,672	0,610	0,558	0,514

TABELLE 34.

Wärmeverlustberechnung isolierter Rohre. (Vgl. S. 54.)

Korrekturfaktor m für ruhende Luft.

$1/Jd_a$	Temperaturdifferenz $(t_i - t_2)$												
	20	50	100	150	200	250	300	350	400	450	500	550	600
0,10	0,981	0,981	0,981	0,981	0,981	0,981	0,982	0,982	0,982	0,982	0,982	0,982	0,982
0,15	0,972	0,972	0,972	0,972	0,973	0,973	0,974	0,974	0,974	0,974	0,974	0,975	0,975
0,20	0,963	0,963	0,964	0,964	0,965	0,965	0,966	0,966	0,966	0,967	0,967	0,968	0,968
0,25	0,954	0,955	0,955	0,956	0,957	0,957	0,958	0,959	0,959	0,960	0,960	0,961	0,961
0,30	0,945	0,946	0,947	0,948	0,949	0,950	0,951	0,952	0,952	0,953	0,954	0,955	0,956
0,35	0,936	0,938	0,939	0,940	0,942	0,943	0,944	0,945	0,945	0,947	0,948	0,949	0,950
0,40	0,928	0,929	0,931	0,933	0,935	0,936	0,937	0,938	0,939	0,941	0,942	0,943	0,944
0,45	0,919	0,921	0,923	0,925	0,928	0,929	0,930	0,932	0,933	0,935	0,936	0,937	0,939
0,50	0,911	0,913	0,916	0,918	0,921	0,923	0,924	0,926	0,927	0,929	0,930	0,932	0,934
0,55	0,903	0,905	0,909	0,911	0,914	0,916	0,918	0,920	0,921	0,924	0,925	0,927	0,929
0,60	0,896	0,898	0,902	0,905	0,908	0,910	0,913	0,915	0,917	0,919	0,920	0,922	0,924
0,65	0,888	0,891	0,895	0,899	0,902	0,904	0,907	0,910	0,912	0,914	0,915	0,917	0,919
0,70	0,881	0,884	0,889	0,893	0,896	0,899	0,902	0,905	0,907	0,909	0,911	0,913	0,915
0,75	0,873	0,877	0,882	0,887	0,890	0,894	0,897	0,900	0,902	0,904	0,906	0,909	0,911
0,80	0,866	0,870	0,876	0,881	0,885	0,889	0,892	0,895	0,898	0,900	0,902	0,905	0,907
0,85	0,859	0,863	0,870	0,875	0,879	0,883	0,887	0,890	0,893	0,896	0,898	0,901	0,903
0,90	0,852	0,857	0,864	0,870	0,874	0,878	0,882	0,886	0,889	0,892	0,895	0,897	0,899
0,95	0,845	0,850	0,858	0,864	0,869	0,873	0,877	0,881	0,884	0,887	0,890	0,893	0,895
1,00	0,838	0,844	0,852	0,858	0,864	0,869	0,873	0,877	0,880	0,883	0,886	0,889	0,892
1,05	0,831	0,838	0,846	0,853	0,859	0,864	0,868	0,873	0,876	0,879	0,882	0,885	0,888
1,10	0,825	0,832	0,840	0,847	0,854	0,860	0,864	0,869	0,873	0,876	0,879	0,882	0,885
1,15	0,819	0,826	0,835	0,842	0,849	0,855	0,860	0,865	0,869	0,872	0,875	0,879	0,882
1,20	0,813	0,820	0,830	0,838	0,845	0,851	0,856	0,861	0,865	0,869	0,872	0,876	0,879
1,25	0,807	0,814	0,824	0,833	0,841	0,847	0,852	0,856	0,861	0,865	0,869	0,872	0,875
1,30	0,801	0,809	0,819	0,828	0,837	0,843	0,848	0,853	0,858	0,862	0,866	0,869	0,872
1,35	0,794	0,803	0,814	0,824	0,832	0,839	0,844	0,849	0,854	0,858	0,862	0,866	0,869
1,40	0,789	0,798	0,809	0,820	0,828	0,835	0,841	0,846	0,851	0,855	0,859	0,863	0,866
1,45	0,783	0,792	0,804	0,815	0,824	0,831	0,837	0,842	0,847	0,852	0,856	0,860	0,863

$1/Jd_a$	Temperaturdifferenz $(t_i - t_2)$												
	20	50	100	150	200	250	300	350	400	450	500	550	600
1,50	0,778	0,787	0,800	0,811	0,820	0,828	0,833	0,839	0,844	0,849	0,853	0,857	0,860
1,55	0,772	0,782	0,795	0,808	0,816	0,824	0,829	0,835	0,840	0,845	0,850	0,854	0,857
1,60	0,766	0,777	0,791	0,803	0,812	0,820	0,826	0,832	0,837	0,842	0,847	0,851	0,854
1,65	0,760	0,772	0,786	0,799	0,808	0,816	0,823	0,828	0,834	0,839	0,844	0,848	0,851
1,70	0,755	0,767	0,782	0,795	0,805	0,813	0,820	0,826	0,831	0,836	0,841	0,845	0,849
1,75	0,750	0,762	0,777	0,791	0,801	0,809	0,816	0,822	0,828	0,833	0,838	0,842	0,846
1,80	0,745	0,757	0,773	0,787	0,797	0,806	0,813	0,819	0,825	0,831	0,836	0,840	0,843
1,85	0,740	0,752	0,769	0,783	0,793	0,802	0,809	0,816	0,822	0,828	0,833	0,836	0,840
1,90	0,735	0,748	0,765	0,779	0,790	0,799	0,806	0,813	0,819	0,825	0,830	0,834	0,838
1,95	0,730	0,743	0,761	0,775	0,786	0,795	0,803	0,810	0,816	0,822	0,827	0,831	0,835
2,00	0,725	0,739	0,757	0,771	0,783	0,792	0,800	0,807	0,813	0,819	0,825	0,829	0,833
2,05	0,720	0,734	0,753	0,767	0,779	0,789	0,796	0,804	0,810	0,816	0,822	0,826	0,831
2,10	0,715	0,729	0,749	0,764	0,776	0,786	0,793	0,801	0,807	0,814	0,820	0,824	0,829
2,15	0,710	0,725	0,745	0,760	0,772	0,783	0,790	0,798	0,804	0,811	0,817	0,821	0,826
2,20	0,706	0,721	0,741	0,757	0,769	0,780	0,788	0,795	0,802	0,809	0,814	0,819	0,824
2,25	0,701	0,717	0,737	0,753	0,766	0,777	0,785	0,792	0,799	0,806	0,811	0,816	0,821
2,30	0,697	0,713	0,734	0,750	0,763	0,774	0,782	0,790	0,797	0,803	0,809	0,814	0,819
2,35	0,693	0,709	0,730	0,746	0,759	0,771	0,779	0,787	0,794	0,801	0,807	0,811	0,816
2,40	0,689	0,705	0,727	0,743	0,756	0,768	0,776	0,785	0,792	0,799	0,805	0,809	0,814
2,45	0,684	0,701	0,723	0,740	0,753	0,765	0,773	0,782	0,789	0,796	0,802	0,807	0,812
2,50	0,680	0,697	0,720	0,737	0,750	0,762	0,771	0,780	0,787	0,794	0,800	0,805	0,810
2,55	0,676	0,693	0,716	0,734	0,747	0,759	0,768	0,777	0,784	0,791			
2,60	0,672	0,689	0,712	0,731	0,744	0,757	0,766	0,774	0,782	0,789			
2,65	0,668	0,685	0,709	0,727	0,741	0,754	0,763	0,772	0,779	0,787			
2,70	0,664	0,682	0,706	0,724	0,739	0,751	0,761	0,770	0,777	0,785			
2,75	0,660	0,678	0,702	0,721	0,736	0,748	0,758	0,767	0,775	0,782			
2,80	0,656	0,674	0,699	0,718	0,733	0,746	0,756	0,765	0,773	0.780			
2.85	0,652	0,670	0,696	0,715	0,730	0,743	0,753	0,762	0,770	0,778			
2,90	0,649	0,667	0,693	0,712	0,727	0,741	0,751	0,760	0,768	0,776			
2,95	0,645	0,664	0,690	0,709	0,724	0,738	0,748	0,758	0,766	0,773			
3,00	0,641	0,661	0,687	0,706	0,722	0,736	0,746	0,756	0,764	0,771			
3,05	0,638	0,657	0,684	0,703	0,719	0,733	0,744						

ZU TABELLE 34.

Wärmeverlustberechnung isolierter Rohre. (Vgl. S. 54.)

Korrekturfaktor *m* für ruhende Luft.

$1/Jd_a$	Temperaturdifferenz $(t_i - t_2)$											
	20	50	100	150	200	250	300	350	400	450	500	550	600
3,10	0,634	0,654	0,681	0,701	0,717	0,731	0,741						
3,15	0,631	0,650	0,678	0,698	0,714	0,728	0,739						
3,20	0,627	0,647	0,675	0,695	0,711	0,726	0,737						
3,25	0,624	0,643	0,672	0,692	0,708	0,723	0,735						
3,30	0,620	0,640	0,669	0,690	0,706	0,721	0,732						
3,35	0,617	0,637	0,666	0,687	0,703	0,719	0,730						
3,40	0,613	0,634	0,663	0,685	0,701	0,716	0,728						
3,45	0,610	0,631	0,660	0,682	0,698	0,713	0,725						
3,50	0,607	0,628	0,658	0,679	0,696	0,711	0,723						
3,55	0,604	0,625	0,655	0,676	0,693	0,709	0,721						
3,60	0,600	0,622	0,652	0,674	0,691	0,707	0,719						
3,65	0,597	0,619	0,649	0,672	0,688	0,704	0,717						
3,70	0,594	0,616	0,647	0,669	0,686	0,702	0,715						
3,75	0,591	0,613	0,644	0,666	0,684	0,700	0,712						
3,80	0,588	0,611	0,642	0,664	0,682	0,698	0,710						
3,85	0,585	0,608	0,639	0,662	0,679	0,695	0,708						
3,90	0,582	0,605	0,637	0,660	0,677	0,693	0,706						
3,95	0,579	0,602	0,634	0,657	0,575	0,691	0,704						
4,00	0,576	0,600	0,631	0,655	0,673	0,689	0,702						
4,05	0,573	0,597	0,628	0,653	0,670	0,687	0,700						
4,10	0,570	0,595	0,626	0,651	0,668	0,685	0,698						
4,15	0,567	0,592	0,623	0,648	0,666	0,683	0,696						
4,20	0,564	0,590	0,621	0,646	0,664	0,681	0,694						
4,25	0,561	0,588	0,618	0,643	0,662	0,679	0,692						
4,30	0,558	0,585	0,616	0,641	0,660	0,677	0,690						
4,35	0,555	0,583	0,614	0,639	0,657	0,674	0,688						
4,40	0,552	0,580	0,612	0,637	0,655	0,672	0,687						
4,45	0,549	0,578	0,609	0,635	0,653	0,671	0,685						
4,50	0,546	0,576	0,607	0,633	0,651	0,669	0,683						

TABELLE 35.

Wärmeverlustberechnung isolierter Rohre.

Zu dem abgekürzten Verfahren Seite 54.

Korrekturfaktor *m* bei Windanfall.

$\frac{1}{Jda}$	Isolierungsdurchmesser d_a in mm					
	100	200	300	400	500	700
	Windgeschwindigkeit 5 m/s					
0,1	0,997	0,996	0,996	0,995	0,995	0,995
0,5	0,984	0,981	0,979	0,977	0,976	0,974
1,0	0,968	0,962	0,958	0,955	0,953	0,949
1,5	0,953	0,944	0,938	0,935	0,931	0,926
2,0	0,938	0,926	0,919	0,915	0,910	0,904
2,5	0,924	0,910	0,901	0,895	0,890	0,883
3,0	0,910	0,894	0,884	0,877	0,871	0,862
3,5	0,896	0,878	0,867	0,859	0,853	0,843
4,0	0,833	0,863	0,851	0,843	0,835	0,825
4,5	0,870	0,848	0,835	0,826	0,819	0,807
	Windgeschwindigkeit 20 m/s					
0,1	0,999	0,998	0,998	0,998	0,998	0,998
0,5	0,993	0,992	0,991	0,990	0,990	0,989
1,0	0,987	0,984	0,982	0,981	0,980	0,978
1,5	0,980	0,976	0,974	0,972	0,970	0,967
2,0	0,974	0,969	0,965	0,962	0,960	0,957
2,5	0,968	0,961	0,957	0,954	0,951	0,947
3,0	0,961	0,954	0,949	0,945	0,942	0,937
3,5	0,955	0,946	0,941	0,936	0,933	0,927
4,0	0,949	0,939	0,933	0,928	0,924	0,917
4,5	0,943	0,932	0,925	0,919	0,915	0,908

Zu Kapitel II C, Seite 59.

Wärmedurchlässigkeit vertikaler Luftschichten.

Ermittlung der Wärmedurchlaßzahl Λ.

DIAGRAMM 36a.

$\Lambda_{(L+K)}$ abhängig von der Dicke d der Luftschicht und der Mitteltemperatur t_m.

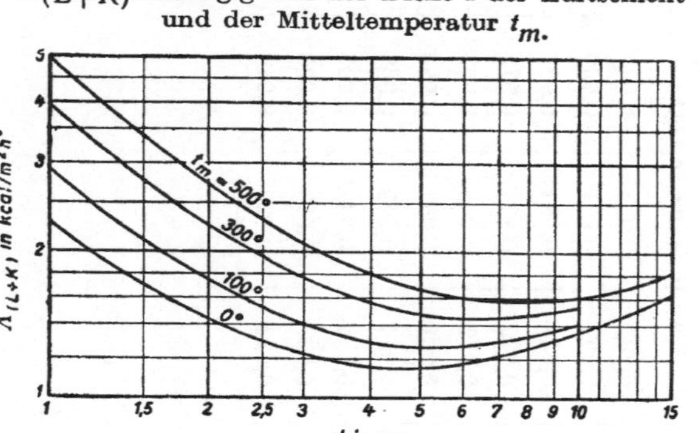

DIAGRAMM 36b.

Λ_S abhängig vom Strahlungsfaktor C und der Mitteltemperatur t_m.

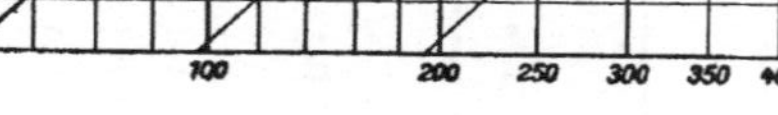

TABELLE 37.

Wärmedurchlässigkeit vertikaler Luftschichten.

Dicke der Luftschicht in cm	Strahlungszahlen $C = 4{,}6$ Wärmedurchlaßzahl Λ in $\frac{\text{kcal}}{\text{m}^2\,\text{h}^0}$	Prozentualer Anteil bei der Wärmeübertragung: Leitung %	Konvekt. %	Strahlung %	Strahlungszahlen $C = 0{,}26$ Wärmedurchlaßzahl Λ in $\frac{\text{kcal}}{\text{m}^2\,\text{h}^0}$	Prozentualer Anteil bei der Wärmeübertragung: Leitung %	Konvekt. %	Strahlung %
	a) Mitteltemperatur etwa 20⁰							
1	6,7	31½	4½	64	2,5	83	12	5
2	5,8	18	8	74	1,6	64	27½	8½
5	5,5	7½	14	78½	1,3	32	58	10
10	5,7	3½	20½	76	1,5	14	77½	8½
15	5,0	2½	25	72½	1,8	8	85	7
	b) Mitteltemperatur 100⁰							
1	12,4	21	2½	76½	3,2	81½	9½	9
2	11,2	11½	4	84½	2,0	63½	22	14½
5	10,7	5	7	88	1,6	33	48	19
10	10,9	2	11	87	1,7	15	68	17
15	11,1	1½	13½	85	1,9	9	76	15
	c) Mitteltemperatur 500⁰							
1	86,5	5	½	94½	7,4	61	4	35
2	84,4	3	½	96½	5,3	43	8½	48½
5	83,4	1	1	98	4,2	21½	18	60½
10	83,3	½	1½	98	4,2	11	28	61
15	83,5	½	1½	98	4,3	7	34	59

TABELLE 38.

Wärmespeicherung in eisernen Rohren.

Hilfstabelle zu Kapitel II D, Seite 67.

Einer → / Hunderter ↓ ($t_i - t_2$); Werte: $c \cdot (t_i - t_2)$	00	10	20	30	40	50	60	70	80	90
0	0	1,11	2,24	3,37	4,52	5,68	6,85	8,02	9,20	10,4
1	11,6	12,8	14,1	15,3	16,5	17,8	19,1	20,3	21,6	22,9
2	24,2	25,5	26,8	28,2	29,5	30,9	32,3	33,6	35,0	36,4
3	37,8	39,2	40,7	42,1	43,5	45,0	46,5	48,0	49,5	51,0
4	52,5	54,0	55,5	57,1	58,7	60,3	61,9	63,6	65,2	66,9
5	68,5	70,1	71,8	73,4	75,1	76,7	78,4	80,1	81,8	83,5

Die Tabellenwerte ergeben multipliziert mit dem Rohrgewicht aus Tabelle 55 die in 1 m Rohr gespeicherte Wärme in kcal, bezogen auf die Betriebstemperatur t_i und die Lufttemperatur t_2. (Genau für $t_2 = 0^0$, für $t_2 = 20^0$ noch unter 1% Fehler.)

TABELLE 39. Zu: **Wärmespeicherung in Rohrisolierungen,** Kap. II D, Seite 67.

Hilfsfaktoren m und n in der Formel:

$$W_{1J} = R \cdot c\left(m \cdot \frac{t_i - t_a}{100} + n \cdot \frac{t_a - t_2}{100}\right) \text{[kcal/m]}.$$

Nenn-weite	Fak-tor	Isolierstärke in mm										
		20	30	40	50	60	70	80	90	100	120	150
25	m	0,142	0,245	0,369	0,51	0,68	0,86	1,07	1,30	1,55	2,11	3,11
	n	0,327	0,58	0,90	1,29	1,73	2,24	2,81	3,45	4,15	5,7	8,6
30	m	0,161	0,273	0,406	0,56	0,74	0,93	1,15	1,39	1,64	2,22	3,25
	n	0,364	0,64	0,98	1,38	1,85	2,38	2,97	3,62	4,34	5,9	8,8
35	m	0,172	0,290	0,428	0,59	0,77	0,97	1,19	1,43	1,70	2,29	3,33
	n	0,386	0,67	1,02	1,44	1,91	2,45	3,05	3,72	4,44	6,1	9,0
40	m	0,191	0,318	0,466	0,63	0,83	1,03	1,27	1,52	1,79	2,40	3,48
	n	0,424	0,73	1,10	1,53	2,03	2,58	3,20	3,89	4,63	6,3	9,3
45	m	0,202	0,335	0,488	0,66	0,86	1,07	1,31	1,57	1,85	2,47	3,56
	n	0,446	0,76	1,14	1,59	2,09	2,66	3,29	3,99	4,74	6,4	9,5
50	m	0,221	0,363	0,53	0,71	0,91	1,14	1,39	1,65	1,94	2,58	3,70
	n	0,484	0,82	1,22	1,68	2,21	2,79	3,44	4,16	4,93	6,7	9,7
55	m	0,230	0,377	0,54	0,73	0,94	1,17	1,42	1,70	1,99	2,64	3,77
	n	0,50	0,85	1,26	1,73	2,26	2,86	3,52	4,24	5,0	6,8	9,9
60	m	0,241	0,393	0,57	0,76	0,97	1,21	1,47	1.75	2,04	2,70	3,85
	n	0,52	0,88	1,30	1,78	2,33	2,94	3,61	4,34	5,1	6,9	10,1
65	m	0,262	0,424	0,61	0,81	1,04	1,28	1,55	1,84	2,15	2,83	4,01
	n	0,57	0,94	1,38	1,88	2,45	3,08	3,77	4,52	5,3	7,2	10,4
70	m	0,281	0,452	0,65	0,86	1,09	1,35	1,63	1,92	2,24	2,94	4,15
	n	0,60	1,00	1,46	1,98	2,56	3,21	3,92	4,69	5,5	7,4	10,6
80	m	0,321	0,51	0,73	0,96	1,22	1,49	1,79	2,11	2,45	3,19	4,45
	n	0,68	1,12	1,62	2,18	2,81	3,50	4,25	5,06	5,9	7,9	11,3
90	m	0,340	0,54	0,76	1,01	1,27	1,56	1,86	2,19	2,54	3.30	4,59
	n	0,72	1,18	1,70	2,28	2,92	3,63	4,40	5,23	6,1	8,1	11,5
100	m	0,381	0,60	0,85	1,11	1,39	1,70	2,03	2,38	2,74	3,54	4,90
	n	0,80	1,30	1,86	2,48	3,17	3,91	4,72	5,60	6,5	8,6	12,1
110	m	0,422	0,66	0,93	1,21	1,52	1,84	2,19	2,56	2,95	3,79	5,21
	n	0,89	1,42	2,02	2,69	3,41	4,20	5,05	5,97	6,9	9,1	12,8

Nenn-weite	Fak-tor	Isolierstärke in mm										
		20	30	40	50	60	70	80	90	100	120	150
120	m	0,441	0,69	0,97	1,26	1,57	1,91	2,27	2,64	3,04	3,90	5,35
	n	0,92	1,48	2,10	2,78	3,52	4,33	5,20	6,14	7,1	9,3	13,0
125	m	0,460	0,72	1,00	1,31	1,63	1,98	2,34	2,73	3,14	4,01	5,49
	n	0,96	1,54	2,17	2,87	3,64	4,46	5,35	6,3	7,3	9,5	13,3
130	m	0,482	0,75	1,05	1,36	1,70	2,05	2,43	2,83	3,25	4,15	5,65
	n	1,01	1,60	2,26	2,98	3,77	4,62	5,5	6,5	7,5	9,8	13,7
140	m	0,52	0,81	1,12	1,46	1,81	2,18	2,58	3,00	3,43	4,37	5,94
	n	1,08	1,72	2,41	3,17	4,00	4,88	5,8	6,8	7,9	10,2	14,2
150	m	0,54	0,84	1,17	1,51	1,88	2,26	2,67	3,10	3,54	4,51	6,10
	n	1,12	1,78	2,50	3,28	4,13	5,0	6,0	7,0	8,1	10,5	14,6
160	m	0,58	0,90	1,24	1,60	1,99	2,39	2,82	3,27	3,73	4,73	6,39
	n	1,20	1,89	2,65	3,47	4,35	5,3	6,3	7,4	8,5	11,0	15,1
180	m	0,64	0,99	1,30	1,76	2,18	2,61	3,07	3,55	4,05	5,11	6,86
	n	1,33	2,08	2,90	3,79	4,73	5,7	6,8	7,9	9,1	11,7	16,1
200	m	0,72	1,11	1,52	1,96	2,41	2,89	3,38	3,90	4,44	5,58	7,45
	n	1,48	2,32	3,22	4,18	5,2	6,3	7,4	8,6	9,9	12,7	17,3
225	m	0,78	1,23	1,68	2,15	2,65	3,16	3,70	4,26	4,83	6,05	8,03
	n	1,64	2,55	3,53	4,57	5,7	6,8	8,1	9,3	10,7	13,6	18,4
250	m	0,88	1,35	1,85	2,36	2,89	3,45	4,03	4,62	5,24	6,54	8,65
	n	1,80	2,80	3,86	4,98	6,2	7,4	8,7	10,1	11,5	14,6	19,7
275	m	0,96	1,47	2,00	2,56	3,13	3,72	4,34	4,98	5,63	7,01	9,24
	n	1,96	3,03	4,17	5,4	6,6	8,0	9,3	10,8	12,3	15,5	20,8
300	m	1,04	1,58	2,17	2,76	3,37	4,01	4,67	5,34	6,04	7,50	9,85
	n	2,12	3,28	4,50	5,8	7,1	8,5	10,0	11,5	13,1	16,5	22,1
325	m	1,12	1,71	2,32	2,96	3,61	4,28	4,98	5,70	6,44	7,97	10,4
	n	2,28	3,52	4,81	6,2	7,6	9,1	10,6	12,2	13,9	17,4	23,2
350	m	1,20	1,83	2,48	3,15	3,85	4,56	5,29	6,05	6,83	8,45	11,0
	n	2,44	3,75	5,1	6,6	8,1	9,6	11,3	13,0	14,7	18,4	24,4
375	m	1,28	1,95	2,64	3,36	4,09	4,85	5,62	6,42	7,24	8,93	11,6
	n	2,60	4,00	5,5	7,0	8,6	10,2	11,9	13,7	15,5	19,4	25,6
400	m	1,36	2,07	2,81	3,56	4,34	5,13	5,95	6,79	7,64	9,43	12,3
	n	2,76	4,24	5,8	7,4	9,0	10,8	12,6	14,4	16,3	20,4	26,9

TABELLE 40

zu Kapitel II E, Seite 73.

Temperaturabfall in einer langen Rohrleitung.

Temperaturabfall ϑ in % von $t_A - t_2$

abhängig von $B = \frac{l}{c \cdot G} \cdot \frac{q_A}{t_A - t_2}$

B	ϑ in %	B	ϑ in %	B	ϑ in %
0,005	0,499	0,15	13,93	0,30	25,92
0,01	0,995	0,16	14,79	0,31	26,66
0,02	1,981	0,17	15,63	0,32	27,38
0,03	2,955	0,18	16,47	0,33	28,11
0,04	3,921	0,19	17,30	0,34	28,82
0,05	4,876	0,20	18,13	0,35	29,53
0,06	5,825	0,21	18,94	0,36	30,23
0,07	6,761	0,22	19,75	0,37	30,93
0,08	7,688	0,23	20,55	0,38	31,61
0,09	8,607	0,24	21,34	0,39	32,29
0,10	9,517	0,25	22,12	0,40	32,97
0,11	10,42	0,26	22,90	0,41	33,64
0,12	11,31	0,27	23,66	0,42	34,30
0,13	12,19	0,28	24,42	0,43	34,95
0,14	13,06	0,29	25,17	0,44	35,60

DIAGRAMM 41.

Zu Kap. II F, Seite 76.

Druckabfall in einer Rohrleitung.

Widerstandsziffer λ in Abhängigkeit von der Reynoldsschen Zahl.

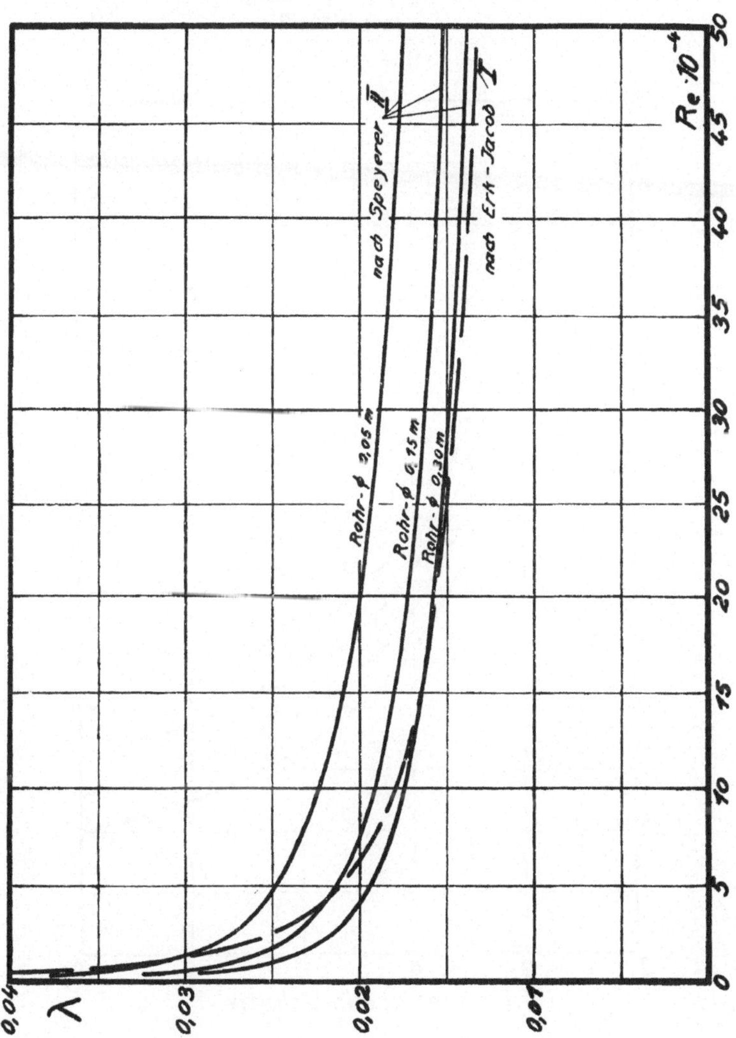

DIAGRAMM 42.

Zu Kap. II J, Seite 83.

Ermittlung der wirtschaftlichsten Isolierstärke.

Tilgungsquote c in Abhängigkeit von Tilgungszeit und Zinshöhe,

$$c = z \frac{(1 + z/100)^n}{(1 + z/100)^n - 1} .$$

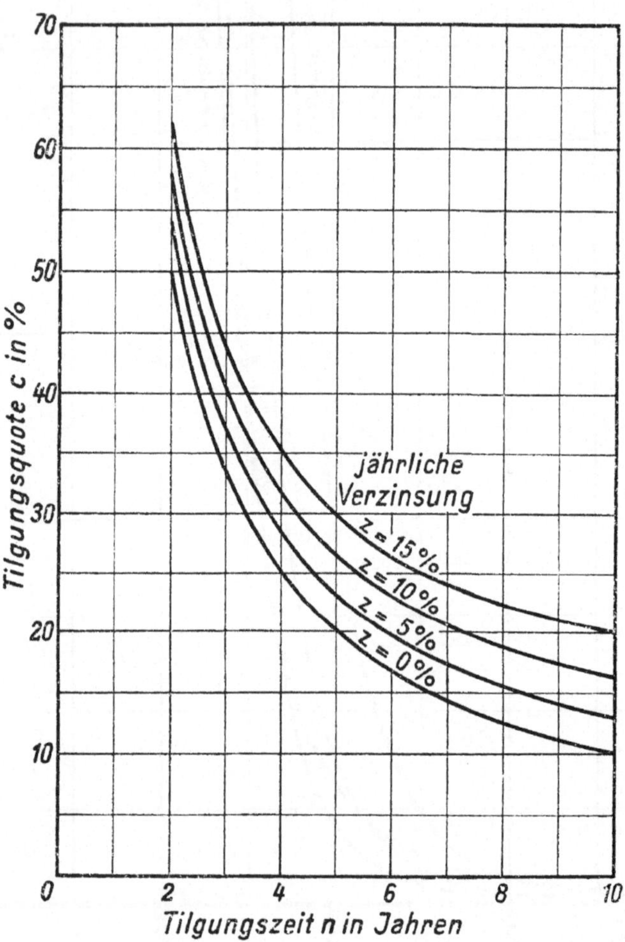

DIAGRAMM 43 zu Kap. II J.

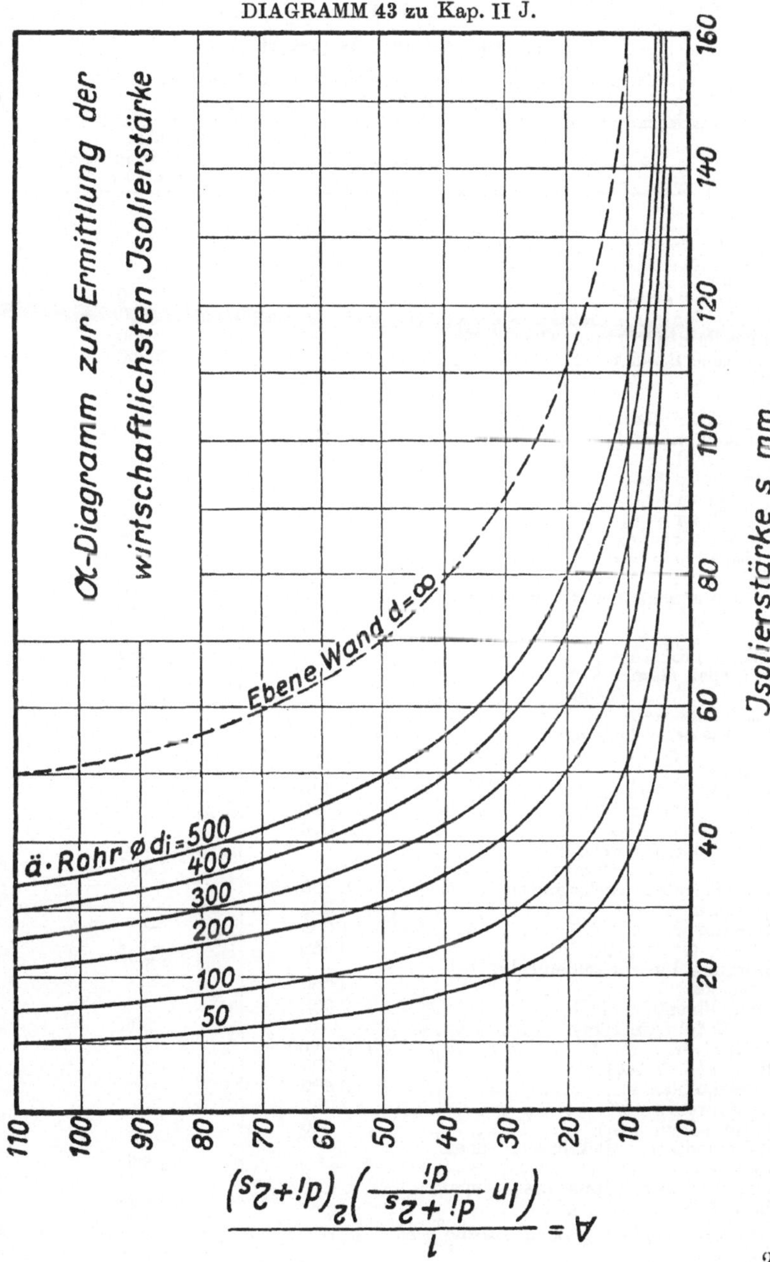

TABELLE 44a.

Oberer und unterer Heizwert

von festen und flüssigen verbrennlichen Stoffen*) für 1 kg in kcal.

Stoff	Oberer Heizwert in kcal für 1 kg	Unterer Heizwert in kcal für 1 kg
Aether	8 900	—
Alkohol	7 100	—
Anilin	8 800	—
Antimon	960	—
Anthrazit, westfälischer	—	7 800
Braunkohlenteeröl (deutsches Gasöl oder Paraffinöl) spez. Gew. 0,890	—	9 850
Böhmische Braunkohle	—	5 250
Benzol	10 000	—
Blei	260	—
Braunkohlenbriketts, mitteldeutsche	—	4 850
Braunkohlenteeröl	10 000	—
Chlormethyl	3 200	—
Eisen (Fe zu FeO)	1 260	—
„ (Fe zu Fe_3O_4)	1 680	—
„ (Fe zu Fe_2O_3)	1 890	—
Eiformbriketts (Anthrazit)	—	7 700
Fettstückkohle, westfälische	—	7 650
Glyzerin	4 300	—
Gasflammstückkohle (Westf.)	—	7 600
„ (Saar)	—	7 200
„ (Schles.)	—	6 650
Gaskoks, grobstückig	—	6 650
Gasöl, spez. Gew. 0,870	—	10 150
„ „ „ 0,840	—	10 250
Holz, lufttrocken	—	3 700
„ wasserfrei berechnet	—	4 450
„	4 100	—
Holzgeist	5 300	—
Kohlenstoff (C zu CO_2)	8 140	—
(C zu CO)	2 440	—
Kupfer (Cu zu CuO)	590	—
Magerstückkohle, westfälische	—	7 700
„ (Cardiff)	—	7 850
Masut (Petroleumrückstände)	10 500	—
Naphthalin	9 700	—
Petroleum	11 000	—
Phosphor (P zu P_2O_5)	5 950	—
Rohbraunkohle, mitteldeutsche	—	2 500
Rohrzucker	4 000	—
Rüböl, Olivenöl, Leinöl	9 300	—
Rohes Erdöl (Amerika)	—	9 000
Schießpulver	700—800	—
Schwefel (S zu SO_2)	2 220	—
Schwefelkohlenstoff	3 400	—
Schwefelwasserstoff	2 740	—
Silizium (Si zu SiO_2)	7 830	—
Steinkohlenteer, dickflüssig, spez. Gew. 1,15	—	8 650
Steinkohlenteer, dünnflüssig, spez. Gew. 1,09	—	8 850

*) Motorenöle vgl. auch Tabelle 44c.

ZU TABELLE 44a.

Oberer und unterer Heizwert

von festen und flüssigen verbrennlichen Stoffen für 1 kg in kcal.

Stoff	Oberer Heizwert in kcal für 1 kg	Unterer Heizwert in kcal für 1 kg
Steinkohlenteeröl, spez. Gew. 1,05 . .	—	8 900
Steinkohlenteeröl, spez. Gew. 1,02 . .	—	9 200
Stückbriketts (Eßkohle)	—	7 550
Talg	8 370	—
Terpentinöl	10 850	—
Torf, getrocknet und gepreßt	—	3 500
Wachs	9 000	—
Zellulose	4 200	—
Zink (*Zn* zu *ZnO*)	1 300	—
Zechenkoks, grobstückig	—	6 900

TABELLE 44b.

Heizwert

von Gasen in kcal.

Stoff	Ob. Heizwert für 1 kg Gas	Unt. Heizwert für 1 kg Gas	Ob. Heizwert f. 1 cbm Gas v. 15° C u. 1 at	Unt. Heizwert f. 1 cbm Gas v. 15° C u. 1 at
Acetylen	11 970	10 030	14 740	12 350
Aethan	12 350	11 300	15 200	13 900
Aethylen	12 300	11 550	14 150	13 290
Butan	11 800	10 900	28 100	25 900
Butylen	11 600	10 870	26 600	24 850
Gichtgas	768	757	896	883
Generatorgas	1 180	1 100	1 175	1 095
Kohlenoxyd	—	2 440	—	2 800
Leuchtgas	9 960	8 900	5 135	4 590
Methan	13 250	11 900	8 780	7 920
Propan	12 000	11 050	21 600	19 900
Propylen	11 850	11 100	20 400	19 100
Wasserstoff	33 900	28 700	2 800	2 360
Wassergas	3 930	3 580	2 520	2 300

TABELLE 44c.

Unterer Heizwert

von Ölen für Dieselmotoren in kcal/kg.

Ölart	Spez. Gewicht bei 150° C	Unterer Heizwert für 1 kg in kcal
Gereinigtes Petroleum	0,879	10 610
Solaröl	0,849	10 100
Gasöl	0,865	10 000
Braunkohlenrohöl	0,908	9,800
Paraffinöl	0,926	9,750
Tegernsee-Rohöl	0,868	9 940
Anthrazenöl	1,091	8 960
Kreosotöl	1,050	8 970

TABELLE 45.

Brennstoff-Verbrauchszahlen.

a) Sattdampf-Hochdruck-Lokomobile (nach R. Wolf)
12 at; Kohle 7500 kcal/kg;
bei 15 PSe . . . . 1,6 kg Kohle/PS-st
„ 35 PSe . . . . 1,5 „ „ „

b) Verbund-Heißdampf-Lokomobile ohne Kondensation (nach R. Wolf)
12 at; Kohle 7500 kcal/kg;
bei 20 PSe . . . . 1,0 kg Kohle/PS-st
„ 300 PSe . . . . 0,87 „ „ „

c) Tandem-Lokomobile mit Kondensation und zweifacher Überhitzung (nach R. Wolf) 0,58 kg Kohle/PS-st

d) Einzylinder-Dampfmaschine ohne Kondensation
7,5 at bei 7,5facher Verdampfung:
bei 20 PSe . . . . 4,0 bis 2,8 kg Kohle/PS-st
„ 100 bis 200 PSe . . . . . 2,0 „ 1,8 „ „ „

e) Einzylinder-Dampfmaschine mit Kondensation
7,5 at bei 7,5facher Verdampfung;
bei 25 bis 45 PSe . . . . . 2,1 bis 1,7 kg Kohle/PS-st
„ 100 „ 200 PSe . . . . . 1,6 „ 1,5 „ „ „

f) Zweizylinder-Kondensationsmaschine
8 bis 12 at; Kohle 7000 kcal/kg; Kessel $\eta = 0,7$;
bei 300 bis 350° Heißdampf 0,80 bis 0,92 kg Kohle/PS-st.

g) Dreifachexpansionsmaschine mit Kondensation
0,03 at Vacuum; 1000 PSe;
(wie oben) . . . . 0,66 bis 0,71 kg Kohle/PS-st

h) Dampfturbine mit Kondensation
15 at; 350° Heißdampf . . . . . . 0,48 kg Kohle/PS-st
35 „ 425° „ . . . . . . 0,40 „ „ „

i) Gasmaschinen (Vollast)
für Koksofengas (3500 bis 4500 kcal/cbm) 0,8 cbm/PS-st
„ Hochofengas (800 „ 1000 „ „) 2,8 „ „

k) Dieselmaschinen (Vollast) für Brennstoff

mit 10000 kcal/kg bei	10	70 und mehr PS/Zyl.
Normalleistung bis Maximal . .	230	185 g/PS-st
¾	240	195 „
½ Normalleistung	280	225 „
¼	375	300 „

TABELLE 46.

Wärme-Verbrauchszahlen.

a) Sattdampf-Hochdruck-Lokomobile
12 at; Kohle 7500 kcal/kg;
bei 15 PSe . . . . 8500 kcal/PS-st
bei 35 „ . . . . 8000 „ „

b) Verbund-Heißdampf-Lokomobile ohne Kondensation (nach R. Wolf)
12 at; Kohle 7500 kcal/kg;
bei mittlerer Leistung . . . . . . 5000 kcal/PS-st

c) Tandem-Lokomobile mit Kondensation und zweifacher Überhitzung . . . . 3000 kcal/PS-st

d) Einzylinder-Dampfmaschine ohne Kondensation
7,5 at
bei 20 PSe . . . . 21000 kcal/PS-st
bei 100 bis 200 PSe . . . . 14000 „ „

e) Einzylinder-Dampfmaschine mit Kondensation
7,5 at
bei mittlerer Leistung . . 7000 bis 8000 kcal/PS-st

ZU TABELLE 46.

Wärme-Verbrauchszahlen.

f) Zweizylinder-Kondensationsmaschine
8 bis 12 at
300 bis 350⁰ Heißdampf . . 3900 bis 4500 kcal/PS-st

g) Dreifachexpansionsmaschine mit Kondensation
0,03 at Vacuum;
bei großen Leistungen;
bei 15 at und 350⁰ Überhitzung . . 3000 kcal/PS-st
bei 35 „ „ 425⁰ „ 2100 „ „

h) Dampfmaschine bei Gegendruckbetrieb . . 1200 „ „

i) Dampfturbine mit Kondensation (12 bis at;
300 bis 355⁰ Heißdampf . . . . 3200 bis 3500 kcal/PS-st

k) Großgasmaschine:
Gewöhnliche Garantie etwa 2600 kcal/PS-st = 3540 kcal/kW-st
bei Vollast . . . . 2600 kcal/PS-st
Für Betriebsverhältnisse bei Vollast . . 2600 „ „
bei ¾ Last . . . . 2800 „ „
bei ½ Last . . . . 4000 „ „
Für Dauerbetrieb . . . . rund 3100 „ „

l) Dieselmaschinen (große Einheiten) bei Vollast 1850 „ „

TABELLE 47.

Ermittlung der Mindestisolierstärke zur Vermeidung von Schwitzwasser. (Vgl. Kap. II L 3, Seite 96.)

Höchstzulässige Untertemperatur der Isolierungsoberfläche
$(t_2 - t_a)$.

Relative Feuchtigkeit %	Lufttemperatur t_2								
	0	5	10	15	20	25	30	35	40
25	15,8	16,9	18,1	19,3	20,5	21,4	22,2	23,0	23,8
30	13,9	14,9	16,0	17,1	18,1	18,8	19,5	20,2	20,9
35	12,2	13,2	14,2	15,3	15,9	16,5	17,1	17,7	18,4
40	10,7	11,6	12,6	13,5	14,0	14,5	15,1	15,6	16,2
45	9,36	10,2	11,2	11,8	12,3	12,7	13,2	13,7	14,2
50	8,16	9,02	9,93	10,3	10,7	11,1	11,6	12,0	12,4
55	7,06	7,90	8,63	8,94	9,31	9,66	10,0	10,4	10,8
60	6,06	6,87	7,41	7,71	8,00	8,30	8,62	8,94	9,27
65	5,13	5,90	6,27	6,55	6,77	7,04	7,31	7,58	7,86
70	4,25	5,00	5,21	5,46	5,64	5,86	6,08	6,30	6,54
75	3,45	4,07	4,20	4,42	4,56	4,75	4,93	5,10	5,30
80	2,68	3,19	3,28	3,44	3,56	3,70	3,84	3,98	4,13
85	1,96	2,34	2,40	2,52	2,60	2,71	2,81	2,91	3,02
90	1,28	1,53	1,57	1,64	1,69	1,76	1,83	1,89	1,96
95	0,63	0,75	0,77	0,80	0,83	0,86	0,89	0,92	0,96

Die Hilfswerte für den linken Maßstab des Diagramms 49 werden erhalten, indem die Temperaturdifferenz zwischen kalter (ungeschützter) Wandung und Raumluft durch die Werte vorstehender Tabelle dividiert wird.

Eine Auswahl ausgerechneter Hilfswerte enthält die folgende Tabelle 48.

TABELLE 48. **Ermittlung der Mindestisolierstärke zur Vermeidung von Schwitzwasser.**

Tabelle der Hilfswerte $\frac{t_2 - t_i}{t_2 - t_a}$ für das Diagramm 49.

Relative Feuchtigkeit %	Lufttemp. °C	Rohrtemperatur + 20	+ 10	±0	— 10	— 20	— 30	— 40	— 50	— 60	— 80	— 100
30	0	—	—	—	—	1,5	2,2	2,9	3,6	4,3	5,8	7,2
	10	—	—	—	1,3	1,9	2,5	3,1	3,8	4,4	5,6	6,9
	20	—	—	1,1	1,7	2,2	2,8	3,3	3,9	4,4	5,5	6,6
	30	—	—	1,6	2,1	2,6	3,1	3,6	4,1	4,6	5,7	6,7
	40	—	1,5	1,9	2,4	2,9	3,4	3,8	4,3	4,8	5,8	6,7
40	0	—	—	—	—	1,9	2,8	3,7	4,7	5,6	7,5	9,4
	10	—	—	—	1,6	2,4	3,2	4,0	4,8	5,6	7,1	8,7
	20	—	—	1,4	2,1	2,9	3,6	4,3	5,0	5,7	7,2	8,6
	30	—	1,3	2,0	2,7	3,3	4,0	4,6	5,3	6,0	7,3	8,6
	40	1,2	1,9	2,5	3,1	3,7	4,3	5,0	5,6	6,2	7,4	8,7
50	0	—	—	—	1,2	2,5	3,7	4,9	6,1	7,4	9,8	12,3
	10	—	—	—	2,0	3,0	4,0	5,0	6,1	7,1	9,1	11,1
	20	—	—	1,9	2,8	3,7	4,7	5,6	6,5	7,5	9,3	11,2
	30	—	1,7	2,6	3,5	4,3	5,2	6,1	6,9	7,8	9,5	11,2
	40	1,6	2,4	3,2	4,0	4,8	5,6	6,4	7,2	8,1	9,7	11,3
60	0	—	—	—	1,7	3,3	5,0	6,6	8,3	9,9	13,2	16,5
	10	—	—	1,4	2,7	4,1	5,4	6,8	8,1	9,5	12,2	14,9
	20	—	1,3	2,5	3,8	5,0	6,3	7,5	8,8	10,0	12,5	15,0
	30	1,2	2,3	3,5	4,6	5,8	7,0	8,1	9,3	10,5	12,8	15,1
	40	2,2	3,2	4,3	5,4	6,5	7,6	8,6	9,7	10,8	13,0	15,1
70	0	—	—	—	2,4	4,7	7,1	9,4	11,7	14,1	18,8	23,5
	10	—	—	1,9	3,8	5,8	7,7	9,6	11,5	13,4	17,3	21,1
	20	—	1,8	3,6	5,4	7,1	8,9	10,6	12,4	14,2	17,7	21,3
	30	1,6	3,3	4,9	6,6	8,2	9,9	11,5	13,2	14,8	18,1	21,4
	40	3,1	4,6	6,1	7,7	9,2	10,7	12,2	13,8	15,3	18,4	21,4
80	0	—	—	—	3,7	7,5	11,2	14,9	18,6	22,3	29,8	37,2
	10	—	—	3,1	6,1	9,1	12,2	15,2	18,3	21,3	27,4	33,5
	20	—	2,8	5,6	8,4	11,2	14,0	16,9	19,7	22,5	28,1	33,7
	30	2,6	5,2	7,8	10,4	13,0	15,6	18,2	20,9	23,5	28,7	33,9
	40	4,8	7,3	9,7	12,1	14,5	16,9	19,4	21,8	24,2	29,0	33,9
90	0	—	—	—	7,8	15,6	23,4	31,2				
	10	—	—	6,4	12,7	19,1	25,4	31,8				
	20	—	5,9	11,8	17,8	23,7	29,6	35,5				
	30	5,5	10,9	16,4	21,9	27,3	32,8					
	40	10,2	15,3	20,4	25,5	30,6						

DIAGRAMM 49.

Ermittlung der Mindestisolierstärke zur Vermeidung von Schwitzwasser.

Zu Kap. II L 3.

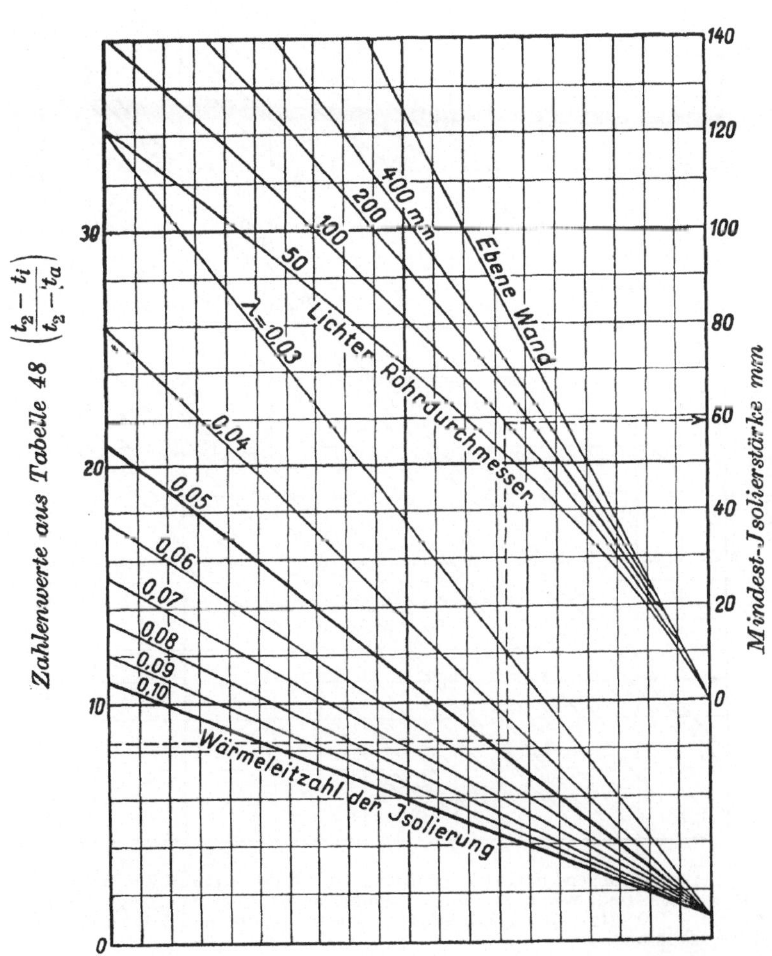

DIAGRAMM 50.

1. Hilfsdiagramm zu Kap. II M, Seite 99.

Schutz gegen Einfrieren.

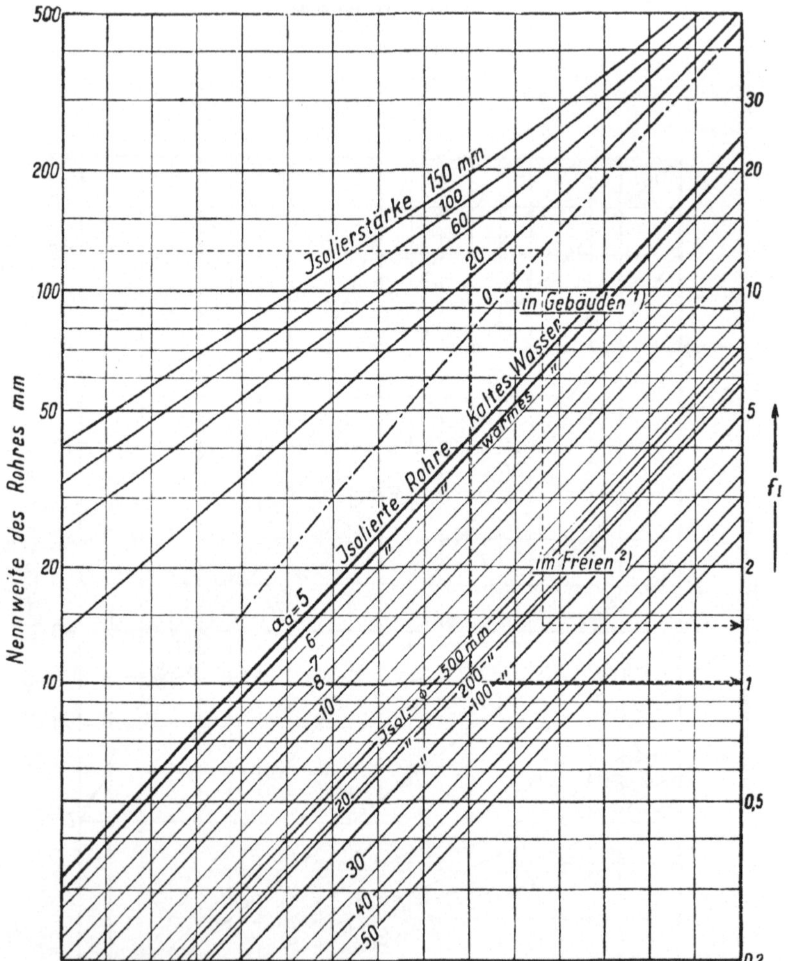

[1]) Für Leitungen in Gebäuden sind zwei stark ausgezogene α-Linien für kaltes und warmes Wasser eingetragen. Zugrundegelegt wurde $\alpha_a = 5 + 0{,}05\ (t_a - t_2)$ — vgl. S. 54 — für $t_a - t_2 = 0°$ und $20°$ zu Beginn der Auskühlung.

[2]) Für Leitungen im Freien ist der Durchmesser der Isolierung maßgeblich. Es sind drei α-Linien für 500, 200 und 100 mm ø eingetragen, die einem schwachen durchschnittlichen Windanfall von 3 bis 3,5 m/s entsprechen.

DIAGRAMM 51.

2. Hilfsdiagramm zu Kap. 11 M

Schutz gegen Einfrieren.

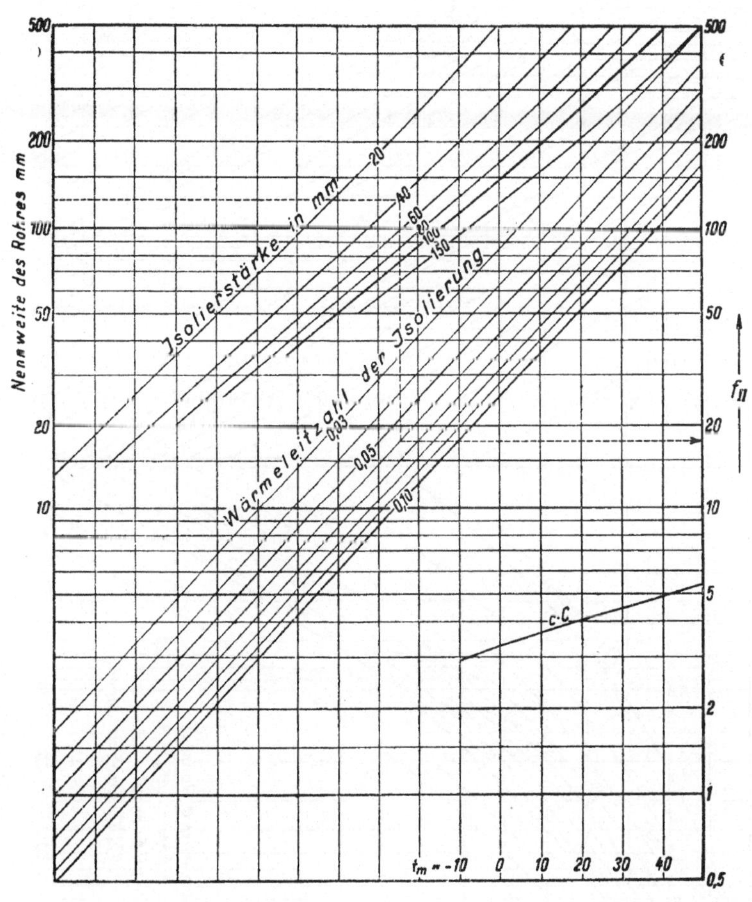

DIAGRAMM 52.

Hauptdiagramm zu Kap. II M

Schutz gegen Einfrieren.

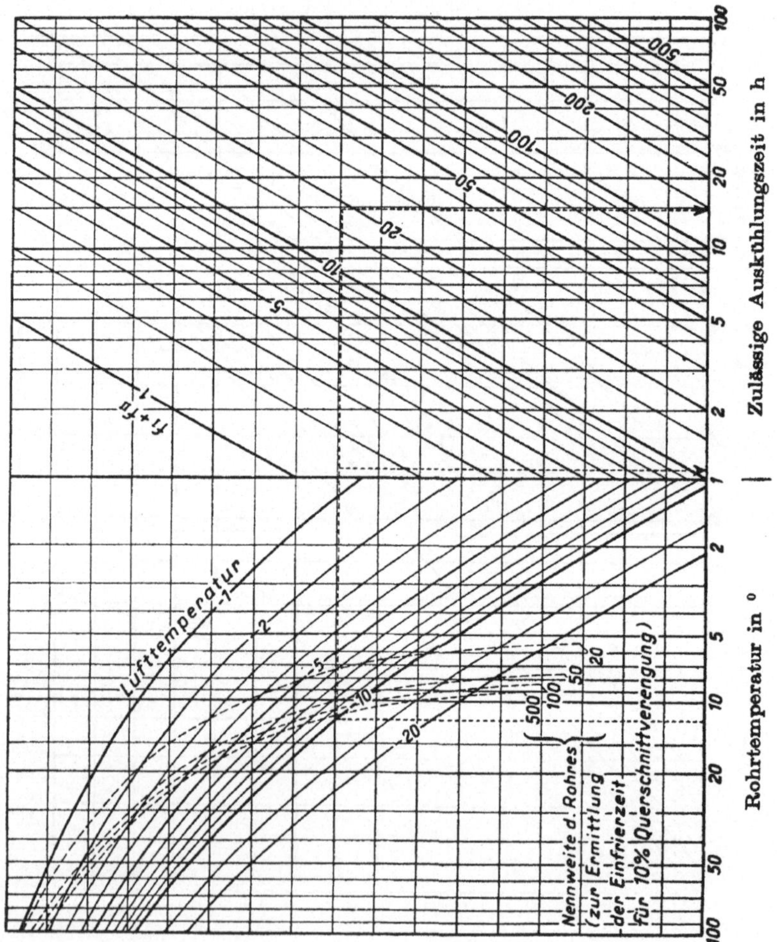

TABELLE 53.

Thermokräfte in Millivolt

bezogen auf 0°C.

t °C	*Cu/Konst.* Adams & Johnston	*Ni/Ag* Hevesy & Wolff	*Pl/Pl-Rh* Heräus	Day & Clement	Holborn & Day
— 25	0,92				
0	0				
+ 25	0,98				
+ 50	2,01				
+ 75	3,1				
100	4,23	2,18	0,64		
150	6,6	3,58	1,02		
200	9,17	4,96	1,42		
250	11,96	6,29	1,84		
300	14,7	7,52	2,29		
350	17,6	8,70	2,74	3,12	
400	20,5	9,83	3,21	3,59	3,18
500		12,04	4,17	4,56	4,14
700		17,3	6,23	6,6	6,17
1000		27,7	9,56	9,91	9,46
1200			11,89	12,4	
1500			15,45	15,9	

TABELLE 54.

Vergleichung der Thermometergrade.

C	R	F	C	R	F
— 20	— 16	— 4,0	+ 4	+ 3,2	+ 39,2
— 19	— 15,2	— 2,2	5	4,0	41,0
— 18	— 14,4	— 0,4	6	4,8	42,8
— 17	— 13,6	+ 1,4	7	5,6	44,6
— 16	— 12,8	3,2	8	6,4	46,4
— 15	— 12,0	5,0	9	7,2	48,2
— 14	— 11,2	6,8	10	8,0	50,0
— 13	— 10,4	8,6	11	8,8	51,8
— 12	— 9,6	10,4	12	9,6	53,6
— 11	— 8,8	12,2	13	10,4	55,4
— 10	— 8,0	14,0	14	11,2	57,2
— 9	— 7,2	15,8	15	12,0	59,0
— 8	— 6,4	17,6	16	12,8	60,8
— 7	— 5,6	19,4	17	13,6	62,6
— 6	— 4,8	21,2	18	14,4	64,4
— 5	— 4,0	23,0	19	15,2	66,2
— 4	— 3,2	24,8	20	16,0	68,0
— 3	— 2,4	26,6	21	16,8	69,8
— 2	— 1,6	28,4	22	17,6	71,6
— 1	— 0,8	30,2	23	18,4	73,4
0	0	32,0	24	19,2	75,2
+ 1	+ 0,8	33,8	25	20,0	77,0
2	1,6	35,6	26	20,8	78,8
3	2,4	37,4	27	21,6	80,6

Vergleichung der Thermometergrade.

C	R	F	C	R	F
+ 28	+ 22,4	+ 82,4	+ 82	+ 65,6	+ 179,6
29	23,2	84,2	83	66,4	181,4
30	24,0	86,0	84	67,2	183,2
31	24,8	87,8	85	68,0	185,0
32	25,6	89,6	86	68,8	186,8
33	26,4	91,4	87	69,6	188,6
34	27,2	93,2	88	70,4	190,4
35	28,0	95,0	89	71,2	192,2
36	28,8	96,8	90	72,0	194,0
37	29,6	98,6	91	72,8	195,8
38	30,4	100,4	92	73,6	197,6
39	31,2	102,2	93	74,4	199,4
40	32,0	104,0	94	75,2	201,2
41	32,8	105,8	95	76,0	203,0
42	33,6	107,6	96	76,8	204,8
43	34,4	109,4	97	77,6	206,6
44	35,2	111,2	98	78,4	208,4
45	36,0	113,0	99	79,2	210,2
46	36,8	114,8	100	80,0	212,0
47	37,6	116,6	101	80,8	213,8
48	38,4	118,4	102	81,6	215,6
49	39,2	120,2	103	82,4	217,4
50	40,0	122,0	104	83,2	219,2
51	40,8	123,8	105	84,0	221,0
52	41,6	125,6	106	84,8	222,8
53	42,4	127,4	107	85,6	224,6
54	43,2	129,2	108	86,4	226,4
55	44,0	131,0	109	87,2	228,2
56	44,8	132,8	110	88,0	230,0
57	45,6	134,6	111	88,8	231,8
58	46,4	136,4	112	89,6	233,6
59	47,2	138,2	113	90,4	235,4
60	48,0	140,0	114	91,2	237,2
61	48,8	141,8	115	92,0	239,0
62	49,6	143,6	116	92,8	240,8
63	50,4	145,4	117	93,6	242,6
64	51,2	147,2	118	94,4	244,4
65	52,0	149,0	119	95,2	246,2
66	52,8	150,8	120	96,0	248,0
67	53,6	152,6	121	96,8	249,8
68	54,4	154,4	122	97,6	251,6
69	55,2	156,2	123	98,4	253,4
70	56,0	158,0	124	99,2	255,2
71	56,8	159,8	125	100,0	257,0
72	57,6	161,6	126	100,8	258,8
73	58,4	163,4	127	101,6	260,6
74	59,2	165,2	128	102,4	262,4
75	60,0	167,0	129	103,2	264,2
76	60,8	168,8	130	104,0	266,0
77	61,6	170,6	131	104,8	267,8
78	62,4	172,4	132	105,6	269,6
79	63,2	174,2	133	106,4	271,4
80	64,0	176,0	134	107,2	273,2
81	64,8	177,8	135	108,0	275,0

Vergleichung der Thermometergrade.

C	R	F	C	R	F
+ 136	+ 108,8	+ 276,8	+ 190	+ 152,0	+ 374,0
137	109,6	278,6	191	152,8	375,8
138	110,4	280,4	192	153,6	377,6
139	111,2	282,2	193	154,4	379,4
140	112,0	284,0	194	155,2	381,2
141	112,8	285,8	195	156,0	383,0
142	113,6	287,6	196	156,8	384,8
143	114,4	289,4	197	157,6	386,6
144	115,2	291,2	198	158,4	388,4
145	116,0	293,0	199	159,2	390,2
146	116,8	294,8	200	160	392
147	117,6	296,6	210	168	410
148	118,4	298,4	220	176	428
149	119,2	300,2	230	184	446
150	120,0	302,0	240	192	464
151	120,8	303,8	250	200	482
152	121,6	305,6	260	208	500
153	122,4	307,4	270	216	518
154	123,2	309,2	280	224	536
155	124,0	311,0	290	232	554
156	124,8	312,8	300	240	572
157	125,6	314,6	310	248	590
158	126,4	316,4	320	256	608
159	127,2	318,2	330	264	626
160	128,0	320,0	340	272	644
161	128,8	321,8	350	280	662
162	129,6	323,6	360	288	680
163	130,4	325,4	370	296	698
164	131,2	327,2	380	304	716
165	132,0	329,0	390	312	734
166	132,8	330,8	400	320	752
167	133,6	332,6	410	328	770
168	134,4	334,4	420	336	788
169	135,2	336,2	430	344	806
170	136,0	338,0	440	352	824
171	136,8	339,8	450	360	842
172	137,6	341,6	460	368	860
173	138,4	343,4	470	376	878
174	139,2	345,2	480	384	896
175	140,0	347,0	490	392	914
176	140,8	348,8	500	400	932
177	141,6	350,6	550	440	1022
178	142,4	352,4	600	480	1112
179	143,2	354,2	650	520	1202
180	144,0	356,0	700	560	1292
181	144,8	357,8	750	600	1382
182	145,6	359,6	800	640	1472
183	146,4	361,4	850	680	1562
184	147,2	363,2	900	720	1652
185	148,0	365,0	950	760	1742
186	148,8	366,8	1000	800	1832
187	149,6	368,6	1100	880	2012
188	150,4	370,4	1200	960	2192
189	151,2	372,2			

TABELLE 55.

a) Gußeiserne Rohre

nach den Normen von 1882.

Hauptabmessungen und Gewichte.

Lichter Rohr-ø mm	Normale Wandstärke mm	Äußerer Rohr-ø mm	Flanschenrohre: Flansch-ø mm	Flanschenrohre: Flanschdicke mm	Flanschenrohre: Höhe d. Dichtleiste mm	Flanschenrohre: 1 m Rohrleitung wiegt kg/m[1]	Muffenrohre 1 m Rohrleitung wiegt kg/m[1]
40	8	56	140	18	3	10,64	10,09
50	8	66	160	18	3	12,98	12,14
60	8,5	77	175	19	3	16,22	15,21
70	8,5	87	185	19	3	17,34	16,65
80	9	98	200	20	3	20,80	19,94
90	9	108	215	20	3	23,20	22,19
100	9	118	230	20	3	25,65	24,41
125	9,5	144	260	21	3	33,27	31,65
150	10	170	290	22	3	41,57	39,74
175	10,5	196	320	22	3	50,33	48,36
200	11	222	350	22	3	60,00	57,66
225	11,5	248	370	23	3	69,30	67,57
250	12	274	400	24	3	80,26	76,51
275	12,5	300	425	25	3	71,46	87,48
300	13	326	450	25	3	102,89	99,13
325	13,5	352	490	26	4	117,07	111,29
350	14	378	520	26	4	130,26	124,13
375	14	403	550	27	4	140,23	132,61
400	14,5	429	575	27	4	153,85	146,68
425	14,5	454	600	28	4	163,58	155,46
450	15	480	630	28	4	178,80	170,10
475	15,5	506	655	29	4	194,78	185,51
500	16	532	680	30	4	211,17	201,66
550	16,5	583	740	33	5	242,42	228,49
600	17	634	790	33	5	270,51	256,69
650	18	686	840	33	5	307,28	294,64
700	19	738	900	33	5	348,82	335,66
750	20	790	950	33	5	390,63	378,58
800	21	842					425,01
900	22,5	945					512,80
1000	24	1048					608,76
1100	26	1152					727,75
1200	28	1256					856,78

[1]) Durchschnittsgewicht einschließlich Flanschen bzw. Muffen in üblichen Abständen.

ZU TABELLE 55.

b) Rohrleitungen für hochgespannten Dampf

nach den Normen von 1912.

Hauptabmessungen, Gewichte und Durchflußquerschnitte.

Rohrbezeichnung		Äußerer ⌀	Innerer ⌀	Wandstärke	Flansch-		Gewicht v. 1 m Rohrleitung kg/m[1])	Durchfluß-Querschnitt m²
Zoll	NW	mm	mm	mm	⌀ mm	dicke mm		
1 1/4	25	32	26	3	120	13	2,15	0,00053
1 1/2	32	38	32	3	125	14	2,59	0,00080
1 5/8	35	41,5	35,5	3	130	14	2,84	0,00099
1 7/8	40	47,5	41,5	3	140	15	3,29	0,00135
2	45	51	45	3	150	15	3,55	0,00159
2 1/4	50	57	51	3	160	16	4,00	0,00204
2 3/8	55	60	54	3	165	16	4,22	0,00229
2 1/2	60	63,5	57,5	3	175	17	4,47	0,00260
2 3/4	65	70	64	3	180	17	4,95	0,00322
3	70	76	70	3	185	18	5,40	0,00385
3 1/2	80	89	82,5	3 1/4	200	18	6,85	0,00535
3 3/4	90	95	88,5	3 1/4	220	19	7,34	0,00615
4 1/4	100	108	100,5	3 3/4	240	20	9,63	0,00793
4 3/4	110	121	113	4	250	21	11,55	0,0100
5	120	127	119	4	260	22	12,05	0,0111
5 1/4	125	133	125	4	270	22	12,75	0,0123
5 1/2	130	140	131	4 1/2	280	23	15,03	0,0135
6	140	152	143	4 1/2	290	24	16,35	0,0161
6 1/4	150	159	150	4 1/2	300	25	17,15	0,0177
6 3/4	160	171	162	4 1/2	310	26	18,45	0,0206
7 1/2	180	191	180	5 1/2	335	27	25,13	0,0254
8 1/2	200	216	203	6 1/2	360	28	33,6	0,0324
9 1/2	225	241	228	6 1/2	390	29	37,6	0,0408
10 1/2	250	267	253	7	420	30	44,9	0,0503
11 1/2	275	292	277	7 1/2	450	31	52,6	0,0603
	300	318	303	7 1/2	480	32	57,4	0,0721
	325	343	327	8	520	33	66,1	0,0840
	350	368	352	8	550	34	71,0	0,0973
	375	394	377	8 1/2	580	35	80,8	0,1116
	400	420	402	9	605	36	91,2	0,1269

Diese Normen gelten bis zu 20 at und 400°. Die modernen Höchstdruckrohre haben infolge Vergrößerung der Wandstärke nach innen bei gleicher Nennweite unveränderte Außendurchmesser.

[1]) Reines Rohrgewicht ohne Flanschen.

TABELLE 56.

Kennfarben für Rohrleitungen.

Nach dem Normenblatt DIN 2403.

Rohr-Inhalt		Kennfarbe	Ringe
Dampf,	Heißdampf	rot	weiß
	Sattdampf	„	—
	Abdampf	„	grün
Wasser,	Warmwasser	grün	weiß
	Speisewasser	„	rot
	Trinkwasser	„	—
	Salzwasser	„	orange
	Abwasser	„	schwarz
	Spülversatz	grün, schwarz getupft	
Luft,	Heißluft	blau	weiß
	Preßluft	„	rot
	Gebläseluft (frisch)	„	—
	Kohlenstaub	„	schwarz
Gas,	Gichtgas, roh	gelb	schwarz
	„ gereinigt	„	—
	Generatorgas	„	blau
	Leuchtgas, Koksofengas	„	rot
	Acetylengas	„	weiß
	Wassergas	„	grün
	Oelgas	„	braun
Säure,	gewöhnlich	orange	—
	konzentriert	„	rot
Lauge,	gewöhnlich	lila	—
	konzentriert	„	rot
Öl,	gewöhnlich	braun	—
	Gasöl	„	gelb
	Teeröl	„	schwarz
Teer		schwarz	—
Vakuum		grau	—

Häufig werden durch mehrfache Markierungsringe verschiedene Druckstufen gekennzeichnet, beispielsweise die Nenndrücke 8, 20 und 40 kg/cm² durch einfache, doppelte und dreifache Ringe. Abweichend von der Norm können in komplizierten Fällen die Ringbezeichnungen erweitert werden. Beispielsweise bei Sattdampf grüne Ringe für verschiedene Druckstufen, bei Wasser weiße Ringe mit einem Kreuz für Trinkwasser, weiße Ringe für gefiltertes Kühlwasser, braune Ringe für Wasser-Oelgemisch, blaue für Wasser-Luftgemisch, bei Vakuumleitungen rote Ringe für Vakuumdampf, grüne für Kondensat, blaue für Vakuumluftleitungen, bei Gasleitungen schwarze Ringe für Abgas u. s. f.

Auf Rohrleitungsplänen sind zur genaueren Kennzeichnung verschiedene Tönungen der betreffenden Kennfarbe üblich.

Sachverzeichnis.

Die in den Tabellen des zweiten Teils enthaltenen Stoffbezeichnungen sind in das Sachverzeichnis nicht mitaufgenommen.

Abkühlung, zeitliche 23
Absoluter Nullpunkt 143
Absolutes Maßsystem 137
Absolute Temperatur 143
Absorbtionsverhältnis 33
Amortisation (Diagr.) 260
Amortisationsquote 85
Amortisationszeit 118, 121
Anlagekosten für Isolierung 84, 110
Anpassungsfähigkeit der Isolierung 117, 127
Anstrich, Kennfarben (Tab.) 276
—, Wirkung (Beisp.) 63
Äquivalente Isolierstärke 119, 120
— Wärmeleitzahl 59
Arbeit (Maßeinheiten) 141
Arbeitsverlust (Kraftdampf) 92
Aufgespeicherte Wärme s. Wärmespeicherung
Auftragsumfang 124
Ausdehnung durch Wärme, Berücksichtigung 117, 127
Ausgestrahlte Wärmemenge s. Strahlungsaustausch
Außentemperatur s. Oberflächentemperatur
Auswahl von Isolierungen 120

Baustoffprüfung 107, 109
Beharrungszustand 14, 15, 44, 48, 66, 106
Beschleunigung (Maßeinheiten) 140
Bindemittel 115, 117
Brennstoff-Verbrauchszahlen(Tab.)264

Dämpfe, kritische Geschwindigkeit (Tab.) 215
—, spezifisches Gewicht (Tab.) 210
—, spezifische Wärme (Tab.) 202
—, Wärmeleitzahlen (Tab.) 195
—, Zähigkeit (Tab.) 214
Dampfleitung s. auch Rohr
—, Wärmeübergang innen 28, 29
—, Wärmeverlust, isoliert (Beisp.) 50
—, Wärmeverlust, nackt (Beisp.) 57
Dampfpreis 91
Dauerbetrieb s. auch Beharrungszustand 66
Dauerhaftigkeit von Isolierungen 116
Dehnung durch Wärme, Berücksichtigung der 117, 127
Diathermane Körper 31
Dichte 144
Druck (Maßeinheiten) 143
Druckabfall (Diagr.) 259
Druckabfall in einer Rohrleitung 76
Durchflußquerschnitte von Rohren 274, 275
Durchmesser, Rohrnormen 274, 275

Ebene Platte s. Platte
—, Wand s. Platte
Einfrieren, Rohre isoliert 100
—, Rohre nackt 102
—, Schutz, allgemein 99
—, „ „ (Diagr.) 268
Einzelwiderstände (Druckabfall) 79
Eisansatz 101, 104
Elektrische Maßeinheiten 145

Elektrizitätsmenge (Maßeinheiten) 145
Emission 32
Energie (Maßeinheiten) 141
Erschütterungen 117, 130
Erstarrungspunkte (Tab.) 213
Erwärmung, zeitliche 23, 66

Farbanstrich, Kennfarben (Tab.) 276
—, Wirkung (Beisp.) 63
Festigkeit von Isolierungen 116, 126
Feuchtigkeit, relative 96
Feuchtigkeitsniederschlag, Schutz gegen 96
Feuersicherheit von Isolierungen 117
Fläche (Maßeinheiten) 139
Flanschen, Abmessungen 274, 275
—, -Isolierung (Prioform) 131
—, Wärmeverlust 132
Flüssigkeiten,
—, Heizwerte (Tab.) 262
—, kritische Geschwindigkeit (Tab.) 215
—, spezifisches Gewicht (Tab.) 209
—, spezifische Wärme (Tab.) 200
—, Wärmeleitzahlen (Tab.) 194
—, Zähigkeit (Tab.) 214
Fouriersche Diff.-Gl. für zeitl. Temperaturänderung 22
Frostschutz s. auch Einfrieren 99
—, (Tab.) 268
Füllstoff s. Isolierfüllung

Garantie 123
Garantiefähigkeit 123
Garantievertrag 123
Gase,
—, Heizwerte (Tab.) 263
—, kritische Geschwindigkeit (Tab.) 215
—, spezifisches Gewicht (Tab.) 210
—, spezifische Wärme (Tab.) 202
—, Wärmeleitzahlen (Tab.) 195
—, Zähigkeit (Tab.) 214
Gasthermometer 142
Gefrierpunkt des Wassers 143
Gesamtkosten, jährliche der Isolierung 84, 85, 87, 118
Gesamtwärmeübergangszahl 39, 44, 49
Geschwindigkeit (Maßeinheiten) 140
Gewicht (Maßeinheiten) 141
—, eiserner Rohre 274, 275
Grammkalorie (Definition) 141

Haltbarkeit von Isolierungen 116, 118
Hartmantel der Prioform-Isolierung 126, 128
Heizwerte (Tab.) 262
Hilfswandmethode 112
Hohlkugel s. Kugel
Hohlraum, Strahlung 37
Hohlzylinder s. Zylinder

Isolierfüllung 52, 115, 117, 126, 130
Isolierkonstante 19, 49
Isolierung eines Rohres,
—, Oberflächentemperatur 52, 54, 56
—, Temperaturabfall (Beisp.) 20
—, Wärmeleitung 19
—, Wärmespeicherung 68
—, Wärmeverlust 48—56

Kalorie (Definition) 141
Kältekalorien, Preis 93, 96
—, Verlustermittlung 95
Kälteschutz, Kalorienverlust 95
—, Schwitzwasservermeidung 96
—, wirtschaftlichste Stärke 96
Kapazität, elektr. 145
Kennfarben (Tab.) 276
Kesselisolierung (Prioform-Verfahren) 119, 120
Kilokalorie (Definition) 141
Kirchhoffsches Gesetz 34
Kondensatanfall 80
Konstante des Strahlungsaustausches 36, 40
—, (Tab.) 227
Konvektion 24

Konvektionsverlust, nacktes Rohr (Beisp.) 30
Konventionalstrafe 124, 125
Kostenvergleich 119, 120, 121
Kraft (Maßeinheiten) 140
Kritische Geschwindigkeit 28, 29, 77
— —, (Tab.) 215
Kugel, Nusseltsche 21, 107
—, radiale Wärmeleitung 21
Kühlräume 95

Laboratorium der Deutschen Prioform Werke 110, 111
Laboratoriumsverfahren (Wärmeleitzahl) 106
Lackanstrich s. auch Anstrich 117
Lambertscher Kosinussatz 33
Laminare Strömung, Druckabfall 78
— —, Wärmeübergangszahl für überh. Wasserdampf 29
Länge (Maßeinheiten) 138
Leistung (Maßeinheiten) 142
Logarithmen, natürl. (Tab.) 233
Luftschichten,
—, allgemein und vertikal 59, 62
—, horizontal 62
—, Wärmedurchlässigkeit (Diagr.) 254
—, zylindrisch 62
Luft, spezifisches Gewicht (Tab.) 213
—, spezifische Wärme (Tab.) 196
—, Wärmeleitzahlen (Tab.) 196

Masse (Maßeinheiten) 139
Maßeinheiten 9, 138
Maßsysteme 137
Meßergebnisse (Prioform) 133
Meßmethoden 106
Metalle,
—, spezifisehes Gewicht (Tab.) 206
—, spezifische Wärme (Tab.) 197
—, Strahlung 35, 42
—, Wärmeleitzahlen (Tab.) 146
Mindestisolierstärke, betr. Schwitzwasser (Tab.) 265

Nachprüfung (Garantie) 124
Nacktes Rohr,
—, Konvektionsverlust (Beisp.) 30
—, Strahlungsverlust (Beisp.) 42
—, Temperaturabfall (Beisp.) 72
—, Wärmeübergangszahl 26
—, Wärmeübergangszahl (Beisp.) 30
—, Wärmeverlust 57
Natürliche Logarithmen (Tab.) 233
Nennweiten eiserner Rohre 275
Nennwert der Garantie 133
Niederschlagsvermeidung 96
—, (Tab.) 265
Nusseltsche Kugel 107
— —, (Rechnungsbeisp.) 21
Nutzungsdauer 118

Oberflächenschutz v. Isolierungen 117
Oberflächentemperatur,
—, ebene Wand 47
—, nacktes Rohr 57
—, Rohrisolierung 52, 54, 56
Oberflächenvergrößerung durch Isolierstärke 120
Ofenwand, Wärmedurchgang (Beisp.) 45, 62
Öle, Heizwerte (Tab.) 263
Ölfarbenanstrich, Wirkung 63

Physikalisches Maßsystem 137
Plancksches Gesetz 32
Platte aus mehreren Schichten Temperaturabfall 16
Wärmeleitung 16
Platte, Temperaturabfall 16
—, Wärmedurchlässigkeitswiderstand 15
—, Wärmedurchlässigkeitszahl 15
—, Wärmeleitung 15
Plattenapparat (Poensgen) 108
Poiseuillesche Gleichung 78
Porosität von Isolierungen 115
Prioform-Isolierung,
—, allgemein 126

Prioform-Isolierung,
—, Blechmantelverfahren 129
—, für Flanschen 131
—, für Kessel und Behälter 129
—, für Rohrleitungen 128
—, Hartmantelverfahren 128
—, Konstruktionsprinzip 126
Priopneu-Isolierfüllung 131
Prüfrohr (van Rinsum) 109

Querschnitte, lichte von Rohren 72
— — — —, (Tab.) 275

Rauch 31, 49
Raum (Maßeinheiten) 139
Raumgewicht 144
—, Isolierungen 115
—, Prioform 133
—, verschiedene Stoffe (Tab.) 207
—, Wärmeschutzmittel (Tab.) 208
Reflexionsverhältnis 33
Reynoldssche Zahl 77, 78, 259
Rohr s. auch Isolierung, nacktes Rohr und Dampfleitung
—, van Rinsumsches 109
—, Wärmespeicherung 67
—, Wärmeübergangszahl außen 23, 30
—, — innen 28, 29
Rohrisolierung s. Isolier. eines Rohres
Rohrleitung
—, Druckabfall 76
—, Temperaturabfall 71, 73
—, Wärmeverluste s. diese, ferner Rohr und Isolierung eines Rohres
Rohrnormen (Tab.) 274, 275

Sättigungstemperaturen, Wasserdampf (Tab.) 204, 211
Schutzschirme gegen Strahlung 38
— — —, (Beisp.) 42
Schwitzwasservermeidung 96
—, (Beisp.) 98
—, (Tab.) 265
Siedepunkt des Wassers 143
Siedepunkte (Tab.) 213

Soleleitung, Isolierstärke (Beisp.) 98
Spannung, elektr. 145
Speicherwärme s. Wärmespeicherung
Spezifisches Gewicht (Maßeinheit.) 144
—, Flüssigkeiten (Tab.) 209
—, Gase und Dämpfe (Tab.) 210
—, Isolierstoffe 115
—, Luft (Tab.) 213
—, Metalle u. Legierungen (Tab.) 206
—, Wasserdampf, ges. und überh. (Tab.) 211
Spezifische Wärme,
—, eiserne Rohre bei versch. Temp. 67
—, feste, nichtmetall. Stoffe (Tab.) 199
—, Flüssigkeiten (Tab.) 200
—, Gase und Dämpfe (Tab.) 202
—, Isolierstoffe 116
—, Luft (Tab.) 196
—, Metalle und Legierungen (Tab.) 197
—, Wasser (Tab.) 203
—, Wasserdampf, ges. und überh. (Tab.) 204
Stephan-Boltzmannsches Gesetz 32
Stopfisolierung 52, 117, 126
Strahlung,
—, beliebiger Körper 33
—, des schwarzen Körpers 31
—, in Poren 115
—, metallischer Oberflächen 35
Strahlungsaustausch,
—, beliebiger Körper, allgemein 35
—, Körper in geschlossenem Hohlraum 37
—, Körper in sehr großem Hohlraum 37
—, schwarzer Körper in schwarzem Hohlraum 32
—, zweier beliebiger Körper (teilw.) 39
—, zweier Platten in geringem Abstand 37
zweier Platten mit Schutzschirmen 38, 42
Strahlungsfaktor 36, 40
—, (Tab.) 227

Strahlungsintensität 33
Strahlungskonstante s. Strahlungszahl
Strahlungsschutzschirme 38, 42
Strahlungswiderstand 31, 36
Strahlungszahl beliebiger Körper 35, 40
—, des schwarzen Körpers 32
Strahlungszahlen (Tab.) 225
Stromstärke, elektr. 145

Taupunkt 96
—, Untertemperatur (Tab.) 265
Technisches Maßsystem 137
Temperatur (Maßeinheiten) 142
—, absolute 143
Temperaturabfall,
—, in ebener Platte aus mehreren Schichten 16
—, in homogener Platte, exakt 16
—, in kurzer Rohrleitung 71
—, in langer Rohrleitung 73
—, „ „ „ (Tab.) 258
—, in Rohrisolierung (Beisp.) 20, 60
Temperaturänderung, zeitliche 22
Temperaturfaktor, (Strahlung) 39, 40
—, (Tab.) 228
Temperaturleitfähigkeit 23, 29, 66
Temperaturskalen 143
Thermodynamische Temperaturskala 142
Thermoelemente 107
Thermokräfte (Tab.) 271
Thermometergrade, Vergleich (Tab.) 271
Tilgungsquote 85
—, (Diagr.) 260
Toleranz 125, 133
Trockenstopfisolierung 52, 117, 126
Turbulente Strömung, Druckabfall 78
—, Wärmeübergangszahlen 27, 29

Überhitzter Dampf, Wärmeübergangszahl 28
— Wasserdampf,
spezif. Gewicht (Tab.) 211
spezif. Wärme (Tab.) 204

Unkostenfaktor (im Wärmepreis) 91
Unschädlichkeit von Isolierungen 117
Unterbrochener Betrieb 119, 121
—, Einfrieren 99
—, Speicherverlust 65, 67
Untertemperatur, höchstzulässige (Taupunkt) 97, 265

Ventil,
Einfluß auf Wärmeübergangszahl 29
—, Frostschutz 104
—, Widerstand 80
Verbrauchszahlen, Brennstoff (Tab.) 264
—, Wärme (Tab.) 264
Vergleich von Isolierungen 119
Vertrag (Garantievertrag) 123
Vertragsstrafe (Garantie) 124
Volumenbeständigkeit 117

Wand,
—, aus mehreren Schichten 44
—, Wärmespeicherung 66
—, Wärmeverlust 44
—, Wärmeübergang 26
Wärmedurchgangszahl 44
Wärmedurchlässigkeitswiderstand 15
Wärmedurchlässigkeitszahl von Luftschichten 15, 60
Wärmedurchlässigkeit von Luftschichten, Berechnung 59
(Diagr.) 254
(Tab.) 255
Wärmeersparniszahl 81
Wärmefluß (Beharrung) 15
Wärmeflußmesser 111, 112
Wärmeleitung 14
—, Kugel 21
—, Platte 15
—, „ (Beisp.) 17
—, „ geschichtet 16
—, Rohrisolierung (Beisp.) 19
—, Zylinder 18
—, „ geschichtet 19

Wärmeleitzahl,
—, (Definition) 14
—, (Maßeinheiten) 144
—, äquivalente oder wirksame 59
—, Auswirkung bei Isolierungen 113
—, Prüfung durch Nusseltsche Kugel (Beisp.) 21
—, Temperaturabhängigkeit 14
Wärmeleitzahlbestimmung,
—, im Betrieb 110
Wärmeflußmesser 111
Wärmeschutzprüfer 112
—, im Laboratorium 106
Elektrostat. Methode 108
Kugelmethode 107
Plattenapparat 108
Prüfrohr 109
Versuchshäuschen 109
Würfelmethode 107
Wärmeleitzahlen,
—, feste Stoffe (Tab.) 153
—, Flüssigkeiten (Tab.) 194
—, Gase und Dämpfe (Tab.) 195
—, Luft (Tab.) 196
—, Metalle u. Legierungen (Tab.) 146
—, Prioform 132
Wärmemenge (Maßeinheiten) 141
Wärmepreis 91
Wärmeschutzprüfer 112
Wärmespeicherung,
—, allgemein 65
—, ebene Wand 66
—, eiserne Rohre (Tab.) 255
—, isoliertes Rohr 67
—, Rohrisolierungen (Tab.) 256
Wärmespeicherungsverluste 116
Wärmespielräume (Prioform-Isolierung) 127
Wärmestrahlung, allgemein, s. auch Strahlung 31
Wärmeübergang durch Strömung 24
Wärmeübergangswiderstand, Vernachlässigung 30
Wärmeübergangszahl, (Definition) 24
Wärmeübergangszahl,
—, einschließlich Strahlung 39, 44, 49
—, für Gase u. überhitzte Dämpfe 28
—, „ Luft 26
—, „ Wasser 25
—, „ Wasserdampf, überhitzt 28 (Beisp.) 29
—, Rohr, innen und außen (Beisp.) 29, 30
—, „ ruhende Luft (Tab.) 218
—, „ Windanfall (Tab.) 223
—, Wand in Luft (Tab.) 217
Wärmeübertragung, allgemein 13
—, Luftschichten, allgemein und vertikale 59, 62
—, „ horizontale 62
—, „ zylindrische 62
Wärmeverbrauchszahlen (Tab.) 264
Wärmeverlust,
—, ebene Wand 44
—, isoliertes Rohr 48
ausführl. Berechnung 50
gekürzte „ 54, 246
—, nacktes Rohr 57
Wärmeverluste, Bewertung 90
Wärmeverlustziffer 82
Wärmewert 90
—, (Beisp.) 93
Wasserdampf, spezif. Gewicht (Tab.) 211
—, spezif. Wärme (Tab.) 204
—, Wärmeübergangszahl 28, 29
Wasser, spezif. Wärme (Tab.) 203
—, Wärmeübergang 25
Wellenlänge der Wärmestrahlung,
—, allgemein 31
—, beliebiger Körper 34
—, schwarzer Körper 32, 33
Wertigkeitsfaktor (f. Kraftdampf) 91
Wetterschutz von Isolierungen 117
Widerstand, elektr. 145
Widerstandsfähigkeit von Isolierungen 116
Widerstandsziffer (Druckabfall) 78, 259

Wiensches Verschiebungsgesetz 33
Windanfall 26, 27, 55, 56, 253
Wirtschaftlichkeit v. Isolierungen 118
Wirtschaftlichste Isolierstärke,
—, allgemein 83
—, Einflußgrößen 121
—, Ermittlung nach Borschke 87
—, „ „ Gerbel 85
—, für Kälteschutz 96
Zähigkeit (Tab.) 214
Zeit (Maßeinheiten) 140
Zylinder, aus koaxialen Schichten 19
—, radialer Temperaturabfall (Beisp.) 20
—, radiale Wärmeleitung 18
—, Wärmeübergangszahl in Luft 27
—, „ „ „ (Tab.) 218, 223

NOTIZEN

NOTIZEN

NOTIZEN

NOTIZEN

NOTIZEN

NOTIZEN

NOTIZEN

NOTIZEN

NOTIZEN

NOTIZEN

NOTIZEN

NOTIZEN